国产数据库达梦丛书

达梦数据库性能优化

曾昭文　徐　钢　李韬伟

尹　妍　张守帅　刘一博　编著

马琳飞　刘志红

電子工業出版社

Publishing House of Electronics Industry

北京 • BEIJING

内 容 简 介

本书以 DM8 为蓝本，围绕 DM8 性能为什么优化、谁来优化、优化什么、何时优化、优化到什么程度等问题进行详细介绍，主要包括 DM8 性能优化概述、DM8 体系架构、DM8 调优诊断工具、DM8 实例优化、DM8 I/O 优化及 DM8 SQL 语句优化。

本书内容实用、示例丰富、语言通俗、格式规范，可作为相关专业的教材，也可作为工程技术人员的参考用书。

图书在版编目（CIP）数据

达梦数据库性能优化 / 曾昭文等编著. —北京：电子工业出版社，2022.5
（国产数据库达梦丛书）
ISBN 978-7-121-43113-5

Ⅰ. ①达… Ⅱ. ①曾… Ⅲ. ①关系数据库系统－系统优化 Ⅳ. ①TP311.138

中国版本图书馆 CIP 数据核字（2022）第 042861 号

责任编辑：李　敏　　文字编辑：李筱雅
印　　刷：北京七彩京通数码快印有限公司
装　　订：北京七彩京通数码快印有限公司
出版发行：电子工业出版社
　　　　　北京市海淀区万寿路 173 信箱　　邮编：100036
开　　本：787×1 092　1/16　印张：14.5　字数：332 千字
版　　次：2022 年 5 月第 1 版
印　　次：2025 年 4 月第 6 次印刷
定　　价：98.00 元

凡所购买电子工业出版社图书有缺损问题，请向购买书店调换。若书店售缺，请与本社发行部联系，联系及邮购电话：（010）88254888，88258888。

质量投诉请发邮件至 zlts@phei.com.cn，盗版侵权举报请发邮件至 dbqq@phei.com.cn。

本书咨询联系方式：010-88254753 或 limin@phei.com.cn。

序 一

数据库已成为现代软件生态的基石之一。遗憾的是，国产数据库的技术水平与国外一流水平相比还有一定的差距。同时，国产数据库在关键领域的应用普及度相对较低，应用研发人员规模还较小，大力推动和普及国产数据库的应用是当务之急。

由电子工业出版社策划，国防科技大学信息通信学院和武汉达梦数据库股份有限公司等单位多名专家联合编写的“国产数据库达梦丛书”，聚焦数据库管理系统这一重要基础软件，以达梦数据库系列产品及其关键技术为研究对象，翔实地介绍了达梦数据库的体系架构、应用开发技术、运维管理方法，以及面向大数据处理的集群、同步、交换等一系列内容，涵盖了数据库管理系统及大数据处理的多个关键技术和运用方法，既有技术深度，又有覆盖广度，是推动国产数据库技术深入广泛应用、打破国外数据库产品垄断局面的重要工作。

“国产数据库达梦丛书”的出版，预期可以缓解国产数据库系列教材和相关关键技术研究专著匮乏的问题，能够发挥普及国产数据库技术、提高国产数据库专业化人才培养效益的作用。此外，该套丛书对国产数据库相关技术的应用方法和实现原理进行了深入探讨，将会吸引更多的软件开发人员了解、掌握并运用国产数据库，同时可促进研究人员理解实施原理、加快提高相关关键技术的自主研发水平。

倪光南

中国工程院院士

2020 年 7 月

序 二

作为现代软件开发和运行的重要基础支撑之一，数据库技术在信息产业中得到了广泛应用。如今，即使进入人人联网、万物互联的网络计算新时代，持续成长、演化和发展的各类信息系统，仍离不开底层数据管理技术，特别是数据库技术的支撑。数据库技术从关系型数据库到非关系型数据库、分布式数据库、数据交换等不断迭代更新，很好地促进了各类信息系统的稳定运行和广泛应用。但是，长期以来，我国信息产业中的数据库大量依赖国外产品和技术，特别是一些关系国计民生的重要行业信息系统也未摆脱国外数据库产品。大力发展国产数据库技术，夯实研发基础、吸引开发人员、丰富应用生态，已经成为我国信息产业发展和技术研究中一项重要且急迫的工作。

武汉达梦数据库股份有限公司研发团队和国防科技大学信息通信学院教师团队，长期从事国产数据库技术的研制、开发、应用和教学工作。为了助推国产数据库生态的发展，扩大国产数据库技术的人才培养规模与影响力，电子工业出版社在前期与上述团队合作的基础上，策划出版“国产数据库达梦丛书”。该套丛书以达梦数据库 DM8 为蓝本，全面覆盖了达梦数据库的开发基础、性能优化、集群、数据同步与交换等一系列关键问题，体系设计科学合理。

“国产数据库达梦丛书”不仅对数据库对象管理、安全管理、作业管理、开发操作、运维优化等基础内容进行了详尽说明，同时也深入剖析了大规模并行处理集群、数据共享集群、数据中心实时同步等高级内容的实现原理与方法，特别是针对 DM8 融合分布式架构、弹性计算与云计算的特点，介绍了其支持超大规模并发事务处理和事务分析混合型业务处理的方法，实现动态分配计算资源，提高资源利用精细化程度，体现了国产数据库的技术特色。相关内容既有理论和技术深度，又可操作实践，其出版工作是国产数据库领域产学研紧密协同的有益尝试。

中国科学院院士

2020 年 7 月

序 三

习近平总书记指出，“重大科技创新成果是国之重器、国之利器，必须牢牢掌握在自己手上，必须依靠自力更生、自主创新。”基于此，实现关键核心技术创新发展、构建安全可控的信息技术体系非常必要。

数据库作为科技产业和数字化经济中三大底座（数据库、操作系统、芯片）技术之一，是信息系统的中枢，其安全、可控程度事关我国国计民生、国之重器等重大战略问题。但是，数据库技术被国外数据库公司垄断达几十年，为我国信息安全带来了一定的安全隐患。

以武汉达梦数据库股份有限公司为代表的国产数据库企业，40余年来坚持自主原创技术路线，经过不断打磨和应用案例的验证，已在我国关系国计民生的银行、国企、政务等重大行业广泛应用，突破了国外数据库产品垄断国内市场的局面，保障了我国基本生存领域和重大行业的信息安全。

为了助推国产数据库的生态发展，推动国产数据库管理系统的教学和人才培养，国防科技大学信息通信学院与武汉达梦数据库股份有限公司，在总结数据库管理系统长期教学和科研实践经验的基础上，以达梦数据库 DM8 为蓝本，联合编写了“国产数据库达梦丛书”。该套丛书的出版一是推动国产数据库生态体系培育，促进国产数据库快速创新发展；二是拓展国产数据库在关系国计民生业务领域的应用，彰显国产数据库技术的自信；三是总结国产数据库发展的经验教训，激发国产数据库从业人员奋力前行、创新突破。

华中科技大学软件学院院长、教授

2020 年 7 月

前 言

发展具有自主知识产权的国产数据库管理系统，打破国外数据库产品的垄断，为我国信息化建设提供安全可控的基础软件，是维护国家信息安全的重要手段。

达梦数据库管理系统作为国内最早推出的具有自主知识产权的数据库管理系统之一，是唯一获得国家自主原创产品认证的数据库产品，现已在公安、电力、铁路、航空、审计、通信、金融、海关、国土资源、电子政务等多个领域得到广泛应用，对国家机关、各级政府和企业的信息化建设发挥了积极作用。

随着达梦数据库技术的不断发展，数据库自动化管理能力不断提升，建立在达梦数据库之上的各类业务应用系统也日趋丰富。但由于各业务领域的特殊性，通用性的参数配置往往不能完全适用于所有业务领域，随着业务数据的不断积累、业务的不断拓展，对于执行大量磁盘 I/O 和数据处理的数据库的性能要求也越来越高，有必要根据具体的业务环境定制最优的数据库运行参数，从而充分发挥数据库的管理效能。因此，数据库性能管理和数据库代码优化成为数据库专业人员的一项重要工作。

《达梦数据库性能优化》作为“国产数据库达梦丛书”分册之一，从 DM8 体系架构入手，分析了 DM8 的运行机制，从 DM8 的实例优化、I/O 优化、SQL 语句优化 3 个方面详细地介绍了影响 DM8 性能的核心问题。全书共 6 章，内容包括 DM8 性能优化概述、DM8 体系架构、DM8 调优诊断工具、DM8 实例优化、DM8 I/O 优化和 DM8 SQL 语句优化等。同时，本书还将 DM8 服务配置文件相关参数、DM8 系统数据字典和 DM8 常用动态性能视图、DM8 执行计划常用操作符、达梦数据库技术支持作为附录，便于广大读者查阅。

本书内容实用、示例丰富、语言通俗、格式规范。为了方便读者学习和体验操作，本书的例题源码可以在达梦数据库官网下载。

本书在编写过程中，参考了武汉达梦数据库股份有限公司提供的技术资料，在此表示衷心的感谢。

由于编者水平有限，书中难免有些错误或不妥之处，敬请读者批评指正。欢迎读者通过电子邮件 1251463841@qq.com 与我们交流，也欢迎访问达梦数据库官网、达梦数据库官方微信公众号“达梦大数据”，或者拨打服务热线 400-991-6599 获取更多达梦数据库资料和服务。

编　者

2021 年 10 月于武汉

目录

第1章 DM8性能优化概述

达梦数据库是自主原创国产数据库，不仅能满足传统行业的需求，也能满足大数据性能处理的需求。在不同的业务场景中，随着数据库数据量及并发用户数量的增多，系统常常会出现吞吐量降低、响应时间变长的性能问题，如何有效优化、调整数据库性能，避免系统瓶颈，是保证达梦数据库高效运行的基础。数据库系统性能优化、调整是一项复杂的系统工程，贯穿于业务系统的整个生命周期中。

数据库系统性能的优化，除了在设计阶段对其逻辑存储结构设计和物理存储结构设计进行优化，使其在满足需求的条件下时空开销性能最佳，还可在运行阶段采取一些优化措施，使系统性能最佳。本书所讨论的性能优化主要指运行阶段的性能优化，即讨论如何使用达梦数据库提供的优化手段来提高系统性能。

1.1 优化的基本概念

数据库性能优化通过优化应用程序、修改系统参数、改变系统配置来改善系统性能，从而使得数据库的吞吐量得到最大限度的增加，相应的响应时间达到最小化。数据库性能优化的基本原则是：通过尽可能少的磁盘访问次数获得需要的数据。

1.1.1 为什么优化

优化的目的是避免因数据库性能下降导致的业务系统响应时间变长甚至停滞，从而影响业务工作的正常开展。随着大数据时代的到来，数据库应用越来越广泛，达梦数据库在国民经济建设中担负着越来越重要的任务。为了适应日益增长的业务系统需要，达梦数据库不断应用新技术，其自动化管理程度越来越高，已经实现了自动存储管理、自动共享内存管理等功能，并推出了结构化查询语言（Structured Query Language，SQL）调整顾问，为数据库的正常运行打下了良好基础。但是，由于不同业务的特殊性，达梦数据库还不能完全自适应各类业务特点，系统在运行到一定程度后，数据量增大、用户数增多等因素，可能会导致系统性能下降，从而影响业务工作。因此，在适当的时候仍然需要对数据库进行调整和优化。

1.1.2 谁来优化

一个业务系统的生命周期，大体经过设计、开发和应用 3 个阶段。在设计阶段，设计人员必须清楚业务应用系统的应用场景、部署方式、数据流程；在开发阶段，开发人员必须根据设计方案选择合适的实现策略，并通过合适的数据结构、交互方式、查询语句实现相关功能；在应用阶段，运维管理人员必须根据设计方案的部署方式、应用模式和系统的实现方式，选择合适的硬件环境和软件环境，搭建业务系统。可以看出，业务系统运行的好坏，并不仅仅是数据库管理员的职责，还涉及业务系统相关的所有人，包括系统体系结构设计者、设计人员、开发人员和数据库管理员。从软件可靠性和维修性角度来看，越早发现系统的漏洞，维护和维修的成本越低，因此，系统设计人员和开发人员也一定要熟悉达梦数据库的运行机制，从而使得开发的业务系统达到最佳性能。在运行维护阶段，如果出现问题，通常首先由数据库管理员（Database Administrator，DBA）尝试解决，但如果是设计的缺陷，往往还需要对业务系统进行升级完善。

1.1.3 优化什么

哪个数据库管理系统都会出现数据库运行效率问题，要使数据库的性能达到最优化，主要从操作系统、硬件性能、数据库结构、数据库资源配置、实例性能、SQL 语句执行等方面进行优化，这些方面是相互依赖的。

1．调整与优化数据库设计

要在良好的数据库应用方案中实现最优的性能，最关键的是要有一个良好的数据库设计方案。调整与优化数据库设计应在开发信息系统之前完成。虽然 DM8 系统本身已经提供了若干种调节系统性能的技术，但是，如果数据库设计本身就有问题，特别是在结构设计方面存在问题，那么再怎么对数据库进行调整和优化都无法达到很好的效果。因此，提高数据库应用系统的性能应从数据库设计开始。

数据库设计分为逻辑设计和物理设计。逻辑设计包括使用数据库组件为业务需求和数据建模，而无须考虑如何或在哪里存储这些数据。物理设计包括将逻辑设计映射到物理媒体上、利用可用的硬件功能和软件功能尽可能快地对数据进行物理访问和维护，包括索引技术。逻辑设计主要作用是消除冗余数据，提高数据的吞吐速度，保证数据的完整性，但对于多表之间的关联查询（尤其是大数据表），其性能将会受到影响。因此，在进行物理设计时需要折中考虑，根据业务规则和关联表的数据量大小、数据项访问频度，对关联查询频繁的数据表适当增加数据冗余设计。

2．优化应用程序

据统计，对网络、硬件、操作系统、数据库参数进行优化而获得的性能提升，全部加起来只占数据库系统性能提升的 40%左右，其余 60%左右的系统性能提升来自对应用程序的优化。对应用程序进行优化通常可从源代码和 SQL 语句两个方面进行。由于 SQL 是目前使用最广泛的数据库语言，SQL 语句消耗了 70%～90%的数据库资源，应用程序对数据库的操作最终表现为 SQL 语句对数据库的操作，因此 SQL 语句的执行效率决定了数据库的性能。通过对劣质 SQL 语句及访问数据库方法的调整，可以显著地改善一个系统的性能，这对提高数据库内存的命中率、减少输入/输出（Input/Output，I/O）访问、减少对网络带宽的占用等具有非常重要的意义。

3. 调整数据库内存分配

每个数据库实例都是由一组数据库后台线程和一组共享内存区域组成的。用户进程对这个内存区域发送事务，并将该内存区域作为调整缓存读取命中的数据，以实现加速数据读取的目标。共享内存的使用效率会大大影响数据库系统的性能。内存分配是在信息系统运行过程中优化配置的，应在检查数据库文件的物理调整和磁盘 I/O 之前进行调整。

4. 调整与优化磁盘 I/O

数据库的数据最终要存储在物理磁盘上。磁盘 I/O 操作是影响数据库性能最重要的方面，它是系统消耗最大的数据库操作。为了避免与 I/O 相关的性能瓶颈，监控磁盘 I/O 并对其进行调整非常重要。影响磁盘 I/O 性能的主要原因有磁盘竞争、I/O 次数过多和数据页空间的分配管理不合理。

5. 配置和调整操作系统性能

数据库服务器的整体性能很大程度上依赖操作系统的性能，如果操作系统不能提供优越的性能，那么无论如何调整数据库也不能发挥其应有的性能。

实施操作系统调整的主要目的是减少内存交换和内存分页，使共享内存池可留驻内存。如果为数据库分配更多的内存需要以增加系统的换页和交换为代价，那么这种方法不仅不会产生理想的效果，反而还会影响数据库的性能。

（1）为数据库规划操作系统资源。

为数据库调整操作系统的目的是为实例提供足够的资源。将计算机可用资源分配给数据库服务器的原则是：尽可能使数据库服务器使用资源最大化，特别在 C/S（Client/Server，客户/服务器）模式中尽可能利用服务器上的所有资源来运行数据库。操作系统应提供足够的内存以保证操作系统本身和数据库均能实现其正常功能。

（2）调整计算机系统中的内存配置。

多数操作系统会使用虚拟内存来扩大内存，它实际上属于磁盘空间。当实际的内存空间不能满足应用软件的要求时，操作系统就将这部分的磁盘空间与内存中的信息进行页面替换，这将引起大量的磁盘 I/O 操作，使整个服务器的性能下降。调整操作系统的主要目的就是减少内存交换、减少分页，使共享内存池留驻内存。

数据库系统性能调整是一个系统工程，涉及很多方面，在实际应用中，应根据具体情况采用适当的优化策略。本书侧重业务系统上线之后的调整优化，重点围绕 DM8 实例、I/O 和 SQL 语句 3 个方面的优化展开讨论。

1.1.4 何时优化

从软件可靠性和维修性的角度来看，越早发现系统的漏洞，维护和维修的成本越低，因此，优化应该贯穿整个业务系统的始终，从需求分析阶段、系统设计阶段、系统开发阶段、系统测试阶段到系统上线阶段。

但因为系统未上线之前，往往很难预见所有的困难或问题，所以在系统上线之后，随着业务不断开展、数据不断增长、用户不断增加，系统响应逐渐变慢，性能优化的问题逐渐出现。而此时进行系统优化往往会涉及系统、网络、存储、数据库和应用程序等众多因素，排除性能的问题难度加大。对于数据库管理员来说，在进行系统优化时，一定要充分考虑其他因素的影响，而不是一头扎进数据库里，花费了大量时间，结果发现问题并不在数据库本身，这种现象屡见不鲜。下面具体介绍一下不同时机 DM8 应用系统的特点及其优化。

1. 上线优化

一般而言，业务系统上线之前必须进行性能测试，如果未进行充分的性能测试就上线，就有很大可能会出现性能问题，没有出现性能问题的系统往往是因为硬件基础足够强大。之所以会出现性能问题，大部分情况是因开发人员在开发阶段考虑不周导致的，一般具有以下特点。

- 开发人员认为业务系统是在理想的环境下工作的，资源无限，可以随意使用。但实际上，任何系统都是在一个资源受限的系统中运行业务的。
- 开发人员认为只有自己一个人在工作，而没有考虑到有很多人在同时使用系统，缺乏并发性方面的考虑。
- 开发人员认为系统在任何时候的处理效率都是相同的，但实际上，由于各种情况的出现会导致性能上下波动，甚至出现异常。
- 各种任务调度频率远远超过业务实际需要。
- SQL 语句消耗了无限资源。
- 业务系统无法充分利用资源，缺乏并行处理或异步处理能力。
- 缺乏有效的索引设计，业务系统并发能力低下。
- 具有很长的同步处理链条，性能表现极其脆弱。
- 数据库默认的参数与实际环境不完全匹配。

上线优化可能比较简单，也可能比较复杂。简单情况下，可能仅仅通过简单的数据库参数配置或操作系统配置就能解决问题。复杂情况下，就需要综合运用本书后续介绍的各种优化方法和手段来解决问题了。

2. 响应逐步变慢的系统优化

在业务系统运行了一段时间后，业务系统响应速度逐渐变慢，有时甚至难以忍受。这是普遍存在的现象，这时就需要对系统进行调整和优化。一般来说，这类系统具有以下特点。

- 业务系统和数据量具有较强的线性关系，随着时间的推移，数据量迅速增长。

- 业务系统与业务及资源具有较强的线性关系，随着时间的推移，业务在发展、公司规模在扩大，业务量迅速增长。
- 业务系统并发性设计不够周全，随着时间的推移，并发访问量增多，用户连接数增多。
- 数据交换共享增多，不同业务之间出现并发性和资源上的碰撞，系统后台等待事件增多。

总体而言，这些问题都与业务系统运行时间的长短有很大关系，因此，只要记录好相关指标随时间的变化，一般就能比较容易地发现系统性能变差的原因，从而有针对性地采取相应措施，使业务系统的运行快速恢复正常。

3．运行过程中性能突然下降的系统优化

这类问题也被称为应急性性能优化，是日常运行中针对业务系统的最常见的优化工作。从性能突变的角度来看，一般存在以下情况。

- 新的业务模块上线或进行了补丁修复。
- SQL 语句执行计划发生变化。
- 数据库定义语言（Data Definition Language，DDL）操作导致 SQL 依赖对象发生变化。
- 意外的配置变化。
- 依赖资源发生故障或性能降低，导致吞吐量下降。
- 执行了某个意外操作。
- 某关键进程被挂起或被 kill。

这类问题的优化也相对比较简单，只要检测出突然变化的原因即可。即使无法检测出原因，也可以通过恢复系统的操作来恢复业务系统的运行状态。当然，这类问题由于突发性强，往往要求处理时间短，因此，要注意日常收集关键指标及版本变化。

4．性能时好时差的业务系统优化

性能时好时差的业务系统优化与上述第 3 种情况类似，但其形成原因不同。这种业务系统性能降低的场景通常是周期性发作的，维持时间从几秒、几分到几小时不等。一般来说，发生原因为应用系统无法度过业务高峰期，达到了吞吐量限制。

对达到吞吐量限制的业务性能进行优化时，优化者需要熟悉吞吐量与响应时间的关系曲线，了解各种资源的最大吞吐量或能力限制。扩容往往是针对吞吐量限制型优化最直接的方式，但因为涉及额外投资且需要持续较长时间，所以性能优化者必须有充分的理由来支持扩容，并且要保证扩容后可以满足业务性能的要求。扩容通过扩展资源来支持更高的吞吐量突变点，从而完成业务性能的改善。与扩容相对应的另一种方式是更加有效地利用资源，如减少单位操作数据或单位操作消耗的资源。

5．预防性日常性能优化

预防性日常性能优化依赖日常监测的性能因子，当这些性能因子达到预先设定的警戒值时就会进行优化，使其回归到正常范围或减缓其增加速度。要想保证一个系统始终保持高性能的运行，预防性的日常性能优化是关键因子，甚至比性能设计还重要。作为一个性

能优化者或运维 DBA，虽然业务系统的性能设计不受其控制，但是尽可能地延缓业务系统性能问题的来临是完全可以的。

预防性日常性能优化的作用主要在于：首先，延缓业务系统的硬件扩容，延迟资金投入；其次，可以使用户对未来性能预期有一定的明确性，从而可以合理安排扩容采购窗口，避免业务系统出现性能问题，提高服务质量。而缺乏预防性日常性能优化意识往往会造成一段时间内糟糕的业务系统性能表现及硬件扩容的紧急采购。

1.1.5 优化到什么程度

优化不是无极限的，不是想优化到什么程度都可以。优化往往与投入的成本有关，一般而言，投入越多，收效越好，但这不是绝对的。因此，往往在投入和性能之间取得一个平衡。优化不是每时每刻进行的，每次优化要么是为了解决某一问题，要么是为了让业务系统达到合同约定的某一服务等级。因此，在优化之前一般会设定一个优化目标，该目标往往是具体、可量化、可实现的。

具体的目标是指针对某一业务在规定的一段时间内能够完成的程度。例如，“系统响应应尽可能快”就不是一个具体的目标，而“周报表套件完成时间应小于 1 小时”则是一个具体的目标。

可量化的目标具有可以度量的客观数量。如果目标是可量化的，那么目标是否达到就很清楚了。具体的目标也很容易成为可量化的目标。例如，“用户响应请求的时间为 10 秒”既是一个具体的目标，也是一个可量化的目标。但要明确此目标是否针对所有用户请求、是否为平均响应时间、如何度量平均响应时间，对目标中的用词进行具体的定义是十分必要的。如果将目标表述改为“用户响应特定请求的时间为 20 秒或更短时间”，那么就可以客观地确定在何时能够达到目标。

可实现的目标是指可能的，并且在优化负责人的控制范围内的目标。在不同的阶段，不同的人都可能对系统进行优化。对于数据库管理员来说，以下目标则是无法实现的。

- 如果目标是优化实例以创建高性能的应用程序，但是不允许 DBA 更改 SQL 语句或数据结构，那么可实现的优化量就会受到限制。
- 如果目标响应时间为 1 秒，但是服务器与客户机之间的网络延迟为 2 秒，那么若不对网络进行更改，则无法实现 1 秒的响应时间。

为了确定是否进行了足够的优化，通常需要制定可量化的优化目标，DM8 优化目标清单如表 1-1 所示。

表 1-1　DM8 优化目标清单

序　号	评价指标	优 化 前	优 化 后
1	SQL 平均响应时间	数据库平均响应时间为 300ms	数据库平均响应时间为 100ms
2	数据库服务器 CPU 占用率	数据库高峰期 CPU 占用率为 80%	数据库高峰期 CPU 占用率为 40%
3	数据库服务器 I/O 使用率	数据库服务器 I/O WAIT 为 40%	数据库服务器 I/O WAIT 低于 10%

1.2　优化的基本思路

1.2.1　数据库全面健康检查

（1）获取直接用户的使用反馈，确定性能目标和范围。获取性能表现好与坏时的操作系统、数据库、应用统计信息。对数据库做一次全面健康检查。

（2）根据收集到的信息，以及对应用特性的了解，构建性能概念模型，明确性能瓶颈所在，以及导致性能降低的根本原因。首先应该排除由操作系统、硬件资源造成的瓶颈。其次针对数据库系统性能进行分析。必要时还需要检查应用日志，因为系统性能问题也有可能是由应用非 SQL 部分造成的瓶颈。

（3）提出一系列有针对性的优化措施，并根据它们对性能改善的重要程度排序，然后逐一加以实施。不要一次执行所有的优化措施，必须逐条尝试、逐步对比。

（4）通过获取直接用户的反馈，验证调整是否已经产生了预期的效果。若未产生预期的效果，则需要重新提炼性能概念模型，直到对应用特性的了解能更加准确。

（5）重复上述步骤，直到性能达到目标或由于客观约束无法进一步优化。随着业务的增长，将会有越来越多的业务系统部署到生产环境中，这对数据库的性能优化来说是严峻的挑战。为了解决这些问题，需要定期为数据库做优化工作。优化工作涉及方方面面，包括 CPU 的使用情况、应用程序的合理性等。

1.2.2　优化阶段设计

只要有可能，就应该从项目第一阶段开始优化，完善设计能够避免很多优化问题。例如，虽然将表完全规格化通常是减少冗余的最好方法，但是这种方法会导致大量的表连接。取消规格化可以大大提高应用程序的性能。

大型数据库一般都支持存储过程，合理地利用存储过程也可以提高系统性能。假如你有一个业务需要将 A 表的数据加工处理后更新到 B 表中，但是又不可能通过一条 SQL 语句来完成，这时你需要以下 3 个步骤进行操作。

步骤一：将 A 表数据全部取出到客户端。

步骤二：计算出要更新的数据。

步骤三：将计算结果更新到 B 表中。

如果采用存储过程你可以将整个业务逻辑封装在存储过程里，然后在客户端直接调用存储过程进行处理，那么这样可以减少网络交互的成本。

当然，存储过程也并不是完美的，存储过程存在以下缺点。

（1）不可移植性，每种数据库的内部编程语法都不尽相同，当你的系统需要兼容多种数据库时最好不要使用存储过程。

（2）学习成本高，DBA 一般都擅长写存储过程，但并不是每个程序员都能写好存储过程，除非其团队中有较多的开发人员都擅长写好存储过程，否则在后期系统维护时会产生问题。

（3）为了提高性能，数据库会把存储过程代码编译成中间运行代码（类似于 Java 的 class 文件），所以存储过程代码更像是一种静态语言。当存储过程引用的对象（表、视图等）结构改变后，存储过程需要重新编译才能生效，在 7×24 小时高并发应用场景中，一般都是在线变更结构的，因此在变更结构的同时要编译存储过程，这可能会导致数据库瞬间压力上升，从而引起故障。

1.2.3 数据库配置

即使在 SSD 固态硬盘上，对性能进行监视也非常重要。应该规划好数据库配置，使数据库恢复时间最短、数据访问最快。

1.2.4 添加新的应用程序

向现有系统中添加新的应用程序时，工作量会发生改变，而当工作量发生任何主要变化时，都应该同时进行性能监视。

数据库访问框架一般都提供了批量提交的接口，Java 数据库连接（Java Database Connectivity，JDBC）支持批量的提交处理方法，当用户向一个表中一次性插入 1000 万条数据时，如果采用普通的处理方式，那么和服务器的交互次数为 1000 万次，按每秒可以向数据库服务器提交 1 万次估算，要完成所有工作需要 1000 秒。如果采用批量提交模式，一次提交 1000 条数据，那么和服务器的交互次数为 1 万次，交互次数将大大减少。采用批量操作一般不会减少很多数据库服务器的物理 I/O 操作，但是会大大减少客户端与服务端的交互次数，从而减少由多次交互引起的网络延时开销，同时也会降低数据库的 CPU 开销。

1.2.5 运行过程的优化

建议对生产数据库的运行过程进行优化，它可以查找瓶颈，并加以解决。首先使用工具找出性能问题，通过查找数据，可以对造成瓶颈的原因进行假设，其次根据假设开发并实施解决方案，最后对数据库进行测试负载，以确定性能问题是否能够得到解决。

通过优化业务逻辑来提高数据库性能是比较困难的，这需要程序员对所访问的数据及业务流程非常清楚。

例如，某移动公司推出优惠套餐，活动对象为 VIP 会员且 2020 年 1 月、2 月、3 月平均话费在 200 元以上的客户，那么检测逻辑如下。

```
SQL>SELECT avg(money) as avg_money FROM bill where phone_no='13000000000' and date between
    '202001' and '202003';
    SELECT vip_flag FROM member where phone_no='13000000000';
    if avg_money>200 and vip_flag=true then
    begin
      优惠套餐();
```

```
        end;
        /
```

对业务逻辑做以下修改。

```
SQL>SELECT avg(money) as avg_money FROM bill where phone_no='13000000000' and date between
        '202001' and '202003';
        if avg_money>200 then
        begin
          SELECT vip_flag FROM member where phone_no='13000000000';
          if vip_flag=true then
          begin
            优惠套餐();
          end;
        end;
        /
```

通过这样的方式可以减少一些判断 vip_flag 的开销，平均话费在 200 元以下的用户就不需要再检测其是否为 VIP 会员了。如果程序员在分析业务后发现，VIP 会员比例为 1%，平均话费在 200 元以上的用户比例为 90%，那么可对业务逻辑做如下修改。

```
SQL>SELECT vip_flag FROM member where phone_no='13000000000';
        if vip_flag=true then
        begin
          SELECT avg(money) as avg_money FROM bill where phone_no='13000000000' and date
        between '202001' and '202003';
          if avg_money>200 then
          begin
            优惠套餐();
          end;
        end;
        /
```

这样就只需要检测用户比例为 1%的 VIP 会员的平均话费，大大减少了数据库的交互次数。

以上只是一个简单的示例，实际的业务要复杂得多，因此一般高级程序员更容易做出优化的逻辑，但是也需要具有成本优化的意识。

1.2.6　生产环境中优化的特殊问题

生产系统的优化方法是在用户遇到问题之前解决问题，具体操作过程如下。

- 使用达梦性能监控工具、AWR、DEM 等工具来定位瓶颈或潜在的瓶颈。
- 瓶颈通常以等待事件的形式出现，明确等待事件产生的原因。
- 明确等待事件产生的原因后对其予以纠正，这可以调整数据库系统中共享内存的大小。
- 重新运行应用程序，然后使用达梦性能监控工具、AWR、DEM 等工具，检查所做的更改是否对生产系统产生了积极的效果。

- 若未达到目标，则重复这个过程。

按照以上过程能够对生产系统进行优化，但在生产系统中重复使用相同的优化方法是浪费时间的。当需要全面检查生产系统和开发系统时，使用这两种系统才更加有利。

1.3 优化的基本步骤

对 DM8 进行性能优化时，一般会采取以下 5 个步骤，即问题分析、监控系统性能、数据库重演、检查数据物理一致性、优化数据库布局。

1.3.1 问题分析

问题分析是对 DM8 进行性能优化的第一步。当系统出现问题，无法及时响应用户/应用请求时，存在多方面可能的原因。一般来说 DBA 应该查看和分析以下内容。

1. 网络是否正常

DBA 可以直接使用各种工具/软件来排除网络问题。若远程操作有问题，但是本地操作没问题，则可能是网络出现故障或者带宽耗尽。但如果远程操作和本地操作都有问题，也不能判断网络一定没有问题，那么此时还需要用其他方式确定网络是否有故障，同时进一步分析本地问题产生的原因。

2. 内存使用量

用户可以通过操作系统提供的内存检测工具/命令来查看数据库内存占用情况，评估数据库是否占用了过多内存，并且开始大量使用页面文件（Windows）/交换分区（Linux/Unix），若数据库占用内存过多，则需要进一步分析可能的原因，如数据库的内存相关参数设置是否错误，客户端请求的资源是否过多且是否一直没有释放（如不断打开连接/游标，并且一直不关闭）等。对于参数设置错误，DBA 可以通过修改参数加以解决。如果是客户端请求资源过多，DBA 可以通过查询运行时的动态视图（参考附录 C DM8 常用动态性能视图）来检查资源使用情况，明确问题产生的原因并予以纠正。若排除其他原因后，发现数据库内存仍在不断增长，此时可以联系武汉达梦数据库股份有限公司技术服务人员协助解决。

3. CPU 占用率

当发现系统响应很慢甚至无法响应时，CPU 占用率也是一个重要的观察指标。如果 CPU 占用率一直保持在 90%以上，甚至 100%，则说明 CPU 占用率过高，此时需要分析导致 CPU 占用率过高的原因。可能包括：写了错误的存储过程/函数死循环逻辑；某条 SQL 语句执行计划不好（如没有建立合适的索引等）；系统内部 SQL 语句都执行正常，而实际应用负载过大等。针对上述原因，DBA 可以通过改正存储过程/函数死循环逻辑、建立合适的索引及提供更高配置的软/硬件环境等措施分别予以纠正。

4. I/O 是否正常

I/O 性能没有满足要求是导致很多系统性能低下的原因。通常情况下，主要是两个方面的原因导致 I/O 性能瓶颈：①在系统规划时没有对 I/O 性能进行估算或者估算偏差太大，导致存储的 I/O 性能无法满足要求；②没有利用好数据库特性，如没有建立合适的索引，导致要经常做全表扫描，消耗大量 I/O 带宽，这可以通过查看带宽，以及通过查看 SQL 语句执行计划来加以分析。

5. 系统日志和 SQL 日志

DBA 还可以通过查看系统日志来辅助分析问题。DM8 在运行过程中，会将一些关键信息记录到安装目录下名称为“dm_实例名_YYYYMM.log”的系统日志文件中，其中“YYYY”表示年份，“MM”表示月份，如“dm_DMSERVER_202102.log”。该文件会记录数据库服务启动/关闭的时间、系统错误如打开文件失败等。

另外，如果将 DM8 配置文件中参数文件里的参数 SVR_LOGSVR_LOG 设置为打开，那么系统还会在前文提到的 log 目录下生成名为“dmsql_实例名_日期_时间.log”的 SQL 日志文件，如“dmsql_DMSERVER_20210226_102712.log”。在该文件中记录了启用 SVR_LOG 之后数据库接收到的所有 SQL 语句等信息，DBA 也可以通过分析该文件来帮助解决问题。

1.3.2　监控系统性能

在 DM8 中，定义了一系列以 V$为前缀的系统动态视图（参考附录 C DM8 常用动态性能视图），这些视图只有结构信息，没有数据，有时也被称为虚视图。查询动态视图时，服务器会动态加载数据。在 DM8 的运行过程中，系统动态视图提供了大量内部信息以便数据库管理员监视服务器的运行状况，并根据这些信息对数据库进行调优以达到提高性能的目的。用户可以通过普通查询语句来查询动态视图信息，也可以通过图形化客户端工具 Monitor 来进行查看。

某些动态性能视图（如 V$SYSSTAT）需要在 ENABLE_MONITOR、MONITOR_TIME、MONITOR_SYNC_EVENT、MONITOR_SQL_EXEC 参数设置为打开时，才会进行相关信息的收集。

1.3.3　数据库重演

数据库重演（Database Replay）是达梦数据库中用来重现、定位和分析问题的一个重要手段，其基本原理是在数据库系统上捕获所有负载（记录外部客户端对服务器的请求），将其保存到二进制捕获文件中，然后通过达梦数据库提供的数据库重演工具，将捕获文件中的请求发送给捕获前由原始数据库备份恢复而来的重演测试系统，以帮助重现当时场景。

用户可以通过调用系统过程 sp_start_capture 来开始捕获发往数据库的所有负载，并将该阶段收到的所有请求保存到二进制捕获文件中，然后使用达梦数据库提供的数据库重演客户端工具重放二进制捕获文件，重现当时真实环境的负载情况及运行情况，以帮助实现问题跟踪和诊断。使用系统过程 sp_stop_capture 可以停止捕获。

对于数据库重演的使用必须指定要执行的参数，其格式如下。

```
格式：DREPLAY KEYWORD=value
例程：DREPLAY SERVER=LOCALHOST:5236 FILE= .\test.cpt
必选参数：FILE
--如果需要获取帮助信息，可以调用 dreplay help，屏幕将显示如下信息：
关键字 说明（默认）
------------------------------------------ ---------------------
SERVER 需要连接的服务器格式 SERVER:PORT (LOCALHOST:5236)
FILE 捕获文件及路径
HELP 打印帮助信息
```

1.3.4 检查数据物理一致性

DM8 提供了用于检查物理一致性的工具 dmdbchk。在数据库服务器正常关闭的情况下，可以使用 dmdbchk 对数据文件的完整性进行校验，校验的内容主要包括数据文件大小校验、索引合法性校验、数据页面校验、系统对象 ID 校验等。在校验完毕后，dmdbchk 会在当前目录下生成一个名为 dbchk_err.txt 的检查报告，供用户查看。

dmdbchk 的使用必须指定必要的执行参数，其调用格式如下。

```
格式：dmdbchk [ini_file_path]
例程：
dmdbchk path=/home/dmdba/dmdbms/bin/dm.ini
--如果需要获取帮助信息，可以调用dmdbchk help，屏幕将显示如下信息：
关键字 说明（默认）
------------------------------------------ ---------------------
PATH dm.ini 绝对路径或者当前目录的 dm.ini
HELP 打印帮助信息
```

1.3.5 优化数据库布局

数据库的布局直接影响整个系统数据库的 I/O 性能。在通常情况下，DBA 应该遵循以下原则。

（1）日志文件放在独立的物理磁盘上，保持与数据文件分开存储。

（2）预先估算并分配好磁盘空间，避免运行过程中频繁扩充数据文件。

（3）系统中不同表空间尽量分布在不同的磁盘上，这样当数据分布在多个表空间时，可以充分利用不同磁盘的并行 I/O 能力。

（4）尽可能将不同的分区表放到磁盘空间中。

（5）对于分析型应用，数据库的页大小和簇大小都可以考虑取最大值，并且在采用列存储的情况下，应该尽可能让每列存放在独立表中。

1.4　数据库优化误区

在进行数据库优化时可能会存在以下误区。

- 误认为在优化之前一定要深入了解数据库内部原理优化的“套路”，依照这些“套路”可以很好地完成数据库优化。优化不是固定不变的理论方法，而是基于深厚的理论基础，进行丰富实践的理解和总结，理论和实践缺一不可。事实上，很多行业中都存在优化，优化不是一个入门级的技术，它是一种熟能生巧、活学活用的技能，因此，对于一个初学者来说，应该打好基础，不断实践，在实践中不断总结，当经验积累到一定程度时，就能解决一些性能方面的问题。不可否认，优化也有一定的技巧和规律可循，但需要一定基础才能领会和掌握。
- 误认为调整数据库参数就可以最终实现优化。在对参数进行调整前，DBA 应该深刻理解配置参数中每个参数的含义和对系统的影响，避免由于错误的调整导致影响整个系统对外提供正常服务。对于一些关键业务，在实际调整前，建议在测试系统上先进行试验，验证通过后再在生产系统上进行调整。
- 误认为调整操作系统参数就可以最终实现优化。调整系统参数是非常重要的，但不一定能解决性能问题。很多运维人员和系统架构师认为对操作系统文件句柄数、CPU、内存、磁盘子系统等进行了优化，就能提升整个应用系统的性能，其实不然。有些场景下，针对业务特点和应用类型调整操作系统参数能取得立竿见影的效果，但是大多数情况下提升并不明显。因此，要实现优化，最关键的还是要找出瓶颈所在，对症下药。
- 误认为数据库性能由应用、数据库架构决定，与应用开发关系不大。而实际上，数据库性能与应用开发的关系很大。数据库性能与各个层面都有关，整体架构很重要，但应用开发也是非常重要的一环。
- 误认为必须要建立分库分表。关系型数据库本身比较容易成为系统瓶颈，单机存储容量、连接数、处理能力都有限。由于查询维度较多，即使添加从库、优化索引，但在做很多操作时数据库性能仍下降严重。此时就要考虑对其进行切分，切分的目的是减少数据库的负担，缩短查询时间。但是带来的负面影响包括事务一致性问题，跨节点关联查询问题，跨节点分页、排序、函数问题，以及数据迁移、扩容问题。

2

第2章 DM8体系架构

体系结构是对一个系统的框架描述，是设计一个系统的宏观工作。DM8数据库性能的任何问题，最终都可以通过其内部运行机制反映出来。因此，从总体上了解DM8由哪些要素构成、其各要素之间是如何关联的，对理解优化细节发挥着不可或缺的作用。

2.1 总体构成

DM8系统总体上由数据库和实例构成，如图2-1所示。数据库在操作系统层面上表现为一系列物理存储结构，即与数据库系统运行相关的各类文件；在数据库系统内部，表现为各种支撑数据管理的数据库对象，如表空间、段、簇、页等。实例一般是由一组正在运行的DM后台进程/线程及一个大型的共享内存组成的，DM内存结构主要包括内存池、缓冲区、排序区、哈希区等，后台进程主要包括监听线程、工作线程、I/O线程、调度线程、日志相关线程等，DM内存和后台进程中各模块的具体含义在后续2.4节和2.5节中将展开介绍。简单来说，实例就是操作DM8的一种手段，是用来访问数据库的DM内存结构及后台进程的集合。

为了实现在有限I/O资源下数据的安全，当用户进程操作数据库时，首先由服务器进程监听到用户的操作命令（SQL 命令），其次通过工作线程对数据缓冲区中的数据进行处理，同时，用户的操作会被保存在日志缓冲区中。但内存会因断电导致数据丢失，因此将数据保存在硬盘的物理文件中才是真正安全的，当用户完成命令后进行 commit 提交时，日志相关线程会将日志缓冲区中的内容实时保存至物理存储结构的日志中，从而确保操作被保存在硬盘上，而数据缓冲区中的变化会在I/O资源空闲时由I/O线程保存在数据文件中，这样既确保了操作的安全保存，又保障了I/O资源的合理利用。其中，I/O线程、日志相关线程等都是通过控制文件找到相关目标文件的位置的。

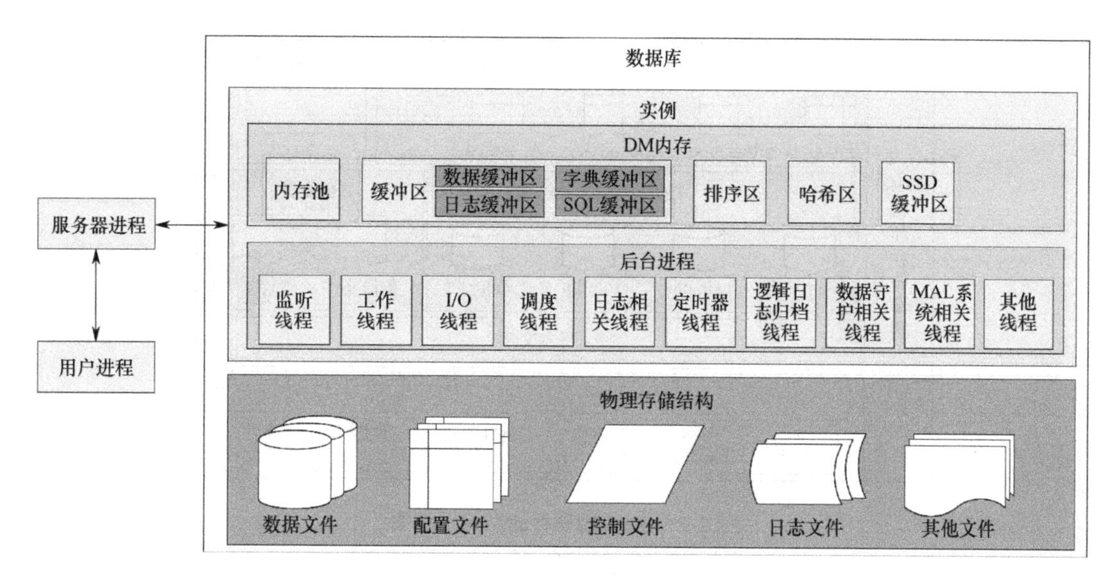

图 2-1　DM8 系统总体构成示意图

2.1.1　数据库

在有些情况下，数据库的概念包含的内容很广泛。例如，在单独提到 DM8 时，可能指的是 DM8 产品，也可能是正在运行的 DM8 实例，还可能是 DM8 运行中所需的一系列物理文件的集合等。但是，当同时出现 DM8 和 DM8 实例时，DM8 指的是存放在磁盘上的 DM8 物理文件的集合，一般包括数据文件、日志文件、控制文件及临时数据文件等。

2.1.2　实例

与 DM8 存储在服务器的磁盘上不同，DM 实例存储于服务器的内存中。通过运行 DM 实例，可以操作 DM8 中的内容。在任何时候，一个实例只能与一个数据库进行关联（装载、打开或者挂起数据库）。在大多数情况下，一个数据库也只对一个实例进行操作。但是在 DM 共享存储集群（DMDSC）中，多个实例可以同时装载并打开一个数据库（位于一组由多台服务器共享的物理磁盘上）。此时，可以同时从多台不同的服务器上访问这个数据库。

2.2　物理存储结构

DM8 使用了磁盘上大量的物理存储结构来保存和管理用户数据。典型的物理存储结构包括：用于进行功能设置的配置文件；用于记录文件分布的控制文件；用于保存用户实际数据的数据文件、REDO 日志文件、归档日志文件、备份文件；用来进行问题跟踪的跟踪日志文件等（见图 2-2）。

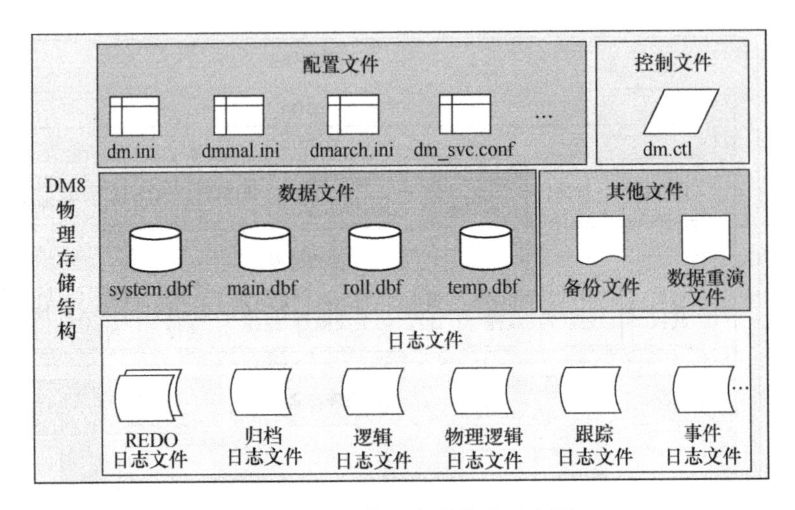

图 2-2　DM8 物理存储结构示意图

2.2.1　配置文件

配置文件是 DM8 用来设置功能选项的一些文本文件的集合，配置文件以 ini 为扩展名，它们具有固定的格式，用户可以通过修改其中的某些参数取值来达成以下目标。

- 启用/禁用特定功能项。
- 针对当前系统运行环境设置更优的参数值以提升系统性能。

常用的配置文件有数据库服务配置文件 dm.ini、dmmal.ini、dmarch.ini、dm_svc.conf 和 sqllog.ini；还有数据复制配置文件 dmrep.ini、dmllog.ini 和 dmtimer.ini。各配置文件的参数含义及默认值见附录 A。

2.2.2　控制文件

每个 DM8 都有一个名为 dm.ctl 的控制文件。控制文件是一个二进制文件，它记录了数据库必要的初始信息，其中主要包含以下内容。

- 数据库名称。
- 数据库服务器模式。
- OGUID 唯一标识。
- 数据库服务器版本。
- 数据文件版本。
- 数据库的启动次数。
- 数据库最近一次的启动时间。
- 表空间信息，包括表空间名、表空间物理文件路径等，记录了所有数据库中使用的表空间，以数组的方式保存起来。
- 控制文件校验码，校验码由数据库服务器在每次修改控制文件后计算生成，保证控制文件的合法性，防止文件损坏及手工修改。

在服务器运行期间，执行表空间的 DDL 等操作后，服务器内部需要同步修改控制文件内容。如果在修改过程中服务器故障，可能会导致控制文件损坏，为了避免出现这种情况，在修改控制文件时系统内部会执行备份操作。

控制文件的备份过程如图 2-3 所示。在修改控制文件 dm.ctl 之前，要预先备份控制文件，若 dm.ctl 修改失败或中途出现故障，则保留预先备份的控制文件，确定控制文件 dm.ctl 修改成功后，再将预先备份的控制文件删除，并根据 dm.ini 中指定的 CTL_BAK_PATH/CTL_BAK_NUM 对最新的 dm.ctl 执行事后备份（也就是备份修改成功的控制文件）。若用户指定的 CTL_BAK_PATH 是非法路径，则不再生成备份文件，在路径有效的情况下，生成备份文件时根据指定的 CTL_BAK_NUM 判断是否删除以往备份文件。

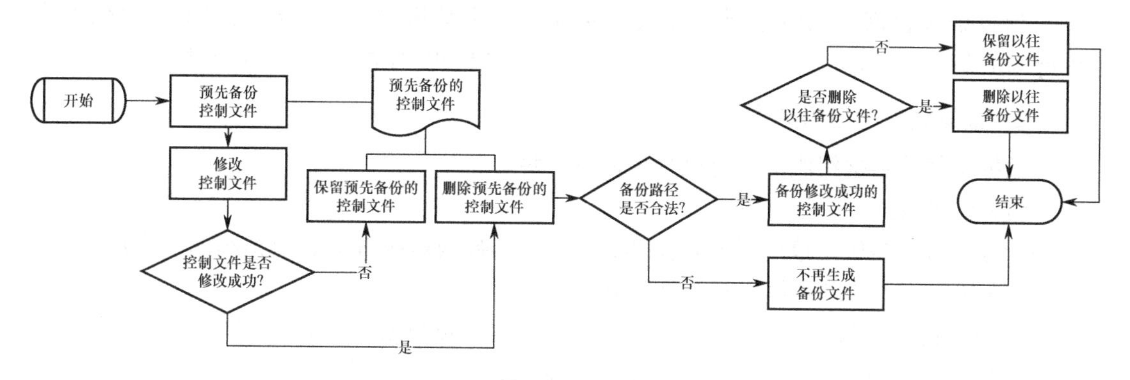

图 2-3 控制文件的备份过程

注意，若 dm.ctl 文件存放在裸设备上，则预先备份不会生效；若指定的 CTL_BAK_PATH 是无效路径，则事后备份也不会生效；若预先备份和事后备份的条件都满足，则都会生效执行，否则只执行满足条件的备份策略，若都不满足，则不会再生成备份文件；若是初始化新库，则在初始化完成后，会在 SYSTEM_PATH/CTL_BAK 路径下对原始的 dm.ctl 执行一次备份。

2.2.3 数据文件

数据文件以 dbf 为扩展名，它是数据库中最重要的文件类型，一个 DM 数据文件对应磁盘上的一个物理文件，数据文件用于存储真实数据，每个数据库至少有一个与之相关的数据文件。在实际应用中，通常有多个数据文件。

当 DM 的数据文件空间用完时，它可以自动扩展。可以在创建数据文件时通过 MAXSIZE 参数限制数据文件的扩展量，当然也可以不限制。但是，数据文件的大小最终会受物理磁盘大小的限制。在实际使用中，一般不建议使用单个巨大的数据文件，为一个表空间创建多个较小的数据文件是更好的选择。

1. 数据文件的分类

数据文件按照在数据库中的作用不同，可以分为一般数据文件、回滚（ROLL）数据文件和临时（TEMP）数据文件。

（1）一般数据文件。

一般数据文件主要用于存放数据表中的数据。数据文件在逻辑上按照页、簇和段的方式进行管理，详细结构请参考 2.3 节内容。

（2）回滚数据文件。

ROLL 表空间的 dbf 文件被称为回滚数据文件。回滚数据文件用于保存系统的回滚记录，提供事务回滚时的信息。回滚数据文件整个是一个段。每个事务的回滚页在回滚段中各自挂链，页内则顺序存放回滚记录。

（3）临时数据文件。

temp.dbf 是临时数据文件，临时数据文件可以在 dm.ini 中通过 TEMP_SIZE 配置大小。当数据库查询的临时结果集过大，缓存已经不够用时，临时结果集就可以保存在 temp.dbf 文件中，供后续运算使用。系统中用户创建的临时表也存储在临时数据文件中。

2．数据文件的组织形式

数据文件按数据组织形式可以分为以下 4 种。

（1）B 树数据。

行存储数据是应用最广泛的存储形式之一，其数据是按 B 树索引组织的。普通表、分区表、B 树索引的物理存储格式都是 B 树。

一个 B 树包含两个段：一个内节点段，存放内节点数据；一个叶子段，存放叶子节点数据。其 B 树的逻辑关系由段内页面上的记录通过文件指针来完成。

当表上没有指定聚簇索引时，系统会自动产生一个唯一标识 ROWID 作为 B 树的键（key）来唯一标识一行。

（2）堆表数据。

堆表的数据是以挂链形式存储的，一般情况下，最多支持 128 个链表，一个链表在物理上就是一个段，堆表采用的是物理 ROWID，在插入过程中，ROWID 在事先已确定，并保证其唯一性，因此可以并发插入，该插入方式效率很高，且由于 ROWID 是即时生成的，无须保存在物理磁盘上，也节省了空间。

（3）列存储数据。

列存储数据是指数据按列方式组织存储，每个列包含两个段，一个段存放列数据，另一个段存放列的控制信息，读取列数据时，只需要顺序扫描这两个段。在某些特殊应用场景下，其效率要远远高于行存储。

（4）位图索引。

位图索引与 B 树索引不同，每个索引条目不是指向一行数据，而是指向多行数据的。每个索引项保存的是一定范围内所有行与当前索引键值映射关系的位图。

2.2.4　日志文件

日志文件记录数据库中的每个操作。按照用途的不同分为 REDO 日志文件、归档日志文件、逻辑日志文件、物理逻辑日志文件、跟踪日志文件和事件日志文件等。

DM8 可以在非归档模式和归档模式下运行。非归档模式下，数据库会将 REDO 日志写入 REDO 日志文件中进行存储；归档模式下，数据库会同时将 REDO 日志写入 REDO 日志文件和归档日志文件分别进行存储。

1. REDO 日志文件

在 DM8 中添加、删除、修改对象，或者改变数据时，DM8 都会按照特定的格式，将这些操作执行的结果写入当前的 REDO 日志文件（重做日志文件）。REDO 日志文件以 log 为扩展名。每个 DM8 实例必须至少有两个 REDO 日志文件，默认的两个日志文件为 DAMENG01.log、DAMENG02.log，这两个文件循环使用。

REDO 日志文件是数据库正在使用的日志文件，因此也被称为联机日志文件。创建数据库时，REDO 日志文件通常会被扩展至一定长度，其内容则被初始化为空，当系统运行时，该文件逐渐被产生的日志所填充。对日志文件的写入是顺序且连续的。然而，系统磁盘空间总是有限的，系统必须能够循环利用日志文件的空间，为了做到这一点，当所有日志文件空间被占满时，系统需要清空一部分日志以便重用日志文件的空间。为了保证被清空的日志保护的数据在磁盘上是安全的，这里需要引入一个关键的数据库概念——检查点。当产生检查点时，系统将系统缓冲区中的日志和脏数据页都写入磁盘，以保证当前日志所保护的数据页都已安全写入磁盘，这样日志文件即可被安全重用。

REDO 日志文件主要用于数据库的备份与恢复。理想情况下，数据库系统不会用到 REDO 日志文件中的信息。然而，现实世界总是充满了各种意外，如电源故障、系统故障、介质故障，或者数据库实例进程被强制终止等，数据库缓冲区中的数据页会来不及写入数据文件。这样，在重启 DM 实例时，通过 REDO 日志文件中的信息，就可以将数据库的状态恢复到发生意外前的状态。

REDO 日志文件对于数据库是至关重要的。它们用于存储数据库的事务日志，以便系统在出现系统故障和介质故障时能够进行故障恢复。在 DM8 的运行过程中，任何修改数据库的操作都会产生 REDO 日志。例如，当一条元组插入一个表中时，插入的结果会写入 REDO 日志文件，当删除一条元组时，删除该元组的操作也被写了进去，这样，当系统出现故障时，通过分析 REDO 日志可以知道在故障发生前系统做了哪些操作，以及重做哪些动作可以使系统恢复到故障前的状态。

2. 归档日志文件

归档日志文件指的是在归档模式下，REDO 日志被连续写入归档日志后，所生成的日志文件。归档日志文件以归档时间命名，扩展名也是 log。但只有在归档模式下运行时，DM8 才会将 REDO 日志写入归档日志文件。采用归档模式会对系统的性能产生影响，然而系统在归档模式下运行会更安全，当出现故障时其丢失数据的可能性更小，这是由于一旦出现介质故障，如磁盘损坏时，利用归档日志，系统可被恢复至故障发生的前一刻，也可以还原到指定的时间点，而若没有归档日志文件，则只能利用备份进行恢复。归档日志文件还是数据守护功能的核心，数据守护中的备库就是通过重做归档日志中的 REDO 日志来完成与主库的数据同步的。

3. 逻辑日志文件

如果在 DM8 上配置了复制功能，复制源就会产生逻辑日志文件。逻辑日志文件是一个流式的文件，它有自己的格式，且不在第 1 章所述的页、簇和段的管理之下。

逻辑日志文件的内部存储按照复制记录的格式，一条接一条记录存储着复制源端的各种逻辑操作，用于发送给复制目的端。

4．物理逻辑日志文件

物理逻辑日志是按照特定格式存储服务器的逻辑操作的日志，专门使用 DBMS_LOGMNR 包挖掘并获取数据库系统的历史执行语句。当开启记录物理逻辑日志的功能时，这部分日志内容会被存储在 REDO 日志文件中。

要开启物理逻辑日志的功能，需要满足以下两个条件。

（1）要设置 RLOG_APPEND_LOGIC 为 1、2 或者 3。

（2）通过设置参数 RLOG_IGNORE_TABLE_SET=1 或者在建表（或修改表）时指定 ADDLOGICLOG 开启。若需要记录所有表的物理逻辑日志，则将 INI 参数 RLOG_IGNORE_TABLE_SET 设置为 1 即可；若只需要记录某些表的物理逻辑日志，则要将 INI 参数 RLOG_IGNORE_TABLE_SET 设置为 0，并在建表或者修改表的语法中使用 ADDLOGICLOG。

5．跟踪日志文件

用户在 dm.ini 中配置 SVR_LOG 参数和 SVR_LOG_SWITCH_COUNT 参数后就会打开跟踪日志。跟踪日志文件是一个纯文本文件，以“dm_commit_日期_时间”命名，默认生成在 DM 安装目录的 log 子目录下，管理员可通过 INI 参数 SVR_LOG_FILE_PATH 设置其生成路径。

跟踪日志中包含系统各会话执行的 SQL 语句、参数信息、错误信息等。跟踪日志主要用于分析错误和分析性能，基于跟踪日志可以对系统运行状态进行分析，例如，可以挑出系统现在执行速度较慢的 SQL 语句，并对其进行优化。

系统中 SQL 日志的缓存是分块循环使用的，管理员可根据系统执行的语句情况及压力情况设置恰当的日志缓存块大小及预留的缓存块数量。当预留的缓存块数量不足以记录系统产生的任务时，系统会分配新的、用后即弃的缓存块，但是总的空间大小由 INI 参数 SVR_LOG_BUF_TOTAL_SIZE 控制，管理员可根据实际情况进行设置。

打开跟踪日志文件会对系统的性能产生较大影响，一般在查错和调优时才会将其打开，默认情况下系统是关闭跟踪日志文件的。若需要跟踪日志但对日志的实时性没有严格的要求，又希望系统有较高的效率，则可以设置参数 SQL_TRACE_MASK 和 SVR_LOG_MIN_EXEC_TIME，只记录关注的相关记录，减少日志总量；设置参数 SVR_LOG_ASYNC_FLUSH 打开 SQL 日志异步刷盘则能够提高系统性能。

6．事件日志文件

DM8 系统在运行过程中，会在 log 子目录下产生一个以“dm_实例名_日期”命名的事件日志文件。事件日志文件能够对 DM8 运行时的关键事件，如对系统启动、关闭、内存申请失败、I/O 错误等一些致命错误进行记录。事件日志文件主要用于在系统出现严重错误时对问题进行查看并定位。事件日志文件随着 DM8 服务的运行一直存在。

事件日志文件打印的是中间步骤的信息，因此出现部分缺失属于正常现象。

2.2.5　备份文件

备份文件以 bak 为扩展名，当系统正常运行时，备份文件不会发挥任何作用，它也不是数据库必需的联机文件类型之一。然而，没有数据库系统能够保证永远都正确无误地运行，当数据库出现故障时，备份文件就显得尤为重要了。

当客户利用管理工具或直接发出备份的 SQL 命令时，DMServer 会自动进行备份，并产生一个或多个备份文件，备份文件自身包含了备份的名称、对应的数据库、备份类型和备份时间等信息。同时，系统还会自动记录备份信息及该备份文件所处的位置，但这种记录是零散的，用户可根据需要将其复制到任何地方，并不会影响系统的运行。

2.2.6　数据重演文件

调用系统存储过程 SP_START_CAPTURE 和 SP_STOP_CAPTURE 可以获得数据重演文件。数据重演文件用于数据重演，存储了从对数据库操作抓取开始到结束时 DM8 与客户端的通信消息。使用数据重演文件可以多次重复抓取这段时间内的数据库操作，为系统调试和性能调优提供了另一种分析手段。

2.3　逻辑存储结构

DM8 为数据库中的所有对象分配逻辑空间，并存放在数据文件中。在 DM8 内部，所有的数据文件组合在一起，被划分到一个或者多个表空间中，所有的数据库内部对象都存放在这些表空间中。同时，表空间被进一步划分为段、簇和页（块）。通过这种划分，可以使得 DM8 更加高效地控制磁盘空间的利用率。图 2-4 显示了这些数据的逻辑存储结构关系。

可以看出，在 DM8 中存储的层次结构如下。

- 系统由一个或多个表空间组成。
- 每个表空间由一个或多个数据文件组成。
- 每个数据文件由一个或多个簇组成。
- 段是簇的上级逻辑单元，一个段可以跨多个数据文件。
- 簇由磁盘上连续的页组成，一个簇总是在一个数据文件中。
- 页是数据库中最小的分配单元，也是数据库中使用的最小的 I/O 单元。

2.3.1　表空间

在 DM8 中，表空间由一个或多个数据文件组成。DM8 中的所有对象在逻辑上都存放在表空间中，而在物理上都存储在所属表空间的数据文件中。

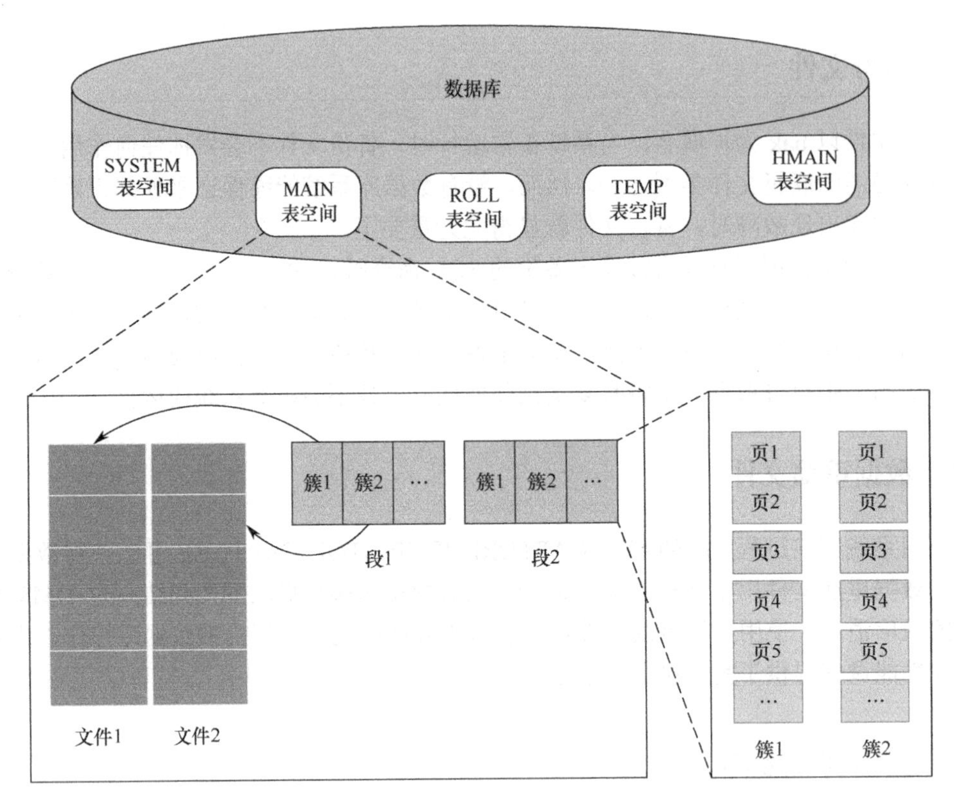

图 2-4　逻辑存储结构关系示意图

1．数据库自动创建的表空间

在创建 DM8 时，会自动创建 5 个表空间，即 SYSTEM 表空间、ROLL 表空间、MAIN 表空间、TEMP 表空间和 HMAIN 表空间。

（1）SYSTEM 表空间。

SYSTEM 表空间存放了有关 DM8 的字典信息，用户不能在 SYSTEM 表空间中创建表和索引。

（2）ROLL 表空间。

ROLL 表空间（回滚表空间）完全由 DM8 自动维护，用户无须干预。该表空间用来存放事务运行过程中执行 DML 操作之前的值，从而为访问该表的其他用户提供表数据的读一致性视图。

（3）MAIN 表空间。

MAIN 表空间在初始化库的时候，就会自动创建一个大小为 128MB 的数据文件 MAIN.DBF。在创建用户时，若没有指定默认表空间，则系统会自动指定 MAIN 表空间为用户默认的表空间。

（4）TEMP 表空间。

TEMP 表空间完全由 DM8 自动维护。当用户的 SQL 语句需要磁盘空间来完成某个操作时，DM8 会从 TEMP 表空间中分配临时段。例如，创建索引、无法在内存中完成的排序操作、SQL 语句中间结果集，以及用户创建的临时表等都会涉及 TEMP 表空间。

（5）HMAIN 表空间。

HMAIN 表空间属于 HTS 表空间，完全由 DM8 自动维护，用户无须干涉。当用户创建 HUGE 表时，在未指定 HTS 表空间的情况下，HMAIN 表空间会充当默认 HTS 表空间。

2. 表空间的使用

每个用户都有一个默认的表空间。对于 SYS、SYSSSO、SYSAUDITOR 系统用户，默认的表空间是 SYSTEM 表空间，SYSDBA 的默认表空间为 MAIN 表空间，新创建的用户如果没有指定默认表空间，则系统会自动指定 MAIN 表空间为用户默认的表空间。如果用户在创建表时，指定了存储表空间 A，并且在该表空间和当前用户的默认表空间 B 不一致时，表会被存储在用户指定的表空间 A 中，默认情况下，在这张表上建立的索引也将被存储在表空间 A 中，但是用户的默认表空间是不变的，仍为表空间 B。

一般情况下，建议用户自己创建一个表空间来存放业务数据，或者将数据存放在默认的 MAIN 表空间中。

3. 表空间对性能的影响

在 DM8 逻辑存储结构当中，表空间是用户经常性操作和管理的对象，当要管理数据库时，需要先创建一个数据库用户才能进行登录，而每个数据库用户都需要有对应的表空间，所以在使用数据库时要首先考虑表空间的创建和管理。

表空间也能够关联 DM8 逻辑存储结构和物理存储结构，当用户创建表空间时，需要给表空间关联一个或多个物理文件，DM8 逻辑存储结构和物理存储结构关联模型如图 2-5 所示。

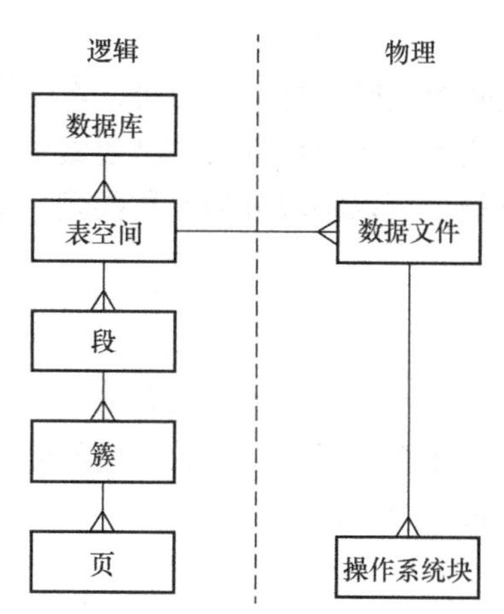

图 2-5 DM8 逻辑存储结构与物理存储结构关联模型

根据表空间的功能和特点可以看出，表空间的管理对数据库性能也会产生一定影响。常见的影响主要表现在当表空间存储空间消耗过大时，会造成数据库性能下降甚至数据库无法使用，主要由于表空间在创建时会关联一个或多个数据文件，并且指定数据文件的大小，而数据库在使用的过程中其存储的数据会不断累加，当表空间对应的数据文件存满时，会造成数据库性能下降。

常见的解决方法主要是创建或管理表空间时，给对应的数据文件增加自动扩充功能，当该文件存满时，DM8会按照设定的扩充尺寸自动扩充该数据文件，避免数据库性能下降。也可以通过运维人员监控，在发现表空间不够用时，手动增加第二个数据文件来进行解决。表空间管理如图2-6所示。

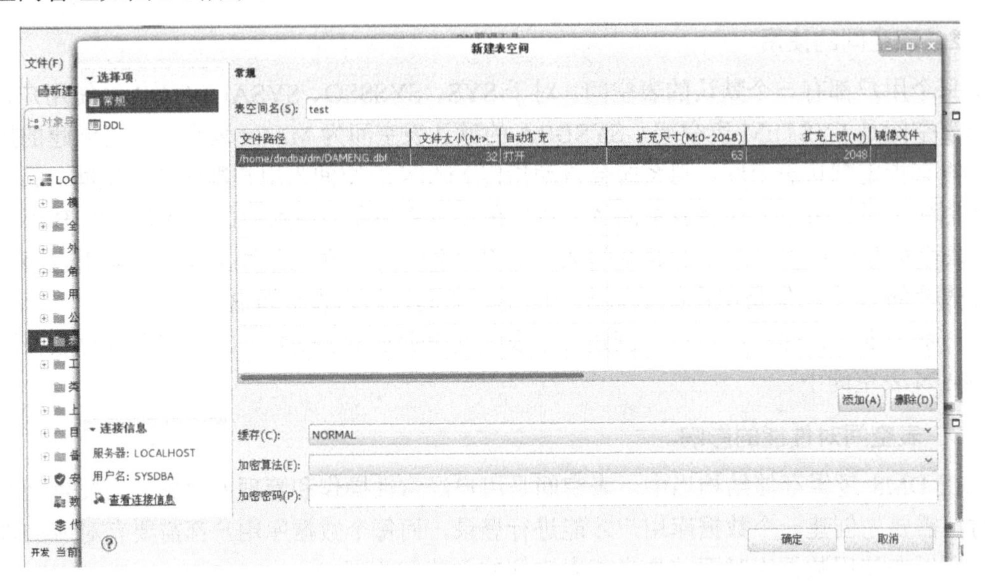

图2-6　表空间管理

2.3.2　段

段是DM8中占用存储空间的数据库对象，如表、索引等。创建表时，会创建一个表段；创建分区表时，每个分区会创建一个数据段；创建索引时，则会创建一个索引段。

按照段中所存储数据的特征，可以将段分为5种类型，即数据段、索引段、临时段、LOB段和回滚段。

1．数据段

数据段用于存储表中的数据。在DM8中，如果用户在表空间中创建了一个表，那么系统会自动在该表空间中创建一个数据段，而且数据段的名称与表的名称相同。对于分区表，每个分区使用单独的数据段来容纳所有数据。

2．索引段

索引段用于存储表中的所有索引信息。在DM8中，如果用户创建一个索引，那么系统会为该索引创建一个索引段，而且索引段的名称与表的名称相同。对于分区表上的非分区索引，使用一个索引数据段来容纳所有数据，而对于分区索引，每个分区使用一个单独索引数据段来容纳其数据。

3．临时段

在DM8中，所有临时段都创建在临时表空间中，这样可以分流磁盘设备的I/O，也可以减少由于在 SYSTEM 表空间或其他表空间内频繁创建临时数据段而造成的碎片。

当处理一个查询时，经常需要为 SQL 语句的解析与执行的中间结果准备临时空间。DM8 会自动分配临时段的磁盘空间。例如，DM8 在进行排序操作时就可能需要使用临时段，当排序操作可以在内存中执行，或利用索引就可以执行时，就不必创建临时段。对于临时表及其索引，DM8 也会为它们分配临时段。

临时段的分配和释放完全由系统自动控制，用户不能进行干预。

4. LOB 段

LOB 段即 Large Objects，也就是大对象段，用于存储表中的 LOB 字段（包括 CLOB、NCLOB 和 BLOB 等），当用户创建带 LOB 字段的表时，就会将其存储至 LOB 段。

5. 回滚段

DM8 在回滚表空间的回滚段中保存了用于恢复数据库操作的信息。对于未提交事务，当执行回滚语句时，回滚记录被用来做回滚变更。在数据库恢复阶段，回滚记录被用来做任何未提交变更的回滚。在多个并发事务运行期间，回滚段还为用户提供读一致性，所有正在读取受影响行的用户将不会看到行中的任何变动，直到他们的当前事务提交后发出新的查询。

DM8 提供了全自动回滚管理机制来管理回滚信息和回滚空间，全自动回滚管理消除了管理回滚段的复杂性。此外，系统将尽可能通过保存回滚信息，来满足用户查询回滚信息的需要。事务被提交后，回滚数据不能再回滚或者恢复，但是从数据读一致性的角度出发，长时间运行查询可能需要这些早期的回滚信息来生成早期的数据页镜像，基于此，数据库需要尽可能长时间地保存回滚信息。DM8 会收集回滚信息的使用情况，并根据统计结果对回滚信息保存周期进行调整，数据库将回滚信息保存周期设为比系统中活动的、最长的查询时间稍长。

2.3.3 簇

簇是 DM8 中磁盘空间的最小分配单元，由同一个数据文件中 16 个或 32 个连续的数据页组成。在 DM8 中，簇的大小由用户在创建数据库时指定，默认由 16 个数据页组成。假定某个数据文件大小为 32MB，页大小为 8KB，则共有 32MB/8KB/16=256 个簇，每个簇的大小为 8KB×16=128KB。和数据页的大小一样，一旦创建好数据库，此后该数据库的簇的大小就不能够改变。

1. 分配数据簇

当创建一个表/索引时，DM8 为表/索引的数据段分配至少一个簇，同时数据库会自动生成对应数量的空闲数据页，供后续操作使用。如果初始分配的簇中所有数据页都已经用完，或者新插入/更新数据需要更多的空间，那么 DM8 将自动分配新的簇。在默认情况下，DM8 在创建表/索引时会初始分配一个簇，当初始分配的空间用完时，DM8 会自动扩展。

当 DM8 的表空间为新的簇分配空闲空间时，首先在表空间按文件从小到大的顺序在各个数据文件中查找可用的空闲簇，找到后进行分配；若各数据文件中都没有空闲簇，则在各数据文件中查找足够的空闲空间，将需要的空间先进行格式化，再进行分配；若各数据文件的空闲空间也不够，则选择一个数据文件进行扩充。

2. 释放数据簇

对于用户数据表空间，在用户将一个数据段对应的表/索引对象删除（DROP）之前，该表对应的数据段会保留至少一个簇不被回收到表空间中。在删除表/索引对象中的记录时，DM8 通过修改数据文件中的位图来释放簇，释放后的簇被视为空闲簇，以供其他对象使用。当用户删除了表中所有记录时，DM8 仍然会为该表保留 1～2 个簇供后续使用。若用户使用 DROP 语句来删除表/索引对象，则此表/索引对应的段中包含的簇会被全部收回，并供存储于此表空间的其他模式对象使用。

对于临时表空间，DM8 会自动释放在执行 SQL 语句的过程中产生的临时段，并将属于此临时段的簇空间还给临时表空间。需要注意的是，临时表空间文件在磁盘所占大小并不会因此而缩减，用户可以通过系统函数 SF_RESET_TEMP_TS 来进行磁盘空间的清理。

对于回滚表空间，DM8 将定期检查回滚段，并确定是否需要从回滚段中释放一个或多个簇。

2.3.4 页

数据页（数据块）是 DM8 中最小的数据存储单元。页的大小对应物理存储空间上特定数量的存储字节，在 DM8 中，页的大小可以为 4KB、8KB、16KB 或 32KB，用户在创建数据库时可以指定其大小，默认大小为 8KB，一旦创建好了数据库，则在该库的整个生命周期内，页大小都不能够改变。DM8 数据页的典型格式如图 2-7 所示。

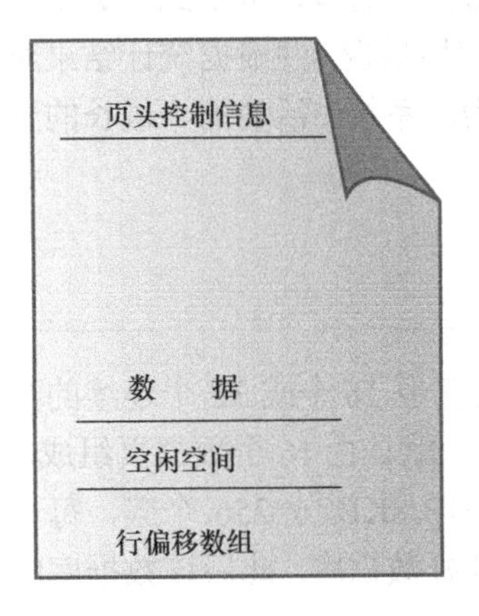

图 2-7 DM8 数据页的典型格式

页头控制信息包含了页类型、页地址等信息。页的中部存放数据。为了更好地利用数据页，在数据页的尾部专门留出一部分空间用于存放行偏移数组，行偏移数组用于标识页上的空间占用情况，以便管理数据页自身的空间。

在绝大多数情况下，用户都无须干预 DM8 对数据页的管理。但是 DM8 还是提供了选项供用户选择，以便在某些情况下为用户提供更佳的数据处理性能。

FILLFACTOR 是 DM8 提供的一个与性能有关的数据页级存储参数，它指定了一个数据页在初始化后插入数据时最大可以使用空间的百分比（如 100%），可以在创建表/索引时指定该值。设置 FILLFACTOR 参数的值，是为了指定数据页中的可用空间百分比（FILLFACTOR）和可扩展空间百分比（100－FILLFACTOR）。可用空间用来执行更多的 INSERT 操作，可扩展空间用来为数据页保留一定的空间，以防止在今后的更新操作中增加列或者修改变长列的长度时，引起数据页的频繁分裂。当插入的数据占据的数据页空间百分比低于 FILLFACTOR 时，允许数据插入该页，否则将当前数据页中的数据分为两部分，一部分保留在当前数据页中，另一部分存入一个新页中。

对于 DBA 来说，使用 FILLFACTOR 时应该在空间和性能之间进行权衡。为了充分利用空间，用户可以设置一个很高的 FILLFACTOR 值，如 100，但是这可能会导致在后续更新数据时，频繁引起页分裂，从而导致需要大量的 I/O 操作。为了提高更新数据的性能，可以设置一个相对较低（但不是过低）的 FILLFACTOR 值，使得在后续执行更新操作时，可以尽量避免数据页的分裂，提升 I/O 性能，不过这是以牺牲空间利用率为代价换取的性能的提高。

2.3.5　记录

数据库表中的每行数据是一条记录。在 DM8 中，除了 HUGE 表，其他表都是在数据页中按记录存储数据的。也就是说，记录是存储在数据页中的，记录并不是 DM8 的存储单位，页才是。由于记录不能跨页存储，这样记录的长度就受到了数据页大小的限制。数据页中还包含了页头控制信息等空间，因此 DM8 规定每条记录的总长度不能超过页面大小的一半。

2.4　DM8 内存结构

数据库管理系统是一种对内存申请和释放操作频率很高的软件，若每次使用和释放内存时都要通过操作系统函数来操作，则效率会比较低，加入自己的内存管理是 DBMS 系统所必需的。通常内存管理系统会带来以下好处。

- 申请、释放内存效率更高。
- 能够有效地了解内存的使用情况。
- 易发现内存泄露和内存写越界的问题。

DM8 管理系统的内存结构主要包括内存池、缓冲区、排序区、哈希区等。根据系统中子模块的不同功能，对内存进行上述结构划分，并采用不同的管理模式。

2.4.1　内存池

DMServer 的内存池包括共享内存池和其他一些运行时内存池。

动态视图 V$MEM_POOL 详细记录了当前系统中所有内存池的状态，可通过查询这个动态视图掌握 DMServer 的内存使用情况。

1. 共享内存池

共享内存池是 DMServer 在启动时从操作系统申请的一大片内存。在 DMServer 运行期间，经常会申请与释放小片内存，而向操作系统申请和释放内存时需要发出系统调用的请求，此时可能会引起线程切换，降低系统运行效率。采用共享内存池则可一次向操作系统申请一片较大内存，即内存池，当系统在运行过程中需要申请内存时，可在共享内存池内进行申请，当用完该内存时，再将其释放掉，即归还给共享内存池。

DM8 系统管理员可以通过 DMServer 的配置文件（dm.ini）来对共享内存池的大小进

行设置，共享内存池的参数为MEMORY_POOL，该参数配置默认为200MB。如果在运行时所需内存大于配置值，共享内存池也可进行自动扩展，INI 参数 MEMORY_EXTENT_SIZE 指定了共享内存池每次扩展的大小，参数 MEMORY_TARGET 则指定了共享内存池能扩展到的最大大小。

2．运行时内存池

除了共享内存池，DMServer 的一些功能模块在运行时还会使用自己的运行时内存池。这些运行时内存池是从操作系统申请的一片内存，其会被作为本功能模块的内存池来使用，如会话内存池、虚拟机内存池等。

2.4.2 缓冲区

缓冲区是 DM8 存放中间数据的内存区域，主要包括数据缓冲区、日志缓冲区、字典缓冲区、SQL 缓冲区等。

1．数据缓冲区

数据缓冲区是 DMServer 在将数据页写入磁盘之前以及从磁盘上读取数据页之后，存储数据页的区域。这是 DMServer 至关重要的内存区域之一，将其设定得太小，会导致缓冲页命中率低，磁盘 I/O 频繁；将其设定得太大，又会导致操作系统内存本身不够用。

系统启动时，首先根据配置的数据缓冲区大小向操作系统申请一片连续内存并将其按数据页大小进行格式化，并置入自由链。数据缓冲区中存在 3 条链来管理被缓冲的数据页，一条是自由链，用于存放目前尚未使用的内存数据页；一条是 LRU 链，用于存放已被使用的内存数据页（包括未修改和已修改）；还有一条是脏链，用于存放已被修改过的内存数据页。

LRU 链将系统当前使用的页按其最近是否被使用的顺序进行排序。这样，当数据缓冲区中的自由链被用完时，从 LRU 链中淘汰部分最近未使用的数据页，能够较大程度地保证被淘汰的数据页在最近不会被用到，减少 I/O 次数。

在系统运行过程中，通常存在一部分“非常热”（反复被访问）的数据页，将它们一直留在缓冲区中对系统性能会有好处。对于这部分数据页，数据缓冲区开辟了一个特定的区域来存放它们，以保证这些页不参与一般的淘汰机制，可以一直留在数据缓冲区中。

（1）类型。

DMServer 中有 4 种类型的数据缓冲区，分别是 NORMAL、KEEP、FAST 和 RECYCLE 缓冲区。其中，用户可以在创建表空间或修改表空间时，指定表空间属于 NORMAL 缓冲区或 KEEP 缓冲区。RECYCLE 缓冲区供临时表空间使用，FAST 缓冲区根据用户指定的 FAST_POOL_PAGES 大小由系统自动进行管理，用户不能指定使用 RECYCLE 缓冲区和 FAST 缓冲区的表或表空间。

NORMAL 缓冲区主要是提供给系统处理的一些数据页，在没有特别指定缓冲区的情况下，默认为 NORMAL 缓冲区；KEEP 缓冲区的特性是很少或几乎不怎么淘汰缓冲区中的数据页，主要基于用户的应用是否需要经常处在内存当中，如果用户的应用需要经常处在内存当中，那么可以指定缓冲区为 KEEP 缓冲区。

DMServer 提供了可以更改这些缓冲区大小的参数，用户可以根据自己的应用需求情况，指定 dm.ini 文件中的 BUFFER（默认值为 100MB）、KEEP（默认值为 8MB）、RECYCLE（默认值为 64MB）、FAST_POOL_PAGES（默认值为 3000）值，这些值分别对应 NORMAL 缓冲区大小、KEEP 缓冲区大小、RECYCLE 缓冲区大小、FAST 缓冲区数据页总数。

（2）读多页。

在需要进行大量 I/O 的应用当中，DM8 之前版本的策略是每次只读取一页。如果知道用户需要读取表中的大量数据，那么当读取到第一页时，可以猜测用户可能需要读取这页的下一页，在这种情况下，一次性读取多页就可以减少 I/O 次数，从而提高数据的查询、修改效率。

DMServer 提供了可以读取多页的参数，用户可以指定这些参数来调整数据库运行效率的最佳状态。在 DM8 的配置文件 dm.ini 中，可以指定参数 MULTI_PAGE_GET_NUM 值大小（默认值为 16 页），来控制每次读取的页数。

如果用户没有设置较合适的参数 MULTI_PAGE_GET_NUM 值大小，有时可能会给用户带来较差的读取效果。如果 MULTI_PAGE_GET_NUM 值太大，每次读取的页可能大多都不是以后要用到的数据页，这样不仅会增加 I/O 的读取次数，而且每次都会做一些无用的 I/O，所以系统管理员需要衡量好自己的应用需求，给出最佳方案。

2. 日志缓冲区

日志缓冲区是用于存放 REDO 日志的内存缓冲区。为了避免由于直接的磁盘 I/O 而使系统性能受到影响，系统在运行过程中产生的日志并不会被立即写入磁盘，而是和数据页一样，先将其放置到日志缓冲区中。那么为何不在数据缓冲区中缓存 REDO 日志，而要单独设立日志缓冲区呢？主要是基于以下原因。

- REDO 日志的格式同数据页完全不一样，无法进行统一管理。
- REDO 日志具备连续写的特点。
- 在逻辑上，写 REDO 日志比数据页 I/O 优先级更高。

DMServer 提供参数 RLOG_BUF_SIZE 对日志缓冲区大小进行控制，日志缓冲区所占用的内存是从共享内存池中申请的，单位为页，且大小必须为 2 的 *N* 次方，否则采用系统默认大小（512 页）。

3. 字典缓冲区

字典缓冲区主要存储一些数据字典信息，如模式信息、表信息、列信息、触发器信息等。每次对数据库的操作都会涉及数据字典信息，访问数据字典信息的效率会直接影响到数据库相应的操作效率，如进行语句查询，就需要相应的表信息、列信息等，这些字典信息若都在缓冲区里，则直接从缓冲区中获取即可，否则需要 I/O 才能读取这些信息。

DM8 将部分数据字典信息加载到缓冲区中，并采用 LRU 算法对字典信息进行控制。对于缓冲区大小的设置问题，如果设置太大，会浪费宝贵的内存空间，如果设置太小，可能会频繁地进行内存淘汰，该缓冲区配置参数为 DICT_BUF_SIZE，配置大小默认为 5MB。

DM8 将部分数据字典信息加载到缓冲区中，那会影响效率吗？数据字典信息的访问存在热点现象，并不是所有的字典信息都会被频繁地访问，所以按需加载字典信息并不会影响到实际的运行效率。

但是如果在实际应用中涉及对分区数较多的水平分区表的访问，如上千个分区，那么就需要适当调大 DICT_BUF_SIZE 参数值。

4. SQL 缓冲区

SQL 缓冲区提供在执行 SQL 语句过程中所需要的内存，包括计划、SQL 语句和结果集缓存。

很多应用都存在反复执行相同 SQL 语句的情况，此时可以使用缓冲区保存这些语句和它们的执行计划，这就是计划重用。这样带来的好处是提高了 SQL 语句的执行效率，但同时也给内存增加了压力。

DMServer 在配置文件 dm.ini 中提供了参数来控制是否需要计划重用，参数为 USE_PLN_POOL，当将该参数指定为非 0 时，启动计划重用；当将其指定为 0 时，禁止计划重用。DM8 同时还提供了参数 CACHE_POOL_SIZE（单位为 MB）来改变 SQL 缓冲区大小，系统管理员可以设置该值以满足应用需求，默认值为 20MB。

结果集缓存包括 SQL 查询结果集缓存和 DMSQL 程序函数结果集缓存，在 dm.ini 参数文件中同时设置参数 RS_CAN_CACHE=1 且 USE_PLN_POOL 非 0 时，DM8 服务器才会缓存结果集。DM8 还提供了一些手动设置结果集缓存的方法，具体可参看《DM8 系统管理员手册》。

客户端结果集也可以被缓存，但需要在配置文件 dm_svc.conf 中设置参数，配置文件中的参数设置如下。

```
ENABLE_RS_CACHE=(1)          //表示启用缓存
RS_CACHE_SIZE=(100)          //表示缓存区的大小为100MB，可配置为1～65535
RS_REFRESH_FREQ=(30)         //表示每30秒检查一次缓存的有效性，如果失效，自动重查；0表示
                             //不检查
```

同时，在服务器端使用 dm.ini 参数文件中的 CLT_CACHE_TABLES 参数来设置哪些表的结果集需要缓存。另外，FIRST_ROWS 参数表示当查询的结果达到该行数时，就返回结果，不再继续查询，除非用户向服务器发送一个 FETCH 命令。这个参数也被用于配置客户端缓存，仅当结果集的行数不超过 FIRST_ROWS 时，该结果集才可能被客户端缓存。

2.4.3 排序区

排序区提供数据排序所需要的内存空间。当用户执行 SQL 语句时，常常需要进行排序，所使用的内存就是排序区提供的。在每次排序过程中，首先要申请内存，排序结束后再释放内存。

DMServer 提供了参数来指定排序缓冲区的大小，在参数 SORT_BUF_SIZE 在 DM8 的配置文件 dm.ini 中，系统管理员可以设置其大小以满足实际需求，由于该值是由系统内部

排序算法和排序数据结构决定的，建议使用默认值 2MB。

2.4.4　哈希区

DM8 提供了为哈希连接而设定的缓冲区，不过该缓冲区是一个虚拟缓冲区。之所以说是虚拟缓冲区，是因为系统没有真正创建特定属于哈希缓冲区的内存，而是在进行哈希连接时，对排序的数据量进行了计算。若计算出的数据量大小超过了哈希缓冲区的大小，则使用 DM8 创新的外存哈希方式；若没有超过哈希缓冲区的大小，则实际上还是使用 VPOOL 内存池来进行哈希操作。

DMServer 在 dm.ini 中提供了参数 HJ_BUF_SIZE 来进行控制，该值的大小可能会限制哈希连接的效率，因此建议保持默认值，或设置为更大的值。

除了提供 HJ_BUF_SIZE 参数，DMServer 还提供了创建哈希表个数的初始化参数，其中，HAGR_HASH_SIZE 表示处理聚集函数时创建哈希表的个数，建议保持默认值为 100000。

2.5　DM8 线程结构

DM8 服务器使用“对称服务器构架”的单进程、多线程结构。这种“对称服务器构架”在有效地利用了系统资源的同时，又提供了较高的可伸缩性能，这里的线程即操作系统的线程。服务器在运行时由各种内存数据结构和一系列线程组成，线程分为多种类型，不同类型的线程完成不同的任务。线程通过一定的同步机制对数据结构进行并发访问和处理，以完成客户提交的各种任务。DM8 服务器是共享的服务器，允许多个用户连接到同一个服务器上，服务器进程又被称为共享服务器进程。

DM8 的进程中主要包括监听线程、工作线程、I/O 线程、调度线程、日志 FLUSH 线程等，以下分别对它们进行介绍。

2.5.1　监听线程

监听线程主要的任务是在服务器端口上进行循环监听，一旦有来自客户的连接请求，监听线程就会被唤醒并生成一个会话申请任务，加入工作线程的任务队列，等待工作线程进行处理。它在系统启动完成后才启动，并且在系统关闭时首先被关闭。为了保证在处理大量客户连接时系统具有较短的响应时间，监听线程比普通线程优先级更高。

2.5.2　工作线程

工作线程是 DM8 服务器的核心线程，它从任务队列中取出任务，并根据任务的类型进行相应的处理，负责所有实际的数据相关操作。

DM8 的初始工作线程数由配置文件指定，随着会话连接数的增加，工作线程数也会同步增加，以保证每个会话都有专门的工作线程来处理请求。为了保证及时响应用户的所有请求，一个会话上的任务应全部由同一个工作线程完成，这样便减少了线程切换的代价，提高了系统效率。当会话连接数超过预设的阈值时，工作线程数不再增加，转而由会话轮询线程接收所有用户请求，将用户请求加入任务队列，工作线程一旦空闲，将会从任务队列中依次摘取请求任务进行处理。

2.5.3 I/O 线程

在数据库活动中，I/O 操作历来都是最为耗时的操作之一。当事务需要的数据页不在缓冲区中时，如果在工作线程中直接对那些数据页进行读写，将会使系统性能变得非常糟糕，而把 I/O 操作从工作线程中分离出来则是明智的做法。I/O 线程的职责就是处理这些 I/O 操作。

通常情况下，DMServer 需要进行 I/O 操作的时机主要有以下 3 种。

- 当需要处理的数据页不在缓冲区中时，需要将相关数据页读入缓冲区。
- 当缓冲区满或系统关闭时，需要将部分脏数据页写入磁盘。
- 当检查点到来时，需要将所有脏数据页写入磁盘。

I/O 线程在启动后，通常都处于睡眠状态，当系统需要进行 I/O 时，只需要发出一个 I/O 请求，此时 I/O 线程就会被唤醒以处理该请求，并在完成该 I/O 操作后继续进入睡眠状态。

I/O 线程的个数是可配置的，可以通过设置 dm.ini 文件中的 IO_THR_GROUPS 参数来配置，默认情况下，I/O 线程的个数是 2 个。同时，I/O 线程处理 I/O 的策略根据操作系统平台的不同会有很大差别，一般情况下，I/O 线程使用异步的 I/O 操作将数据页写入磁盘，此时，系统将所有的 I/O 请求直接递交给操作系统，操作系统在完成这些请求后才通知 I/O 线程，这种异步 I/O 的方式使得 I/O 线程直接处理任务变得简单，即在完成 I/O 操作后进行一些收尾处理并发出 I/O 操作完成的通知，若操作系统不支持异步 I/O，则此时 I/O 线程就需要完成实际的 I/O 操作。

2.5.4 调度线程

调度线程用于接管系统中所有需要定时调度的任务。调度线程每秒钟轮询一次，主要负责以下任务。

- 检查系统级的时间触发器，若满足触发条件，则生成任务并将其加到工作线程的任务队列中，由工作线程执行。
- 清理 SQL 缓存、计划缓存中失效的项，或者在超出缓存限制后淘汰不常用的缓存项。
- 检查数据重演的捕获持续时间是否到期，到期则自动停止捕获。
- 执行动态缓冲区检查。根据需要动态扩展或动态收缩系统缓冲池。
- 自动执行检查点。为了保证日志的及时刷盘，减少系统故障时的恢复时间，根据 dm.ini 文件参数设置的自动检查点执行间隔定期执行检查点操作。
- 会话超时检测。当对客户连接设置了连接超时时，要定期检测连接是否超时，若超时则自动断开连接。

- 必要时执行数据页刷盘。
- 唤醒等待的工作线程。

2.5.5　日志 FLUSH 线程

对数据库的任何修改都会产生 REDO 日志，为了保证数据故障恢复的一致性，REDO 日志的刷盘必须在数据页刷盘之前进行。事务运行时，会把生成的 REDO 日志保留在日志缓冲区中，当事务提交或者执行检查点时，会通知 FLUSH 线程进行日志刷盘。由于日志具备顺序写入的特点，比数据页分散 I/O 写入效率更高。日志 FLUSH 线程和 I/O 线程分开，能获得更快的响应速度，保证数据库整体的性能。在对 DM8 的日志 FLUSH 线程进行优化时，在刷盘之前，对不同缓冲区内的日志进行合并，减少了 I/O 次数，进一步提高了数据库性能。

如果系统配置了实时归档，那么在 FLUSH 线程日志刷盘前，会直接将日志通过网络发送到实时备库中。若配置了本地归档，则生成归档任务，通过日志归档线程完成归档。

2.5.6　日志归档线程

日志归档线程包含异步归档线程，负责远程异步归档任务。如果系统配置了非实时归档，那么由日志 FLUSH 线程产生的任务会加入日志归档线程，日志归档线程负责从任务队列中取出任务，按照归档类型做相应的归档处理。

将日志 FLUSH 线程和日志归档线程分开的目的是减少不必要的效率损失，除了远程实时归档，本地归档、远程异步归档都可以脱离日志 FLUSH 线程来配置，若将其放在 FLUSH 线程中来配置会严重影响系统性能。

2.5.7　日志 APPLY 线程

在配置了数据守护的系统中，创建一个日志 APPLY 线程。当服务器作为备库时，每次接收到主库的物理 REDO 日志就会生成一个 APPLY 任务加入任务队列，日志 APPLY 线程则从任务队列中取出一个任务，在备库上将日志重做，并生成自己的日志，保持和主库数据的同步或一致，并作为主库的一个镜像。备库数据对用户只读，可承担报表、查询等任务，均衡主库的负载。

2.5.8　定时器线程

在数据库的各种活动中，用户常常需要数据库来完成在某个时间点开始进行的某种操作（如备份），或者是在某个时间段内反复进行某种操作等。定时器线程就是为实现这种需求而设计的。

通常情况下，DMServer 需要进行定时操作的事件主要有以下 3 种。

- 逻辑日志异步归档。
- 异步归档日志发送（只有在 PRIMARY 模式下，且是在 OPEN 状态下）。
- 作业调度。

定时器线程启动之后，数据库会每秒检测一次定时器链表，查看当前的定时器是否满足触发条件，若满足，则把执行权交给设置好的任务，如逻辑日志异步归档等。

默认情况下，在达梦服务器启动时，定时器线程是不启动的。用户可以通过将 dm.ini 中的 TIMER_INI 参数设置为 1 来控制定时器线程在系统启动时启动。

2.5.9 逻辑日志归档线程

逻辑日志归档线程用于 DM8 的数据复制，其目的是加快数据异地访问的响应速度，包含本地逻辑日志归档线程和远程逻辑日志归档线程。只有配置了数据复制，系统才会创建这两个线程。

1. 本地逻辑日志归档线程

本地逻辑日志归档线程从本地归档任务列表中取出一个归档任务，生成逻辑日志，并将逻辑日志写入逻辑日志文件。如果当前逻辑日志的远程归档类型是同步异地归档，且当前的刷盘机制是强制刷盘，那么系统就会生成一个异地归档任务加入临时列表。

2. 远程逻辑日志归档线程

远程逻辑日志归档线程从远程归档任务列表中取出一个归档任务，并根据任务的类型进行相应的处理。任务的类型包括同步发送和异步发送。

2.5.10 MAL 系统相关线程

MAL 系统是 DM8 内部的高速通信系统，基于 TCP/IP 协议实现。服务器的很多重要功能都是通过 MAL 系统实现通信的，如数据守护、数据复制、MPP、远程日志归档等。MAL 系统内部包含一系列线程，如 MAL 监听线程、MAL 发送工作线程、MAL 接收工作线程等。

2.5.11 其他线程

事实上，DM8 系统中还不止以上这些线程，在一些特定的功能中会配置不同的线程，如回滚段清理 PURGE 线程、审计写文件线程、重演捕获写文件线程等，这里不一一列出。

2.5.12 线程信息的查看

为了增加用户对 DM8 内部信息的了解，以及方便数据库管理员对数据库的维护，DM8 提供了很多动态性能视图，通过它们用户可以直观地了解当前系统中有哪些线程在工作，以及线程的相关信息。DM8 线程相关的动态视图如表 2-1 所示。

表 2-1　DM8 线程相关的动态视图

名　称	说　明
V$LATCHES	记录当前正在等待的线程信息
V$THREADS	记录当前系统中活动线程的信息
V$WTHRD_HISTORY	记录自系统启动以来，所有活动过线程的相关历史信息
V$PROCESS	记录服务器进程信息

2.6　工作过程

对于单点数据库服务器来讲，DM8 的工作过程主要包括 DM8 的启动和关闭过程、数据管理工作过程（包括 DDL、DML），下面主要从这两个环节进行重点介绍。

2.6.1　DM8 的启动和关闭过程

要了解 DM8 的工作过程，主要是要了解 DM8 数据库是怎样启动和关闭的，一般来讲，DM8 的启动和关闭主要指的是 DM8 Server 的启动和关闭。

1．启动过程

DM8 Server 的启动过程如图 2-8 所示。

DM8 Server 的启动过程主要包括以下步骤。

- 数据库启动时需要读取相关启动参数，主要从配置文件 dm.ini 等文件中进行读取，首先需要获得配置文件 dm.ini 的路径、数据库状态参数。
- 读取 dm.key 文件获取 license 信息，主要用于判断是否购买并注册数据库。
- 加载第三方加密算法，解析 dm.ini，获得各项参数。
- 初始化内存管理系统。
- 根据 license 信息调整系统参数。
- 检查代码版本和库版本是否匹配。
- 获取建库参数（page_size，charset 等）。
- 创建监听端口，检查多个实例是否同时启动。
- 加载正则表达式依赖的第三方库。
- 初始化备份管理系统、HASH JOIN 缓存、BUFFER 缓存区、加密系统。
- 从 dm.ctl 文件中加载表空间、联机日志文件，构建文件系统，检测文件系统状态。
- 创建临时表空间、事务管理系统。
- 加载登录密钥证书。
- 创建归档管理系统。
- 扫描联机日志文件，构造联机日志管理系统，重做 REDO 日志恢复数据。
- 加载数据字典信息。
- 填充 FAST_POOL。

- 初始化回滚段管理系统，扫描回滚表空间，搜集活动事务、已经提交事务。
- 初始化任务管理系统，创建任务工作线程。
- 回滚活动事务，清理已提交事务。
- 创建作业管理系统、dblink 管理系统、并行系统并行子线程、审计管理系统。
- 如果是初始化库后第一次启动，执行初始化系统表操作。
- 如有必要更新库版本，执行版本升级操作。
- 创建调度线程、会话监听线程。
- 启动结束。

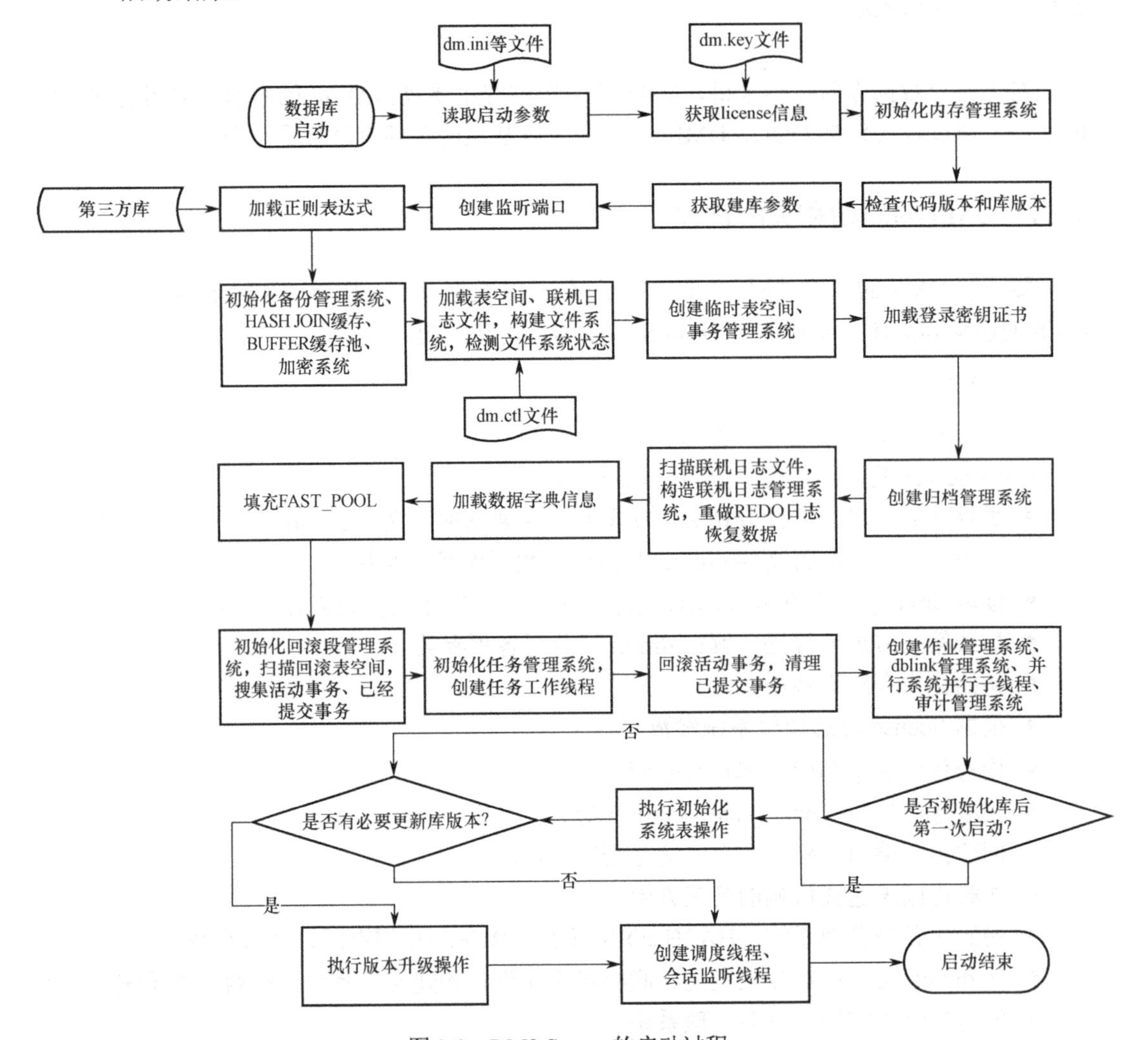

图 2-8　DM8 Server 的启动过程

2．关闭过程

DM8 Server 的关闭过程如图 2-9 所示，主要包括以下步骤。

- 设置系统状态为 SHUTDOWN。
- 等待监听线程退出完成。

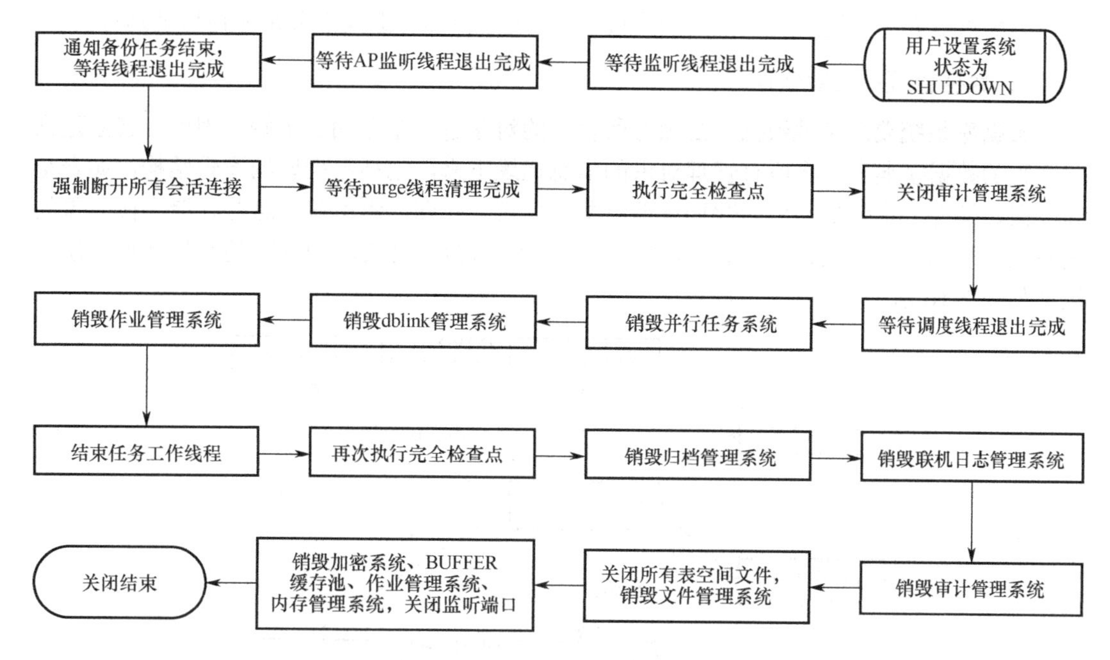

图 2-9　DM8 Server 的关闭过程

- 等待 AP 监听线程退出完成。
- 通知备份任务结束，等待线程退出完成。
- 强制断开所有会话连接。
- 等待 purge 线程清理完成。
- 执行完全检查点。
- 关闭审计管理系统。
- 等待调度线程退出完成。
- 销毁并行任务系统。
- 销毁 dblink 管理系统。
- 销毁作业管理系统。
- 结束任务工作线程。
- 再次执行完全检查点。
- 销毁归档管理系统。
- 销毁联机日志管理系统。
- 销毁审计管理系统。
- 关闭所有表空间文件，销毁文件管理系统。
- 销毁加密系统、BUFFER 缓存区、作业管理系统、内存管理系统，关闭监听端口。
- 关闭结束。

2.6.2　数据管理工作过程

DM8 的数据管理主要通过用户调用 SQL 语句来实现，包括 DDL 语句和 DML 语句两类。下面重点介绍在这两类语句的操作过程中 DM8 内部各组成部分是如何协调运行的。

1. 数据管理的主要依据

数据库系统要想管理数据，必须对所管理的对象有一个全面的了解，因此，它会建立一系列的数据字典表，将所有管理对象的信息记录下来，包括数据库的逻辑结构，如表空间、段、簇等，也包括具体的数据管理对象，如表、视图、索引等。这些存储字典对象的关系表又被称为系统表，是数据库系统一切管理活动的主要依据。DM8 的数据字典系统表框架如图 2-10 所示。

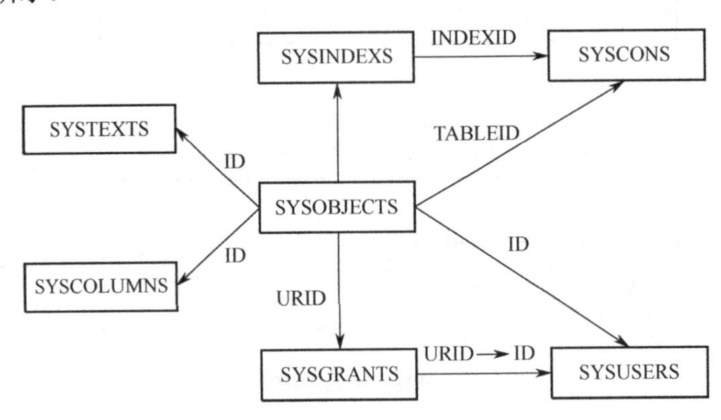

图 2-10　DM8 的数据字典系统表框架

DM8 的数据字典系统表以数据库对象为单位，以 SYSOBJECTS 表为核心，该系统表记录了数据库中所有的字典对象，按照对象的不同类型用其他不同的系统表对其进行补充。例如，SYSCOLUMNS 表对表对象进行补充，存储表对象的列描述信息；SYSINDEXS 表对索引对象进行补充，记录其索引类型及存储信息等。SYSOBJECTS 表与其他系统表通过 ID 建立联系。详细的数据字典清单参见附录 B。

2. DDL 语句的操作过程

DDL 语句的操作过程分为 3 个部分。一是修改对象存储在系统表中的信息。DDL 语句执行的过程，就是一个修改数据字典的过程。只有在物理上采用系统表固化到数据文件的方式，才能永久保存所有的对象信息；每当执行一次 DDL 语句时，就会涉及字典信息的修改，也就是要对这些数据字典进行写入或修改操作。二是元操作的实现。元操作用于保证对系统表的修改操作的顺利进行，元操作包括锁控制、索引 B 树的维护、计划缓存管理、字典缓存管理等。三是在物理层面实现对相关文件的管理，包括对控制文件、数据文件、日志文件等的添加、删除和重定位等。

DM8 将 DDL 语句转化为 DML 语句脚本来操作。其中，系统表中的信息修改通过 DML 语句来完成；而元操作则被封装成系统内部的过程或函数，通过在脚本中调用这些系统过程或函数来完成。

所有数据库对象首先都会在数据字典 SYSOBJECTS 表中保存，以记录该对象的基本信息，如对象名、ID、所属模式 ID、对象类型、子类型、父对象 ID、版本号、创建日期、附加信息、有效性标志等。因此，DDL 语句操作的第一步是判断是否需要修改 SYSOBJECTS

表中数据库对象对应的信息；第二步是在必要时修改涉及到的补充数据字典表，如列系统表、索引系统表、约束系统表、对象定义表、权限表、依赖关系表等。

DDL 语句主要分为 3 类：CREATE、DROP 和 ALTER。CREATE 语句用于创建数据库对象，DROP 语句用于删除数据库对象，ALTER 语句则用于更改数据库对象的定义信息。DDL 语句的最终操作结果是改变数据库对象的字典信息，即通过数据字典中的数据变化来体现。

（1）CREATE 类型的 DDL 语句。

CREATE 类型的 DDL 语句的工作过程大致能够完成以下功能。

- 将创建对象的信息插入系统表 SYSOBJECTS 表。若创建表 t1 则将表 t1 的信息插入 SYSOBJECTS 表，并在指定表空间中给表 t1 分配存储空间，则即使该表中没有数据，也至少会分配 1 个簇的存储空间。
- 将创建对象的子项的信息插入对应的补充系统表。如若表 t1 包含列 A 和列 B，则列 A 和列 B 就是表对象 t1 的子项，要将列对象 A 和列对象 B 的信息插入列系统表 SYSCOLUMNS 表中。
- 将创建对象引用的对象插入系统表 SYSOBJECTS 表和对应的补充系统表。如若表 t1 上有索引，则将索引信息插入 SYSOBJECTS 表和索引系统表 SYSINDEXES 表，并为该索引分配存储空间。

（2）DROP 类型的 DDL 语句。

DROP 类型的 DDL 语句的工作过程大致能够完成以下功能。

- 将要删除对象的信息从所有相关的数据字典系统表中删除，首先从系统表 SYSOBJECTS 表中删除对象信息，若对象信息还存在于补充系统表、依赖关系表等中，则要从这些系统表中删除相关信息，并将其对应的存储空间标记为删除或直接删除。
- 将要删除对象的子项信息从所有数据字典系统表中删除。若要删除表，则还要从列系统表 SYSCOLUMNS 表中删除该表所有的列信息。

（3）ALTER 类型的 DDL 语句。

ALTER 类型的 DDL 语句的工作过程大致能够完成以下功能。

- 修改系统表 SYSOBJECTS 表中要修改对象对应的信息及该对象的版本号。
- 若还涉及修改对象的子对象或引用对象，则对应修改补充系统表中的信息。若为表增加约束，则需要修改约束表，增加一条对应的约束信息。

3. DML 语句的操作过程

DML 语句的操作过程主要包括语法分析、语义分析、关系变换、代价优化、生成执行计划和执行计划等环节。

3

第3章 DM8调优诊断工具

在考虑对DM8进行调优诊断时，可以借助DM8中多种不同的调优诊断工具来进行性能调优和问题诊断，从而提高DM8的使用效率及诊断和解决DM8使用过程中遇到的各种问题。本章将介绍DM8的DEM工具、SQL跟踪工具、数据库检查工具（dmdbchk）、性能统计信息、AWR报告等调优诊断工具，让读者了解和掌握这些工具的基本知识和简单使用。

3.1 DEM工具

达梦数据库中提供了针对DM8的图形化管理工具DEM（Dameng Enterprise Manager，达梦数据库企业管理系统），DEM是DM8的一个集中式企业管理平台，不仅包含了与传统桌面工具系统管理工具Manager、数据迁移工具DTS、性能监视工具Monitor对等的功能，还提供了很多数据库运维和管理的良好途径，包括集群的部署、监控及告警等功能，从而方便系统管理员对DM8进行图形化的管理。

DEM以WEB应用的方式提供数据库管理、监控和维护的功能，用户可通过DEM实现远程管理和监控数据库实例。DEM的监控及告警为用户提供了主机监控、数据库监控，以及告警等相关功能，用户可以通过DEM监控，诊断主机和数据库（这里的数据库包括单实例及各种集群）的性能问题，进而进行相关性能的调优。

3.1.1 DEM工具部署

通过DEM可以对DM8进行图形化管理，DEM启动后，可以通过浏览器访问，DEM工具主页面如图3-1所示。

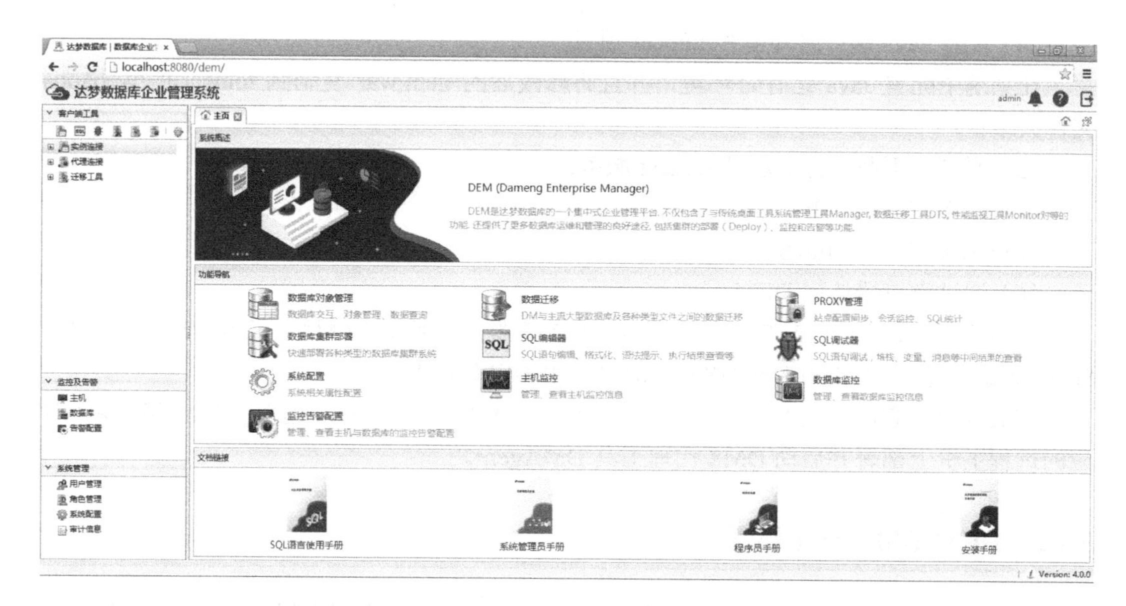

图 3-1　DEM 工具主页面

DEM 工具的部署过程如下。

（1）创建一个 DM8 作为 DEM 的后台数据库。

（2）在创建的数据库中执行 SQL 脚本 dem_init.sql，此 SQL 脚本编码为 UTF-8，若使用 DISQL 工具执行 SQL 脚本，则要设置 CHAR_CODE UTF8。

（3）在 dem.war 的 WEB-INF/db.xml 中，配置后台数据库的以下连接信息：IP、PORT、用户名、密码、连接池大小、SSL 登录信息等。

需要注意的是，若需要使用安全套接字层（Secure Sockets Layer，SSL）协议安全方式连接后台数据库，则要求配置 SSLDir 和 SSLPassword。

在 WEB-INF/sslDir 目录中默认存有密钥对，WEB-INF/db.xml 配置客户端连接使用的密钥文件（SSLDir）为 WEB-INF/sslDir/client_ssl/SYSDBA，密码（SSLPassword）为空，对应 WEB-INF/db.xml 配置的登录用户为 SYSDBA，此时，只须复制 WEB-INF/sslDir/server_ssl 到后台数据库执行目录。

在这里给出一个 db.xml 的配置示例，如图 3-2 所示，该示例中未配置 SSL 登录信息。

```
<?xml version="1.0" encoding="UTF-8"?>
<ConnectPool>
        <Dbtype>dm8</Dbtype>
        <Server>127.0.0.1</Server>
        <Port>5236</Port>
        <User>SYSDBA</User>
        <Password>dameng123</Password>
        <InitPoolSize>50</InitPoolSize>
        <CorePoolSize>100</CorePoolSize>
        <MaxPoolSize>500</MaxPoolSize>
        <KeepAliveTime>60</KeepAliveTime>
        <DbDriver></DbDriver>
        <DbTestStatement>select 1</DbTestStatement>
        <SSLDir>../sslDir/client_ssl/SYSDBA</SSLDir>
        <SSLPassword></SSLPassword>
        <!-- <Url>jdbc:dm://localhost:5236</Url> -->
</ConnectPool>
```

图 3-2　db.xml 的配置示例

（4）配置 Java 运行时环境和 tomcat 项目。

在系统中配置 Java 运行时环境，并且将修改后的 dem.war 复制到 tomcat 的/webapps 文件夹下。

（5）通过以下两种方式启动 tomcat 服务：

Linux：bin/startup.sh；

Windows：bin/startup.bat。

（6）通过浏览器访问 DEM。

假设本机 IP 为 172.17.3.204，在打开浏览器后访问相应网址（http://172.17.3.204:8080/dem/），登录（admin/888888）后即可使用 DEM 工具。

完成以上步骤后，DEM 部署成功，若要使用 DEM 监控和管理远程主机，还需要在对应的远程主机上部署并启动 DM8 代理工具 DMAgent。

3.1.2 DEM DMAgent 部署

DMAgent 是 DEM 部署在远程主机上的代理。DEM 可以通过 DMAgent 监控远程主机的相关信息，也可以在远程主机上部署 MPP、RW、DW 等集群系统。

1. DMAgent 的目录结构

DMAgent 目录在 DM8 安装目录的 tool/DMAgent 子目录下，DMAgent 的目录结构如图 3-3 所示。

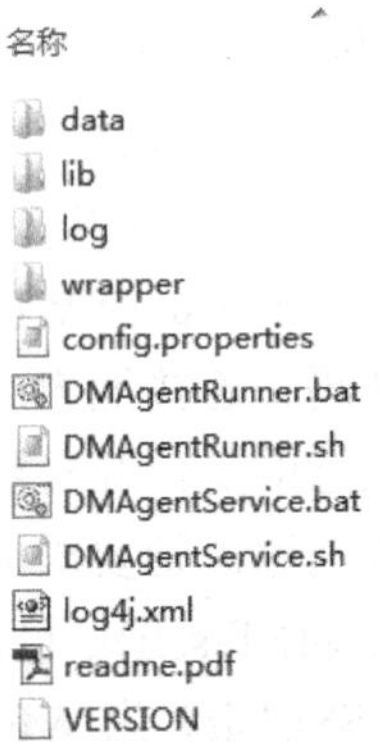

名称
data
lib
log
wrapper
config.properties
DMAgentRunner.bat
DMAgentRunner.sh
DMAgentService.bat
DMAgentService.sh
log4j.xml
readme.pdf
VERSION

图 3-3　DMAgent 的目录结构

data 目录：用于存放 monitor 代理模式产生的临时数据。

lib 目录：用于存放 DMAgent 运行所需要的 jar 包。

log 目录：用于保存 DMAgent 生成的日志文件。

wrapper 目录：用于存放 DMAgent 生成系统的服务依赖文件。

config.properties：DMAgent 配置文件。

DMAgentRunner.bat：Windows 系统下使用 DMAgent 命令行模式运行脚本。

DMAgentRunner.sh：Linux 系统下使用 DMAgent 命令行模式运行脚本。

DMAgentService.bat：Windows 系统下使用 DMAgent 服务模式运行脚本。

DMAgentService.sh：Linux 系统下使用 DMAgent 服务模式运行脚本。

log4j.xml：日志配置文件。

readme.pdf：DMAgent 的使用说明文档。

2. DMAgent 的 3 种运行模式

DMAgent 存在以下 3 种运行模式，不同的运行模式对应不同的功能。

（1）assist process。

DMAgent 开启 Java 外部函数的代理模式。使用外部函数功能时，DMAgent 配置文件中的 ap_port 要和 dm.ini 中的 EXTERNAL_JFUN_PORT 保持一致。

（2）assist process & monitor。

DMAgent 将同时开启运行模式 1 和监控代理模式。监控代理模式可使 DMAgent 收集主机和数据库的相关信息，包括内存、CPU、硬盘和数据库运行状态等。

（3）assist process & monitor & deployer。

DMAgent 将同时开启运行模式 1、运行模式 2 和部署代理模式。打开部署代理模式，通过 DEM 可在当前主机上部署 MPP、RW、DW 等集群系统。

3. DMAgent 的部署和启动过程

下面对 DM8 代理工具 DMAgent 的部署和启动过程进行简单的介绍和说明。

（1）在远程主机上使用 DMAgent，须首先手动将 DMAgent 复制到远程主机上。

（2）修改配置文件 config.properties，配置信息如下。

```
#[General]
#run_mode values:
#0 - assist process
#1 - assist process & monitor
#2 - assist process & monitor & deployer
run_mode=2
ap_port=6363
rmi_port=6364
#[DEM]
center.url=http://172.17.3.204:8080/dem
center.agent_servlet=dem/dma_agent
```

config.properties 的参数说明如表 3-1 所示。

表 3-1　config.properties 的参数说明

参　数	参数说明
run_mode	运行模式
ap_port	外部函数端口。使用外部函数时要和 dm.ini 中的 EXTERNAL_JFUN_PORT 保持一致
rmi_port	与 DEM 通信的端口
center.url	DEM 系统的 URL 地址
center.agent_servlet	Servlet 路径，无须修改

（3）通过 DMAgentService（服务模式）或 DMAgentRunner（命令行模式）运行 DMAgent。在这里以 Windows 系统为例运行 DMAgent，Linux 系统则运行同名的 sh 脚本。

- 命令行模式：用户若以命令行模式运行 DMAgent，可直接运行 DMAgentRunner.bat。
- 服务模式：用户若以服务模式运行 DMAgent，则需要先注册服务，再启动 DMAgent。DMAgent 的默认服务名为 DMAgentService，DMAgent 的服务模式运行脚本 DMAgentService.bat 支持以下功能。

```
#启动DMAgent服务
DMAgentService.bat start
```

```
#停止DMAgent服务
DMAgentService.bat stop
#重启DMAgent服务
DMAgentService.bat restart
#注册DMAgent服务
#默认服务为自动启动
DMAgentService.bat install
#删除DMAgent服务
DMAgentService.bat remove
#查看DMAgent服务运行状态
DMAgentService.bat status
```

另外，在部署和使用DM8代理工具DMAgent时，还需要注意以下几个方面。

- 在需要进行监控的主机上启动DMAgent时，要求Agent和DEM所运行的主机时间一致。
- 使用管理员用户登录系统后，可以在“系统管理”→“系统配置”页面中对系统的其他属性进行配置，包括DMAgent的监控频率、前端刷新频率、邮件手机通知告警等。
- 若要启用邮件通知，须使用管理员用户登录系统，在系统配置中完成系统邮箱的相关配置。
- 若要启用短信通知，用户须借助dem.war的WEB-INF/lib/demsdk.jar，实现com.dameng.dem.server.util.IPhoneNotify接口配置，将依赖包及实现类打包放到WEB-INF/lib下，重启Web容器，然后在系统配置中完成短信通知的相关配置即可。
- 在Linux（Unix）平台下建议使用非root用户运行DMAgent。
- DMAgent未自带Java运行时环境，所以运行DMAgent需要用户设置JRE_HOME或JAVA_HOME的环境变量。
- DMAgent能够跨平台运行，但是一台主机只能启动一个DMAgent。

3.1.3 功能操作

DEM工具包括系统管理、监控及告警、客户端工具等多种管理功能，下面分别简单介绍DEM工具的相关功能。

1. 系统管理

DEM工具中的系统管理功能主要是管理当前的DM8企业管理系统，包括用户管理、角色管理、系统配置、审计信息等内容。其中，用户管理是对DM8企业管理系统的用户进行管理，能够进行用户的添加、编辑和删除等操作；角色管理描述了系统用户的角色和相关权限，角色管理页面如图3-4所示；系统配置可以对客户端工具配置、监控告警配置、DMAgent监控频率配置、系统邮箱配置、短信推送配置、安全配置等系统相关配置项的值进行显示、修改及保存操作；审计信息则详细记录了用户在系统中的相关操作信息。

主页　角色管理

名称	描述	客户端工具权限	监控及告警权限	系统管理权限
普通用户	普通用户	✔		
高级用户	高级用户	✔	✔	
管理员	系统管理员	✔	✔	✔
超级管理员	超级管理员	✔	✔	✔

1 /1　(共4行, 每页50行)

图 3-4　角色管理页面

2. 监控及告警

DEM 工具中的监控及告警包括主机、数据库、告警配置等内容。使用监控及告警功能可以实现对远程主机、数据库的监控，并获取相关的告警信息。需要注意的是，若要使用 DEM 监控和管理远程主机，还需要在对应的远程主机上部署并启动 DM8 代理工具 DMAgent。

3. 客户端工具

DEM 工具中的客户端工具包括对象管理、SQL 编辑器、SQL 调试、部署集群、数据迁移、Proxy 管理、首选项设置等内容。其中，对象管理可以对数据库实例进行管理，可以进行数据库交互、对象管理、数据查询等相关操作；SQL 编辑器的编辑页面如图 3-5 所示，

图 3-5　SQL 编辑器的编辑页面

SQL 编辑器可以进行 SQL 语句的编辑、格式化、语法提示、执行结果查看等相关操作；SQL 调试页面如图 3-6 所示，可以进行 SQL 语句的调试，堆栈、变量、消息等中间结果的查看等操作；部署集群可以通过图形化界面快速部署 MPP、实时主备、读写分离、DMDSC、数据守护、DMTDD、基于 DMTDD 的实例等各种类型的 DM8 集群系统；数据迁移可以实现 DM8 与主流大型数据库及各种类型文件之间的数据迁移；Proxy 管理可以实现站点配置同步、会话监控、SQL 统计等功能；首选项设置主要是对查询分析器相关内容和参数进行设置。

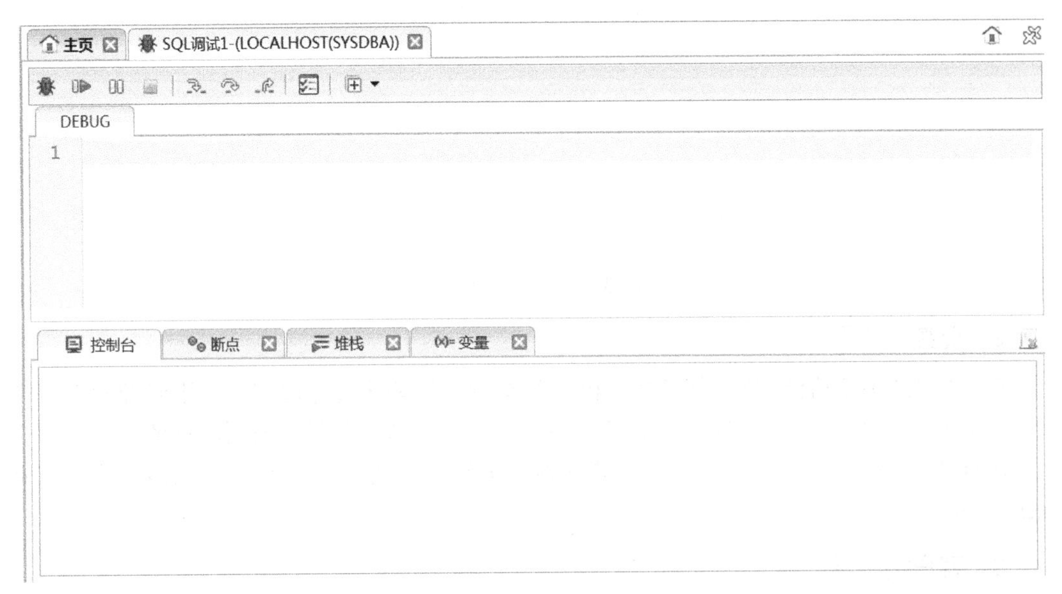

图 3-6　SQL 调试页面

3.1.4　DEM 工具的应用举例

使用 DEM 工具监控达梦数据库主机，可以统计主机负载的历史信息，查看最近一周每个时间点的主机内存、CPU、磁盘 I/O、网络 I/O 等信息，在数据库实例变慢时，可以通过统计到的这些负载信息，展示数据库实例所在主机的资源使用情况，从而帮助管理员确认系统性能问题存在的根本原因，进而可以进行相关性能的优化。

当以 monitor 模式启动 DMAgent 时，主机信息会自动添加到 DEM 主机监控页面中，主机监控页面每隔 1 分钟（该值可以通过配置参数“页面状态刷新频率”进行配置）会自动刷新主机监控信息。

在 DEM 的“监控与告警”栏中，双击“主机”，就可以在 DEM 右边的面板中打开主机监控面板，如图 3-7 所示。

在列表“操作”栏的下拉按钮中选择“负载统计”进行负载统计操作，如图 3-8 所示。

在点击“负载统计”按钮后，就可以打开负载统计页面查看最近一周每个时间点的主机内存、CPU、磁盘 I/O、网络 I/O 等统计信息，负载统计页面如图 3-9 所示。

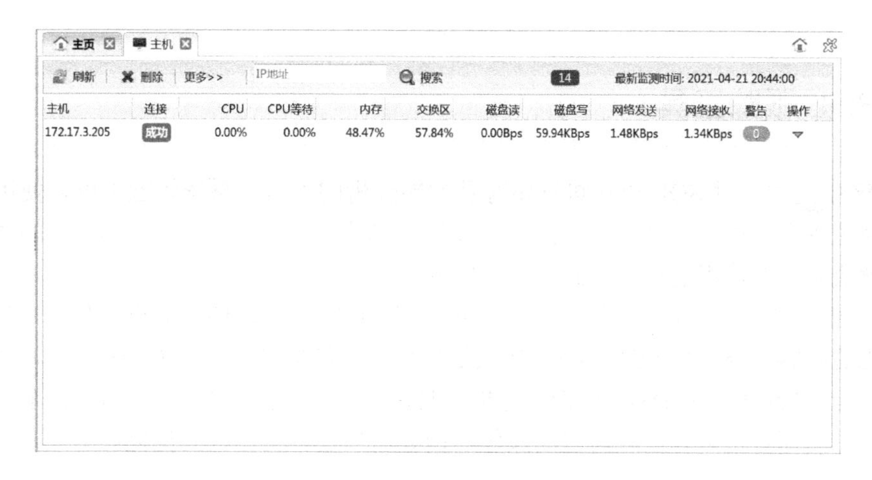

图 3-7　主机监控面板

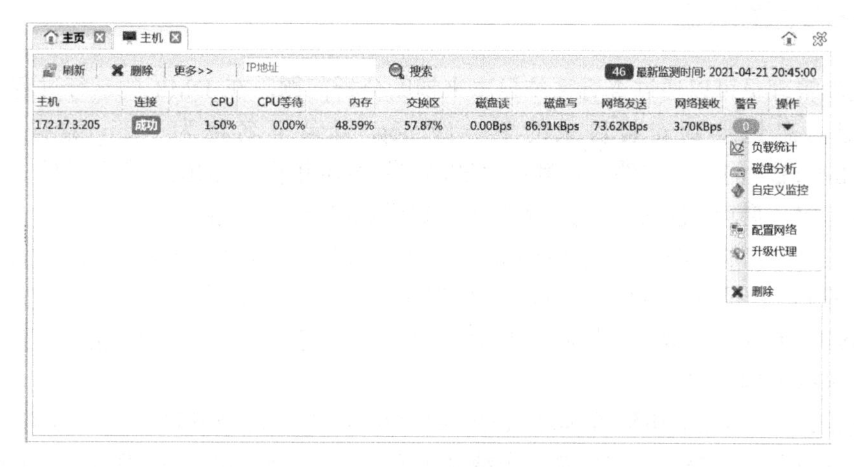

图 3-8　进行负载统计操作

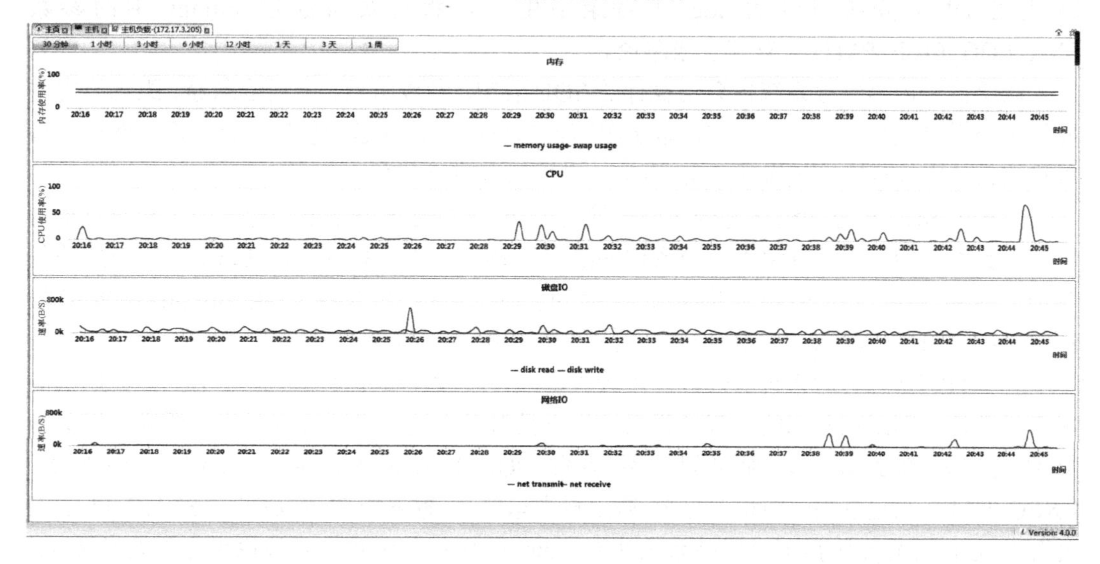

图 3-9　负载统计页面

3.2 SQL 跟踪工具

DM8 中提供了对 SQL 语句进行跟踪及性能分析的工具，系统管理员可以使用这些工具跟踪系统各会话执行的 SQL 语句、参数信息、错误信息，并分析 SQL 语句的性能，从而帮助解决系统在使用过程中遇到的相关问题。

DM8 中的 SQL 跟踪工具主要包括 SQL 跟踪日志和 SQL 性能分析工具——ET。SQL 跟踪日志的内容主要包含 SQL 语句、参数信息和错误信息等，基于这些信息可以对系统运行状态进行分析；ET 是 DM8 自带的分析工具，能够统计执行 SQL 语句中每个操作符的时间花费，从而定位到有性能问题的操作，指导用户进行相对应的优化。

3.2.1 SQL 跟踪日志

数据库管理员可以通过查看系统日志来辅助分析问题。在 DM8 的运行过程中，会将一些关键信息记录到安装目录的下一级 log 目录下名称为“dm_数据库实例名_YYYYMM.log”的日志文件中，其中“YYYY”表示年份，“MM”表示月份，该文件会记录数据库服务启动/关闭的时间、系统关键错误如打开文件失败等。

除此之外，若将 DM8 配置文件 dm.ini 中的参数 SVR_LOG 设置为 1，则系统还会在前面提到的 log 目录下生成名为“dmsql_数据库实例名.log”的日志文件，在该文件中记录了启用 SVR_LOG 之后数据库接收到的所有 SQL 语句等信息，数据库管理员也可以通过分析该文件来帮助解决问题。

也就是说，在 dm.ini 中配置 SVR_LOG 参数和 SVR_LOG_SWITCH_COUNT 参数后就会打开跟踪日志。跟踪日志文件是一个纯文本文件，以“dmsql_数据库实例名.log”命名，默认在 DM8 安装目录的 log 子目录下生成，管理员可通过 dm.ini 中的参数 SVR_LOG_FILE_PATH 设置其生成路径。

跟踪日志内容包含系统各会话执行的 SQL 语句、参数信息、错误信息等。跟踪日志主要用于分析错误和分析性能问题，基于跟踪日志可以对系统运行状态进行分析，例如，可以挑出系统中执行速度较慢的 SQL 语句，进而对其进行优化。

系统中 SQL 日志的缓存是分块循环使用的，管理员可根据系统执行的语句情况及压力情况设置恰当的日志缓存块大小及预留的缓存块数量。当预留块不足以记录系统产生的任务时，系统会分配新的用后即弃的缓存块，但是总的空间大小由 dm.ini 中的参数 SVR_LOG_BUF_TOTAL_SIZE 控制，管理员可根据实际情况进行设置。

打开跟踪日志会对系统的性能产生较大影响，一般在查错和调优时才会打开，默认情况下系统是关闭跟踪日志的。若需要跟踪日志且对日志的实时性没有严格的要求，但又希望系统有较高的效率，则可以设置参数 SQL_TRACE_MASK 和 SVR_LOG_MIN_EXEC_TIME，只记录关注的相关记录，减少日志总量；设置参数 SVR_LOG_ASYNC_FLUSH 打开 SQL 日志异步刷盘可以提高系统性能。dm.ini 中相关参数的具体说明可参见附录 A。

3.2.2　SQL 性能分析工具

ET 是 DM8 自带的性能分析工具，能够统计执行 SQL 语句中每个操作符的时间花费，从而定位到有性能问题的操作，并指导用户去进行相对应的优化。在使用 ET 工具之前，需要进行 DM8 配置文件 dm.ini 中的参数设置，使 ENABLE_MONITOR=1，且确保 MONITOR_SQL_EXEC=1 和 MONITOR_TIME=1，设置完成后，ET 工具才能使用。

【例 3-1】 创建测试表并使用 SQL 语句进行查询，最后使用 ET 工具统计执行 SQL 查询语句的每个操作符的时间花费。

创建测试表 t1 的 SQL 语句如下。

```
CREATE TABLE t1 as
SELECT level c1, LEVEL||'abc' c2 FROM dual CONNECT BY level<=10000;
```

在表 t1 中进行查询的 SQL 语句如下。

```
SELECT * FROM t1 WHERE c2 LIKE '5000%';
```

SQL 查询语句的执行结果如图 3-10 所示。

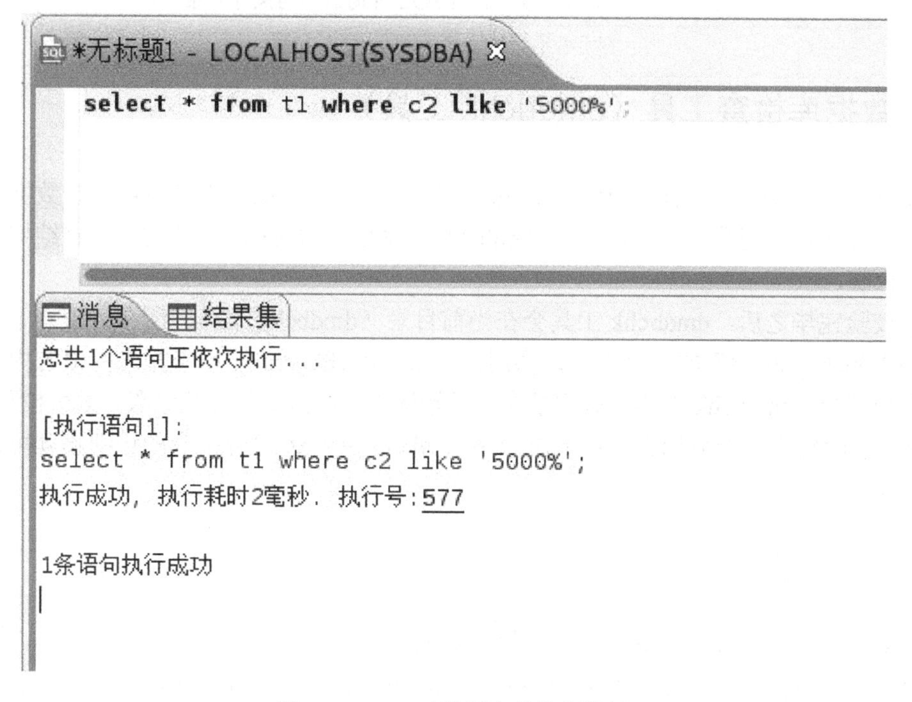

图 3-10　SQL 查询语句的执行结果

在执行 SQL 查询语句后得到执行号 577，将其作为 ET 的参数执行 call 命令即可调用该 SQL 查询语句，该 call 命令如下。

```
call ET(577);
```

使用 call 命令调用 SQL 查询语句的执行结果如图 3-11 所示。

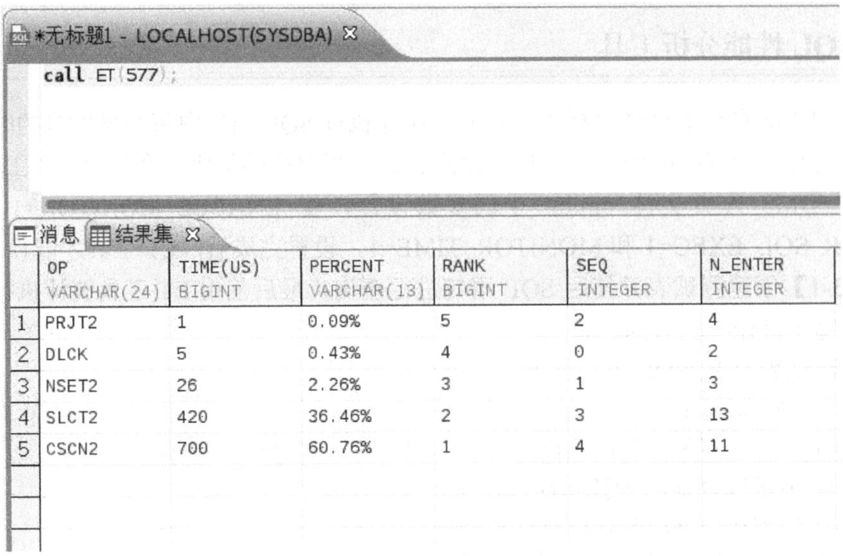

*无标题1 - LOCALHOST(SYSDBA)

```
call ET(577);
```

消息 结果集

	OP VARCHAR(24)	TIME(US) BIGINT	PERCENT VARCHAR(13)	RANK BIGINT	SEQ INTEGER	N_ENTER INTEGER
1	PRJT2	1	0.09%	5	2	4
2	DLCK	5	0.43%	4	0	2
3	NSET2	26	2.26%	3	1	3
4	SLCT2	420	36.46%	2	3	13
5	CSCN2	700	60.76%	1	4	11

图 3-11　使用 call 命令调用 SQL 查询语句的执行结果

3.3　数据库检查工具（dmdbchk 工具）

DM8 提供了数据库检查工具 dmdbchk 工具，通过 dmdbchk 工具可以检查数据库的完整性、正确性，系统管理员可以使用 dmdbchk 工具校验 DM8 内部的物理存储结构、对象信息等内容。

在校验完毕之后，dmdbchk 工具会在当前目录（dmdbchk 工具的所在目录）下生成一个名为“dbchk_err.txt”的检查报告，供用户查看。dbchk_err.txt 检查报告的报告内容包括以下 7 个部分：dmdbchk 工具的版本信息、开始标志、数据文件校验结果、索引校验结果、对象 ID 校验结果、结束标志、错误总数。对 dbchk_err.txt 检查报告的详细解读可以参见 3.3.4 节。

3.3.1　功能简介

dmdbchk 工具是 DM8 提供的用于检查数据库完整性、正确性的命令行工具。在服务器正常关闭后的脱机情况下，用户可以使用 dmdbchk 工具对数据库进行校验，包括校验 DM8 内部的物理存储结构是否正常、对象信息是否合法等。除此之外，dmdbchk 工具还可以检测并删除操作系统中残留的信号量和共享内存，避免在达到操作系统上限后数据库服务无法启动。

校验的内容包括以下 4 个方面。

（1）数据文件的合法性校验。

数据文件的合法性校验只校验数据文件大小。若数据库文件的实际大小大于或等于文件头中记录的大小，则该数据文件合法。

（2）索引的正确性校验

索引的正确性校验包括普通表 B 树索引校验、LIST 表扁平 B 树索引校验、列存储表索引校验。校验内容具体包括 B 树的层次及层次关系，每层的内部页、叶子页及页之间的前后链接关系，每个页的页头信息（如页类型等）等。

（3）对象 ID 的合法性校验。

对象 ID 的合法性校验包括数据库内所有对象的 ID 校验。对象包括索引、表、约束、存储过程、模式、同义词、用户等。若从系统表中查出的对象 ID 小于库的 ID 预留页中记录的该类型对象的下一分配 ID，则该对象 ID 合法。因为库的 ID 预留页中记录的是各类型对象下一个新分配对象将使用的 ID，所以若系统表中的对象 ID 大于或等于该 ID，则说明该库已损坏。

dmdbchk 工具并不能检查出用户实际数据的正确性，如果数据文件被人为手动修改过，且正好修改的是用户数据部分，那么是无法检查出用户实际数据的正确性的。

（4）残留信号量和共享内存的检测及删除。

一般 Linux 系统下默认可创建的信号量为 128 个，共享内存为 4096 个。DM8 服务器在正常退出的情况下，会将创建的信号量或共享内存删除，但如果服务器异常退出，那么这些信号量及共享内存会一直留在操作系统中直到通过手动方式删除。如果残留的信号量或共享内存达到操作系统上限，那么在服务器再次启动时，会因为创建信号量或共享内存失败而无法启动成功，因此在本工具中提供对 Linux 系统下残留信号量和共享内存的检测及删除命令。

dmdbchk 工具位于安装目录的/dmdbms/bin 目录下。

3.3.2　使用 dmdbchk 工具

dmdbchk 工具需要从命令行启动。在命令行中找到 dmdbchk 工具所在的安装目录/dmdbms/bin，输入 dmdbchk 和参数后回车即可启动。参数将在 3.3.3 节详细介绍。

dmdbchk 工具中不同参数的用法也不同，若是校验数据库的参数，则要求必须经过初始化，且只有正常关闭的数据库才能被 dmdbchk 工具校验，否则 dmdbchk 工具会报错退出。

例如，正常关闭/home/test/dmdbms 目录下的数据库后，使用 dmdbchk 工具对数据库进行校验，命令如下。

```
./dmdbchk PATH=/home/test/dmdbms/dm.ini
```

如果 dm.ini 在 dmdbchk 工具的当前目录下，那么该命令也可以写为如下方式。

```
./dmdbchk PATH=dm.ini
```

3.3.3　查看 dmdbchk 工具的参数

dmdbchk 工具的使用简单灵活。用户可使用以下命令快速查看参数用法。

```
./dmdbchk HELP
```

该命令的输出如下。

```
格式: ./dmdbchk KEYWORD=value
```

```
例程: ./dmdbchk PATH=/home/test/dmdbms/dm.ini
关键字说明（默认）
---------------------------------------------------------------------------
PATH              dm.ini绝对路径或者当前目录的dm.ini
DCR_INI           dmdcr.ini的路径
HELP              打印帮助信息
START_INDEXID     最小检查索引号
END_INDEXID       最大检查索引号
CHECK_SEMA        检查当前系统信号量使用情况（只适用于Linux，1：只做检查 2：检查并删
                  除残留信号量）
CHECK_SHM         检查当前系统共享内存使用情况（只适用于Linux，1：只做检查 2：检查并
                  删除残留共享内存）
```

3.3.4 dmdbchk 报告解读

dmdbchk 校验的过程对用户不可见，校验的结果以报告的形式呈现给用户。

dmdbchk 校验数据库的报告内容分为 7 个部分：dmdbchk 版本信息；开始标志；数据文件校验结果；索引校验结果；对象 ID 校验结果；结束标志；错误总数。dmdbchk 报告内容如图 3-12 所示。

dmdbchk版本信息

开始标志

数据文件校验结果

索引校验结果

对象ID校验结果

结束标志

错误总数

图 3-12　dmdbchk 报告内容

数据文件校验结果、索引校验结果、对象 ID 校验结果 3 个部分内容伸缩性较大，内容多少由数据库大小决定。对于数据文件校验结果和索引校验结果，若校验成功，则直接打印出具体校验的对象；若校验失败，则打印出具体错误信息。对于对象 ID 校验结果，若校验成功，则不打印出具体校验的对象；若校验失败，则打印出具体错误信息。

dmdbchk 工具检测信号量或共享内存的报告则比较简单，分为 3 个部分：dmdbchk 版本信息；系统中所有信号量或共享内存的检测结果；各项结果总数归类。

3.3.5 应用实例

【例 3-2】初始化一个数据库，并创建 DM8 的示例库 BOOKSHOP，正常关闭后，使用 dmdbchk 工具对该库的数据文件进行校验，命令如下。

```
./dmdbchk PATH=/home/test/dmdbms/dm.ini START_INDEXID=33554433 END_INDEXID=33555531
```

校验后的报告存放在 dmdbchk 工具所在的目录里，名称为“dbchk_err.txt”。报告内容如下。

```
/**一、dmdbchk版本信息**/
[2018-11-04 16:57:29] dmdbchk V8.0.0.105-Build(2018.10.31-98635-debug)ENT
```

```
/**二、开始标志**/
[2018-11-04 16:57:30] DM DB CHECK START......
/**三、数据文件校验结果**/
[2018-11-04 16:57:30] --------check dbf file size start---------
[2018-11-04 16:57:30] FILE=(ts_id=0, fil_id=0, path=D:\xx\DAMENG\SYSTEM.DBF)
[2018-11-04 16:57:30] FILE=(ts_id=1, fil_id=0, path=D:\xx\DAMENG\ROLL.DBF)
[2018-11-04 16:57:30] FILE=(ts_id=4, fil_id=0, path=D:\xx\DAMENG\MAIN.DBF)
[2018-11-04 16:57:30] FILE=(ts_id=5, fil_id=0, path=D:\xx\DAMENG\BOOKSHOP.DBF)
[2018-11-04 16:57:30] --------check dbf file size end-----------
/**四、索引校验结果**/
[2018-11-04 16:57:30] --------check indexes start---------------
[2018-11-04 16:57:30] INDEX=(id=33554433, name=SYSINDEXCOLUMNS,
table_name=SYSCOLUMNS)
[2018-11-04 16:57:30] INDEX=(id=33554434, name=SYSINDEXINDEXES,
table_name=SYSINDEXES)
[2018-11-04 16:57:30] INDEX=(id=33554440, name=SYSINDEXTUSERS, table_name=SYSUSER$)
[2018-11-04 16:57:30] INDEX=(id=33554442, name=SYSINDEXSYSGRANTS,
table_name=SYSGRANTS)
[2018-11-04 16:57:30] INDEX=(id=33554452, name=SYSINDEXCONSTRAINTS,
table_name=SYSCONS)
[2018-11-04 16:57:30] INDEX=(id=33554458, name=SYSINDEXSYSAUDIT, table_name=SYSAUDIT)
[2018-11-04 16:57:30] INDEX=(id=33554459, name=SYSINDEXSYSAUDITSQLSEQ,
table_name=SYSAUDITSQLSEQ)
[2018-11-04 16:57:30] INDEX=(id=33554464, name=SYSINDEXCONTEXTINDEXES,
table_name=SYSCONTEXTINDEXES)
......
省略一部分索引校验结果......
......
[2018-11-04 16:57:30] INDEX=(id=33555528, name=INDEX33555528, table_name=EMPTAB)
[2018-11-04 16:57:30] INDEX=(id=33555529, name=INDEX33555529, table_name=EMPTAB)
[2018-11-04 16:57:30] INDEX=(id=33555530, name=INDEX33555530, table_name=SALGRADE)
[2018-11-04 16:57:30] INDEX=(id=33555531, name=INDEX33555531,
table_name=COMPANYHOLIDAYS)
[2018-11-04 16:57:30] --------check indexes end-----------------
/**五、对象ID校验结果**/
[2018-11-04 16:57:30] --------check iid start-------------------
[2018-11-04 16:57:30] check cons id ...
[2018-11-04 16:57:30] check index id ...
[2018-11-04 16:57:30] check TABLE id ...
[2018-11-04 16:57:30] check proc id ...
[2018-11-04 16:57:30] check schema id ...
[2018-11-04 16:57:30] check synonym id ...
[2018-11-04 16:57:30] check user id ...
```

```
[2018-11-04 16:57:30] --------check iid end---------------------
/**六、结束标志**/
[2018-11-04 16:57:30] DM DB CHECK END......
/**七、错误总数**/
[2018-11-04 16:57:30] error count is 0
```

【例 3-3】检测某台机器在 Linux 系统上信号量的使用情况，命令如下。

```
./dmdbchk CHECK_SEMA=1
```

检测后的报告存放在 dmdbchk 工具所在的目录里，名称为"dbchk_err.txt"。报告内容如下。

```
/**一、dmdbchk版本信息**/
[2018-11-05 14:54:44] dmdbchk V8.0.0.105-Build(2018.10.31-98635-debug)ENT
/**二、所有信号量检测结果**/
[2018-11-05 14:54:44] get semid 40992768(key:0xcc020ab4) current value:0, cur_time:1541400884, last op time:1540894468, need DELETE it!
[2018-11-05 14:54:44] get semid 41025537(key:0xcd020ab4) current value:0, cur_time:1541400884, last op time:1540894468, need DELETE it!
[2018-11-05 14:54:44] get semid 53116930(key:0xcd02111d) current value:0, cur_time:1541400884, last op time:1541318198, need DELETE it!
/**三、总数归类**/
[2018-11-05 14:54:44] check os semaphore finished:
[2018-11-05 14:54:44] total_cnt:3, active_cnt:0, check_err_cnt:0, need_del:3, real_del:0, del_err_cnt:0!
```

【例 3-4】删除某台机器在 Linux 系统上的残留信号量，命令如下。

```
./dmdbchk CHECK_SEMA=2
```

检测后的报告存放在 dmdbchk 工具所在的目录里，名称为"dbchk_err.txt"。报告内容如下。

```
/**一、dmdbchk版本信息**/
[2018-11-05 14:54:47] dmdbchk V8.0.0.105-Build(2018.10.31-98635-debug)ENT
/**二、所有信号量检测结果**/
[2018-11-05 14:54:47] get semid 40992768(key:0xcc020ab4) current value:0, cur_time:1541400887, otime:1540894468, DELETE it success!
[2018-11-05 14:54:47] get semid 41025537(key:0xcd020ab4) current value:0, cur_time:1541400887, otime:1540894468, DELETE it success!
[2018-11-05 14:54:47] get semid 53116930(key:0xcd02111d) current value:0, cur_time:1541400887, otime:1541318198, DELETE it success!
/**三、总数归类**/
[2018-11-05 14:54:47] check os semaphore finished:
[2018-11-05 14:54:47] total_cnt:3, active_cnt:0, check_err_cnt:0, need_del:3, real_del:3, del_err_cnt:0!
```

3.4 性能统计信息

DM8 中的动态性能视图能自动收集数据库中的一些活动信息，系统管理员可以根据这些信息了解数据库运行的基本情况，为数据库的维护和优化提供依据。动态性能视图信息也是数据库中数据字典的一部分，与数据字典不同的是，数据字典指的是静态数据字典信息，即在用户访问数据字典信息时，其内容不会发生改变，而动态性能视图信息是随着数据库的运行其内容会随时更改，具有一定的即时性。

系统管理员为了更好地了解数据库的一些运行时信息，可以查询动态视图表。系统管理员需要知道 DM8 中提供了多少动态视图，有哪些类型的动态视图，以及这些动态视图的用途是什么。具体内容可以参见附录 C。

动态视图表与静态字典信息表的命名方式不同，静态字典信息表一般以 SYS 为前缀，如系统用户表 SYSUSERS 表，而动态视图则以 V$为前缀，如 V$DM_INI。

在 DM8 中，动态视图主要分为系统信息相关视图、存储信息相关视图、内存管理信息相关视图、事务信息相关视图、线程信息相关视图、历史模块相关视图、缓存信息相关视图、会话信息相关视图、捕获信息相关视图等。

3.4.1　系统信息相关视图

系统信息包括数据库版本、实例、统计信息、资源限制信息、进程信息、全局索引 IID 信息、事件信息；涉及的动态视图有 V$SESSIONS、V$INSTANCE、V$RESOURCE_LIMIT、V$PROCESS、V$IID、V$SYSSTAT 等。

【例 3-5】查看数据库中的实例信息，SQL 语句如下。

```
SQL>SELECT * FROM V$INSTANCE;
```

得到以下结果。

```
NAME          HOST_NAME              SVR_VERSION
DB_VERSION                           START_TIME            STATUS$     MODE$
OGUID         DSC_SEQNO              DSC_ROLE
1        DMSERVER PC-201103131435    DM DATABASE SERVER V8.0.0.105-Build(2018.10.31-
                                     98635-debug)
DB VERSION: 0X70008                  2018-10-31 09:10:38   OPEN        NORMAL
0             0                      SLAVE
```

3.4.2　存储信息相关视图

存储信息包括数据库信息、表空间信息、数据文件信息、日志相关信息；涉及的动态视图有 V$DATAFILE、V$DATABASE、V$TABLESPACE、V$HUGE_TABLESPACE、V$RLOGFILE 等。

【例 3-6】查询表空间信息，SQL 语句如下。

```
SQL>SELECT * FROM V$TABLESPACE;
```

得到以下结果。

```
ID  NAME     CACHE    TYPE$  STATUS$  MAX_SIZE  TOTAL_SIZE  FILE_NUM
    ENCRYPT_NAME      ENCRYPTED_KEY
```

```
0   SYSTEM  <NULL>  1   0   0   1408    1
    <NULL>          <NULL>
1   ROLL    <NULL>  1   0   0   16384   1
    <NULL>          <NULL>
4   MAIN    <NULL>  1   0   0   16384   1
    <NULL>          <NULL>
5   SYSAUX  <NULL>  1   0   0   16384   1
    <NULL>          <NULL>
3   TEMP    <NULL>  2   0   0   1280    1
    <NULL>          <NULL>
```

3.4.3 内存管理信息相关视图

内存管理信息包括内存池使用情况、BUFFER 缓冲区信息、虚拟机信息、虚拟机栈帧信息；涉及的动态视图有 V$VPOOL、V$VMS、V$STKFRM、V$BUFFERPOOL、V$BUFFER_LRU_FIRST、V$BUFFER_UPD_FIRST、V$BUFFER_LRU_LAST、V$BUFFER_UPD_ LAST、V$RLOGBUF、V$COSTPARA 等。

【例 3-7】查询内存池 BUFFERPOOL 的页数、读取页数和命中率信息，SQL 语句如下。

```
SQL>SELECT NAME,N_PAGES,N_LOGIC_READS,RAT_HIT FROM V$BUFFERPOOL;
```

得到以下结果。

```
行号    NAME        N_PAGES     N_LOGIC_READS       RAT_HIT
1       KEEP        1024        0                   1.0000000000E+000
2       RECYCLE     8192        52                  9.8113207547E-001
3       NORMAL      1280        1772                9.2726321298E-001
4       NORMAL      8960        7                   7.0000000000E-001
```

3.4.4 事务信息相关视图

事务信息包括所有事务信息、当前事务可见的事务信息、事务锁信息（TID 锁、对象锁）、回滚段信息、事务等待信息；涉及的动态视图有 V$TRX、V$TRXWAIT、V$TRX_VIEW、V$LOCK、V$PURGE 等。

【例 3-8】查询系统中上锁的事务、锁类型，以及表 ID 信息，SQL 语句如下。

```
SQL>SELECT TRX_ID,LTYPE,LMODE,TABLE_ID FROM V$LOCK;
```

得到以下结果。

```
行号        TRX_ID              LTYPE       LMODE       TABLE_ID
---------- ------------------- ------ ----- ---------- ---------- ---------- ---------- ----
1           1436                OBJECT      IX          1311
2           1433                OBJECT      IX          1310
3           1436                TID         X           -1
4           1433                TID         X           -1
```

3.4.5　线程信息相关视图

线程信息包括所有活动线程信息、线程作业信息、线程锁信息、线程的资源等待信息；涉及的动态视图有 V$THREADS、V$LATCHES 等。

【例 3-9】查看系统中所有活动线程信息，SQL 语句如下。

```
SQL>SELECT * FROM V$THREADS;
```

得到以下结果。

```
行号        ID                NAME                  START_TIME
THREAD_DESC
-----------------------------------------------------------------
1           9724              DM_IO_THD             2017-06-28 09:26:46.000000
IO THREAD
2           11164             DM_IO_THD             2017-06-28 09:26:46.000000
IO THREAD
3           3892              DM_CHKPNT_THD         2017-06-28 09:26:46.000000
FLUSH CHECKPOINT THREAD
4           9336              DM_REDOLOG_THD        2017-06-28 09:26:46.000000
REDO LOG THREAD,USED TO FLUSH LOG
5           3492              DM_RAPPLY_THD         2017-06-28 09:26:46.000000
LOG APPLY THREAD WHICH RECEIVE REDO-LOGS FROM PRIMARY SITE BY STANDBY
SITE
```

3.4.6　历史模块相关视图

历史模块信息包括 SQL 历史信息、SQL 执行节点历史信息、检查点历史信息、命令行历史信息、线程等待历史信息、死锁历史信息、回滚段历史信息、运行时错误历史信息、DMSQL 程序中执行 DDL（Data Definition Language，数据定义语言）语句的历史信息、返回大数据量结果集的历史信息、所有活动线程的历史信息；涉及的动态视图有 V$CKPT_HISTORY、V$CMD_HISTORY、V$DEADLOCK_HISTORY、V$PLSQL_DDL_HISTORY、V$PRE_RETURN_HISTORY、V$RUNTIME_ERR_HISTORY、V$WAIT_HISTORY、V$WTHRD_HISTORY、V$SQL_HISTORY、V$SQL_NODE_HISTORY、V$SQL_NODE_NAME 等。

【例 3-10】查询系统执行的 SQL 历史信息，SQL 语句如下。

```
SQL>SELECT SESS_ID,TOP_SQL_TEXT,TIME_USED FROM V$SQL_HISTORY;
```

得到以下结果。

```
SESS_ID              TOP_SQL_TEXT                     TIME_USED
1    187744368       INSERT INTO T1 VALUES(5,0);      21707
```

3.4.7　缓存信息相关视图

缓存信息包括 SQL 语句缓存信息、执行计划缓存信息、结果集缓存信息、字典缓存信息、字典缓存中的对象信息、代价信息；涉及的动态视图有V$CACHEITEM、V$SQL_PLAN、V$CACHERS、V$CACHESQL、V$DICT_CACHE_ITEM、V$DICT_CACHE等。

【例3-11】查看字典缓存的信息，SQL语句如下。

```
SQL>SELECT * FROM V$DICT_CACHE;
```

得到以下结果。

```
ADDR        POOL_ID              TOTAL_SIZE          USED_SIZE          DICT_NUM
1           0X0B56F070     1     5242880             113530             36
```

3.4.8 会话信息相关视图

会话信息包括连接信息、会话信息；涉及的动态视图有V$CONNECT、V$STMTS、V$SESSIONS等。

【例3-12】查看会话信息，SQL语句如下。

```
SQL>SELECT SESS_ID,SQL_TEXT,STATE,CREATE_TIME,CLNT_HOST FROM V$SESSIONS;
```

得到以下结果。

```
SESS_ID         SQL_TEXT        STATE      CREATE_TIME                 CLNT_HOST
1   187744368   SELECT SESS_ID,SQL_TEXT,STATE,CREATE_TIME,CLNT_HOST FROM V$SESSIONS;
                                ACTIVE     2011-09-19 19:20:38.000000  FREESKYC-FB8846
```

3.4.9 捕获信息相关视图

捕获信息涉及的视图为V$CAPTURE。

【例3-13】查看捕获信息，SQL语句如下。

```
SQL>SELECT * FROM V$CAPTURE;
```

得到以下结果。

```
STATE                  VERSION       MSG_NUM          FILE_PATH
INIT_TIME              DURATION      FLUSH_BUF_NUM    FREE_BUF_NUM
1                      1             0                0
1970-01-01 08:00:00    0             0                0
```

查看动态视图可以不单单只查询一个动态视图表，还可利用动态视图表之间的联系得到更多想要的信息。

例如，系统管理员若要对一条SQL语句进行调优，则需要知道每个执行节点花费了多少时间，通过查询V$SQL_NODE_NAME可以知道执行节点的名字，通过查询V$SQL_NODE_HISTORY可以查询到每个执行节点的时间，并将两个动态视图表的执行节点类型TYPE$字段做等值连接。

【例3-14】执行一条如下的SQL语句，然后查询其执行节点所花费的时间，假设其执行ID（EXEC_ID）为4。

```
SQL>SELECT * FROM t1 WHERE c1 = (SELECT d1 FROM t2 WHERE c2 = d2);
```

通过视图V$SQL_NODE_NAME与V$SQL_NODE_HISTORY查询执行节点所花费的时间，SQL语句如下。

```
SQL>SELECT N.NAME, TIME_USED, N_ENTER FROM V$SQL_NODE_NAME N, V$SQL_NODE_HISTORY H WHERE N.TYPE$ = H.TYPE$ AND EXEC_ID = 4;
```

得到以下结果。

```
NAME    TIME_USED        N_ENTER
1       CSCN2    381     6
2       CSCN2    250     3
3        NLI2    52      14
4       SLCT2    102     8
5       HAGR2    11831   6
6       PRJT2    32      6
7       CSCN2    272     3
8       HI3      19309   9
9       PRJT2    29      6
10      NSET2    120     4
11      DLCK     23      2
```

根据结果可以看到执行计划中执行各节点所花费的时间，进而对 SQL 语句进行分析和改写。

3.5　AWR 报告

数据库快照是一个只读的静态的数据库。DM8 的快照功能是基于数据库实现的，每个快照均与数据库的只读镜像有关。通过检索快照，可以获取源数据库在快照创建时间点的相关数据信息。

为了方便系统管理员管理自动工作集负载信息库（Automatic Workload Repository，AWR）的信息，系统为其所有重要统计信息和负载信息均执行了一次快照，并将这些快照存储在 AWR 中。

3.5.1　AWR 简介

在 DM8 中，AWR 功能默认是关闭的，若需要开启，则要调用 DBMS_WORKLOAD_REPOSITORY.AWR_SET_INTERVAL 函数设置快照的间隔时间。另外，DBMS_WORKLOAD_REPOSITORY 包还负责对 SNAPSHOT（快照）进行管理。

DM8 在创建该包时，会默认创建一个名为 SYSAUX 的表空间，对应的数据文件为 SYSAWR.DBF，该表空间用于存储该包生成快照的数据。如果该包被删除，那么 SYSAUX 表空间也会对应地被删除。

DM MPP 环境下不支持 DBMS_WORKLOAD_REPOSITORY 包。

3.5.2 DBMS_WORKLOAD_REPOSITORY 包

DBMS_WORKLOAD_REPOSITORY 包主要负责对 AWR 快照进行管理，其中主要包含以下相关方法。

1. AWR_CLEAR_HISTORY();

该方法用于清理之前所有的 SNAPSHOT 记录，SQL 语法如下。

```
--------------------------------------------------------------------------------
PROCEDURE AWR_CLEAR_HISTORY();
--------------------------------------------------------------------------------
```

2. AWR_SET_INTERVAL();

该方法用于设置生成 SNAPSHOT 的时间间隔，SQL 语法如下。

```
--------------------------------------------------------------------------------
PROCEDURE AWR_SET_INTERVAL(
AWR_INTERVAL IN INT DEFAULT 60
);
--------------------------------------------------------------------------------
```

包括以下参数。

- AWR_INTERVAL：表示时间间隔，单位为分钟。有效范围为［10, 525600］，默认值为 60。当参数为 0 时，关闭快照［关闭时参数值为 57816000 分钟（110 年），是一个无效的值］。

3. AWR_REPORT_HTML

（1）生成 HTML 格式的报告。

```
--------------------------------------------------------------------------------
FUNCTION AWR_REPORT_HTML(
   START_SNAP_ID IN INT,
   END_SNAP_ID IN INT
)RETURN AWRRPT_ROW_TYPE PIPELINED;
--------------------------------------------------------------------------------
```

包括以下参数。

- START_SNAP_ID：表示起始 SNAPSHOT_ID。
- END_SNAP_ID：表示终止 SNAPSHOT_ID。

返回值为包含报告的全部 HTML 脚本信息的嵌套表类型 AWRRPT_ROW_TYPE。

（2）把 AWR 数据报表生成到指定路径的 HTML 文件中。

```
--------------------------------------------------------------------------------
PROCEDURE SYS.AWR_REPORT_HTML(
   START_ID IN INT,
   END_ID IN INT,
   DEST_DIR IN VARCHAR(128),
```

```
    DEST_FILE IN VARCHAR(128)
);
--------------------------------------------------------------------------------
```

包括以下参数。

- START_ID：表示起始 SNAPSHOT_ID。
- END_ID：表示终止 SNAPSHOT_ID。
- DEST_DIR：表示指定生成报告的目标路径。
- DEST_FILE：表示指定生成报告的目标文件名，文件名需要以.HTM 或.HTML 结尾。

4．AWR_REPORT_TEXT

（1）生成 TEXT 格式的报告。

```
--------------------------------------------------------------------------------
FUNCTION AWR_REPORT_TEXT(
    START_SNAP_ID IN INT,
    END_SNAP_ID IN INT
) RETURN AWRRPT_ROW_TYPE PIPELINED;
--------------------------------------------------------------------------------
```

包括以下参数。

- START_SNAP_ID：表示起始 SNAPSHOT_ID。
- END_SNAP_ID：表示终止 SNAPSHOT_ID。

返回值为包含报告的全部 TEXT 脚本信息的嵌套表类型 AWRRPT_ROW_TYPE。

（2）把 AWR 数据报表生成到指定路径的 TEXT 文件中。

```
--------------------------------------------------------------------------------
PROCEDURE SYS.AWR_REPORT_TEXT(
    START_ID IN INT,
    END_ID IN INT,
    DEST_DIR IN VARCHAR(128),
    DEST_FILE IN VARCHAR(128)
);
--------------------------------------------------------------------------------
```

包括以下参数。

- START_ID：表示起始 SNAPSHOT_ID。
- END_ID：表示终止 SNAPSHOT_ID。
- DEST_DIR：表示指定生成报告的目标路径。
- DEST_FILE：表示指定生成报告的目标文件名，文件名需要以.TXT 结尾。

5．CREATE_SNAPSHOT

该方法用于创建一次快照，SQL 语法如下。

```
--------------------------------------------------------------------------------
FUNCTION CREATE_SNAPSHOT(
    FLUSH_LEVEL IN VARCHAR2 DEFAULT 'TYPICAL'
```

```
) RETURN INT;
--------------------------------------------------------------------------------
```

包括以下参数。

- FLUSH_LEVEL：取值为 TYPICAL 或 ALL。若为空，则默认为 TYPICAL，该值会影响快照生成数据的大小；若为 ALL，则会保存全部历史数据；若为 TYPICAL，则会刷新部分数据。

返回值为创建的快照 ID 值。

6．DROP_SNAPSHOT_RANGE

该方法用于删除快照，SQL 语法如下。

```
--------------------------------------------------------------------------------
PROCEDURE DROP_SNAPSHOT_RANGE(
    LOW_SNAP_ID IN INT,
    HIGH_SNAP_ID IN INT,
    DBID IN INT DEFAULT NULL
);
--------------------------------------------------------------------------------
```

包括以下参数。

- LOW_SNAP_ID：表示 SNAP_ID 范围的起始值。
- HIGH_SNAP_ID：表示 SNAP_ID 范围的结束值。
- DBID：表示快照所在数据库的唯一标识，默认为 NULL，表示当前数据库，目前该参数不起作用。

7．MODIFY_SNAPSHOT_SETTINGS

该方法用于设置快照的属性值，SQL 语法如下。

```
--------------------------------------------------------------------------------
PROCEDURE MODIFY_SNAPSHOT_SETTINGS(
    RETENTION IN INT DEFAULT NULL,
    AWR_INTERVAL IN INT DEFAULT NULL,
    TOPNSQL IN INT DEFAULT NULL,
    DBID IN INT DEFAULT NULL
);
PROCEDURE MODIFY_SNAPSHOT_SETTINGS(
    RETENTION IN INT DEFAULT NULL,
    AWR_INTERVAL IN INT DEFAULT NULL,
    TOPNSQL IN VARCHAR2,
    DBID IN INT DEFAULT NULL
);
--------------------------------------------------------------------------------
```

包括以下参数。

- RETENTION：表示快照在数据库中保留的时间，以分钟为单位，最小值为 1 天，最大值为 100 年。若值为 0，则表示永久保留；若值为 NULL，则表示本次设置的该值无效，保留以前的旧值。

- AWR_INTERVAL：表示每次生成快照的间隔时间，以分钟为单位，最小值为 10 分钟，最大值为 1 年。若值为 0，则快照会失效；若值为 NULL，则表示本次设置的该值无效，保留以前的旧值。
- TOPNSQL：若为 NULL，则保留当前设置的值。若为 INT 类型，则表示按照 SQL 的衡量标准（执行时间、CPU 时间、消耗内存等）获取保存的 SQL 个数，最小值为 30，最大值为 50000。若为 VARCHAR2 类型，则可以设置以下 3 个值：DEFAULT、MAXIMUM 和 N。DEFAULT 对应值为 100；MAXIMUM 对应值为 50000；N 对应值为数字串，但要求在转化为 INT 类型之后，值的范围必须为 30～50000。目前该参数不起作用。
- DBID：表示快照所在的数据库唯一标识，默认为 NULL，表示当前数据库。目前该参数不起作用。

3.5.3　DBMS_WORKLOAD_REPOSITORY 的创建、检测、删除语句

1. SP_INIT_AWR_SYS

该方法用于创建或删除 DBMS_WORKLOAD_REPOSITORY 系统包，SQL 语法如下。

```
-----------------------------------------------------------------------
VOID SP_INIT_AWR_SYS(
    CREATE_FLAG INT
)
-----------------------------------------------------------------------
```

包括以下参数。

- CREATE_FLAG：取值为 1 时表示创建 DBMS_WORKLOAD_REPOSITORY 包；取值为 0 时表示删除该系统包。

无返回值。

例如，创建 DBMS_WORKLOAD_REPOSITORY 系统包的 SQL 语句如下。

```
SP_INIT_AWR_SYS(1);
```

2. SF_CHECK_AWR_SYS

该方法用于检测系统的 DBMS_WORKLOAD_REPOSITORY 系统包的启用状态，SQL 语法如下。

```
-----------------------------------------------------------------------
INT   SF_CHECK_AWR_SYS ()
-----------------------------------------------------------------------
```

返回值为 0 表示未启用；返回值为 1 表示已启用。

例如，获得 DBMS_WORKLOAD_REPOSITORY 系统包的启用状态的 SQL 语句如下。

```
-----------------------------------------------------------------------
SELECT SF_CHECK_AWR_SYS;
-----------------------------------------------------------------------
```

3.5.4 AWR 快照应用举例

用户在使用 DBMS_WORKLOAD_REPOSITORY 包之前，需要提前调用系统过程并设置间隔时间，如下。

```
SQL>SP_INIT_AWR_SYS(1);
```

下面语句将间隔设置为 10 分钟，也可以设置为其他值。

```
SQL>CALL DBMS_WORKLOAD_REPOSITORY.AWR_SET_INTERVAL(10);
```

设置成功后，可以使用 CREATE_SNAPSHOT 方法手动创建快照，也可以在设置的间隔时间后由系统自动创建快照，快照 ID 从 1 开始递增。

手动创建快照的 SQL 语句如下。

```
SQL>DBMS_WORKLOAD_REPOSITORY.CREATE_SNAPSHOT();
```

查看创建的快照信息，包括快照 ID，SQL 语句如下。

```
SQL>SELECT * FROM SYS.WRM$_SNAPSHOT;
```

查看快照 ID 为 1～2 的 AWR 分析报告的带 HTML 格式的内容。然后将其复制到文本文件中，保存为 HTML 格式即可查看，SQL 语句如下。

```
SQL>SELECT * FROM TABLE (DBMS_WORKLOAD_REPOSITORY.AWR_REPORT_HTML(1,2));
```

把快照 ID 为 1～2 的 AWR 分析报告生成到 C 盘的 AWR1.HTML 文件中。

```
SQL>SYS.AWR_REPORT_HTML(1,2,'C:\','AWR1.HTML');
```

通过 DMBS_WORKLOAD_REPOSITORY 包还可以对快照本身做增加、删除和修改操作。

【例 3-15】 删除 ID 为 22～32 的快照，SQL 语句如下。

```
SQL>CALL DBMS_WORKLOAD_REPOSITORY.DROP_SNAPSHOT_RANGE(22,32);
```

【例 3-16】 修改快照的间隔时间为 30 分钟，保留时间为 1 天，SQL 语句如下。

```
SQL>CALL DBMS_WORKLOAD_REPOSITORY.MODIFY_SNAPSHOT_SETTINGS(1440,30);
```

查询修改之后的快照参数，SQL 语句如下。

```
SQL>SELECT * FROM SYS.WRM$_WR_CONTROL;
```

【例 3-17】 创建一次快照，SQL 语句如下。

```
SQL>CALL DBMS_WORKLOAD_REPOSITORY.CREATE_SNAPSHOT();
```

【例 3-18】 清理全部快照，SQL 语句如下。

```
SQL>CALL DBMS_WORKLOAD_REPOSITORY.AWR_CLEAR_HISTORY();
```

【例 3-19】 设置快照的间隔为 10 分钟，SQL 语句如下。

```
SQL>CALL DBMS_WORKLOAD_REPOSITORY.AWR_SET_INTERVAL(10);
```

第4章 DM8实例优化

实例是DM8有效运行的核心，它由一组正在运行的DM8后台进程/线程及一个大型的共享内存组成。不同的进程/线程之间既有合作，也有冲突，因此，就有一系列的闩锁来控制各种进程/线程协调一致的工作，会产生各种各样的等待。当等待事件过多时，会导致数据库性能下降。内存是DM8运算处理存放数据的主要区域，DM8将其按照不同功能区分为内存池、缓冲区、排序区、哈希区等，其大小、数量的配置会直接影响数据库运行性能，是数据库调整优化的重要方面。

4.1 实例优化的相关概念

实例优化就是通过分析产生数据库等待事件或性能下降的原因，以及通过调整数据库进程/线程的停止或启动，消除死锁等待，或者通过调整数据库内存配置，使得数据库性能提升的过程。因此，要进行DM8实例优化，必须全面了解DM8的体系架构和内部运行机制。

4.1.1 达梦优化器

达梦优化器又称查询优化器，是SQL分析和执行的优化工具，它负责生成、制定SQL执行计划。DM8的优化器是一种基于代价的优化器（Cost Based Optimizer，CBO），又称代价优化器。代价优化器通过计算各种可能的"执行计划"的代价（即COST），从中选用代价最低的执行方案作为实际运行方案。它依赖数据库对象的统计信息，统计信息的准确与否会影响CBO做出最优的选择。如果在一次执行SQL时发现涉及对象（表、索引等）没有被分析、统计过，那么DM8会采用一种动态采样的技术，动态地收集表和索引上的一些数据信息。

代价通过时间单位来定义，一般以毫秒（ms）为单位。代价越小，意味着执行所需要的时间越少。CBO 在分析的过程中，为每个可选的计划计算其执行代价，并保留一个最优的计划。

计算出一个与实际执行相接近的代价值是一件困难的事，影响实际执行代价的因素非常多，CBO 不可能也没有必要非常全面地考虑每个细节，如系统封锁、并发等因素。CBO 主要关注的是执行查询所涉及的表的记录行数、数据页的数量、可利用的索引和统计信息、内存、I/O，以及 CPU 的计算量等。

在传统的代价计算中，CBO 主要关注 I/O 代价。I/O 确实是非常慢的操作，与内存速度和 CPU 速度相比相差了几个数量级。对于一般的应用场景，大量的数据都可以缓存在内存中，每次系统缓存的命中率都可以达到 95%以上，因此必须重视 CPU 代价，否则基于 I/O 的代价模型就会与实际情况发生很大的偏差。系统提供了一个参数（CPU_SPEED）来控制 CPU 代价和 I/O 代价的权重，以适合不同场景。

一组基本参数控制了 CBO 的代价计算行为，并影响着最终的结果。这些参数可以在 dm.ini 中设置，但是通常不要轻易修改。对这些参数的任何修改，都可能对优化器的结果产生重大影响。当前优化器的参数值在 V$DM_INI 中定义。V$DM_INI 是一个与 dm.ini 对应的 V$视图，它允许用户在不打开 dm.ini 配置文件的情况下查询每个参数的当前值。对于未在 dm.ini 中显示设置的参数，在 V$DM_INI 中显示的是系统的默认值。

【例 4-1】查看执行一个扫描的计划和代价。先构造一个 100000 行的表，再通过 explain 命令查看执行计划，如下。

```
--构造一个10000行的数据表
SQL>CREATE TABLE t1 as SELECT top 0 id, name FROM sysobjects;
begin
        for i in 1..100000 loop
          INSERT into t1 values(i, 'hello'||i);
        end loop;
end;
/
commit;

--通过explain命令查看执行计划
SQL>explain SELECT   COUNT(*) FROM t1 WHERE id != 30;
#NSET2: [14, 1, 0]
  #PRJT2: [14, 1, 4]; exp_num(1), is_atom(FALSE)
    #AAGR2: [14, 1, 4]; grp_num(0), sfun_num(1)
      #SLCT2: [14, 5000, 4]; T1.ID <> 30
        #CSCN2: [14, 100000, 4]; INDEX33555443(T1)
```

在每个操作符号后面都有一个三元组，第一个参数表示该计划子树的总代价，第二个参数表示该计划子树输出的记录行数，第三个参数表示每行记录的字节数。因此按照这个计划来执行，系统报告显示，完成该查询大概需要 14ms，输出 1 行记录；COUNT(*)是一个聚集函数，因此优化器能够准确地输出 1 行报告；因为行数用 4 个字节的整数表示，所以除 nset 外，其他操作符的代价三元组都会输出 4 个字节。

4.1.2　统计信息

代价优化器依赖统计信息来评估选择率。所谓选择率，是指一个数据集被应用一个条件谓词后，符合条件的记录数与原总记录数的比例。如果没有统计信息，那么按照下列原则来确定选择率。如果没有统计信息可用，那么对于列名=<常量>的谓词，其选择率固定为 2.5%，而其他谓词的选择率一律为 5%。

虽然系统没有提供自动收集功能，但是可以很方便地使用 JOB 功能来定时收集。事实上，不推荐在系统稳定运行后再去更新统计信息。统计信息被存放在系统表 SYS.SYSSTATS 中。系统提供了一组系统过程来收集统计信息，也可以使用 DBMS_STATS 包来收集统计信息。

使用 SP_TAB_STAT_INIT 进行表级基本信息收集，SQL 语句如下。

```
SQL>SP_TAB_STAT_INIT('SYSDBA', 't1');
```

使用 SP_COL_STAT_INIT 进行列级信息收集，SQL 语句如下

```
SQL>SP_COL_STAT_INIT('SYSDBA', 't1', 'id');
```

使用 SP_INDEX_STAT_INIT 进行索引信息收集，SQL 语句如下。

```
SQL>SP_INDEX_STAT_INIT('SYSDBA', 'T1_IND');
```

统计信息包含以下 3 个重要的宏观数据。

- 表所占的数据页数。
- 实际使用的数据页数。
- B 树的高度。

无论是否进行统计信息收集，表的当前记录数永远是有效的，因为系统自动维护了表的记录总数，这一点与其他大部分 DBMS 系统有所差别。

基本的统计信息并不能完全反映数据的分布情况。例如，假定字段 age 表示年龄，给出最小年龄为 10 岁，最大年龄为 80 岁，总人数为 10 万人，优化器还是无法知道这些人的年龄分布情况。一个合理的假定是所有的记录都是平均分布的，但是现实世界并不是完全这样的，因此为获得更加详细的信息便引入了直方图的概念。直方图又分为频率直方图和等高直方图。

1．频率直方图

有些字段的取值范围非常有限，如人类的年龄一般不可能超过 120 岁，因此无论表中有多少记录，年龄字段的唯一值个数都不会超过 120，可以采样部分记录，统计出每个年龄（0～120）的记录数，可以使用 120 个（V, count）二元组作为元素的数组来表示这个频率直方图。例如，表中有 1 亿条记录，随机采用其中 5%的记录，记录每个年龄出现的次数，然后再乘上 20，即可获得该年龄字段中每一个取值的记录数目。

如果扫描全部记录，那么频率直方图包含了精确信息；即使是部分采样，通常也能取得很好的效果。举个简单例子，先创建一个表 tf，表中只有 age 和 name 两个字段，SQL 语句如下。

```
SQL>CREATE TABLE tf(age int, name varchar(20));
操作已执行
已用时间: 5.832(ms) clock tick:11929462. Execute id is 29.
```

然后插入 10 万行记录，年龄值采用 120 以内的随机整数，名字采用“HELLO+数字”的形式记录，SQL 语句如下。

```
SQL>begin
        for i in 1..100000 loop
                INSERT into tf values(trunc(rand * 120), 'HELLO'||i);
        end loop;

        commit;
    end;
    /
已用时间: 00:00:01.344. clock tick:-1541157923. Execute id is 30.
```

观察插入数据的年龄范围，年龄范围为 0～119，符合预期，SQL 语句如下。

```
SQL>SELECT max(age), min(age) FROM tf;
行号          MAX(AGE)    MIN(AGE)
---------- ---------- ---------- --------------------
1             119             0
```

如果以 age 为条件字段进行等值查询或不等值查询，那么 CBO 按照之前的规则，将分别采用 0.025 和 0.05 的选择率，SQL 语句如下。

```
SQL>explain SELECT count(*) FROM tf where age = 20;
#NSET2: [14, 1, 0]
   #PRJT2: [14, 1, 4]; exp_num(1), is_atom(FALSE)
      #AAGR2: [14, 1, 4]; grp_num(0), sfun_num(1)
         #SLCT2: [14, 2500, 4]; TF.AGE = 20
            #CSCN2: [14, 100000, 4]; INDEX33555487(TF)
SQL>explain SELECT count(*) FROM tf where age > 20;
#NSET2: [14, 1, 0]
   #PRJT2: [14, 1, 4]; exp_num(1), is_atom(FALSE)
      #AAGR2: [14, 1, 4]; grp_num(0), sfun_num(1)
         #SLCT2: [14, 5000, 4]; TF.AGE > 20
            #CSCN2: [14, 100000, 4]; INDEX33555487(TF)
```

然后对 age 列进行统计信息收集后，CBO 在同样的语句下给出的计划及实际的执行结果如下。

```
SQL>explain SELECT count(*) FROM tf where age = 20;
#NSET2: [14, 1, 0]
   #PRJT2: [14, 1, 4]; exp_num(1), is_atom(FALSE)
      #AAGR2: [14, 1, 4]; grp_num(0), sfun_num(1)
         #SLCT2: [14, 840, 4]; TF.AGE = 20
            #CSCN2: [14, 100000, 4]; INDEX33555487(TF)
SQL>explain SELECT count(*) FROM tf where age > 20;
```

```
#NSET2: [14, 1, 0]
  #PRJT2: [14, 1, 4]; exp_num(1), is_atom(FALSE)
    #AAGR2: [14, 1, 4]; grp_num(0), sfun_num(1)
      #SLCT2: [14, 82220, 4]; TF.AGE > 20
        #CSCN2: [14, 100000, 4]; INDEX33555487(TF)
```

查询年龄值为 20 和大于 20 的记录数，SQL 语句如下。

```
SQL>SELECT (SELECT count(*) FROM tf where age = 20) as age20,
          (SELECT count(*) FROM tf where age > 20) as age20plus FROM dual;
行号        AGE20                   AGE20PLUS
---------- ------------------ ----------------- -----------------
1           843                     82309
```

在 CBO 给出的计划中，年龄值为 20 的有 840 条记录，年龄值大于 20 的有 82220 条记录，这两个数字与实际执行结果非常接近，考虑到统计信息的时候采用了抽样的方式，因此能达到这个精度还是令人满意的。

2．等高直方图

频率直方图虽然精确，但是它只能处理取值范围较小的情况，如果字段的取值范围很大，那么就不可能为每个值统计它的出现次数，这个时候就需要用到等高直方图。等高直方图是针对一个数据集合中不同值个数很多的情况，把数据集合划分为若干个记录数相同或相近的不同区间，并记录区间的不同值个数。每个区间的记录数比较接近，这就是所谓等高的含义。

系统也常用一个数组来表示等高直方图，数组的每一项包含下列信息。

- 左边界值。
- 除边界值以外的值的个数。
- 唯一值个数。

等高直方图的目的是尽可能精确地描述不同值数据的分布情况。在数据取值密集的地方，用来描述数据分布情况的桶就多，反之则少。利用等高直方图，可以比较精确地估算一个特定范围内记录的数量。

4.2 度量实例性能

切忌为了“与国际接轨”而盲目套用“国际通用”的东西。在性能评价领域，越是通用的度量往往是越不准确的。在使用任何一种性能度量和价格度量时，一定要弄明白度量的定义，以及它是在什么系统配置和运行环境下得到的，如何解释它的意义等。下面有 3 种方式供参考。

1．在真实环境中运行实际应用

最理想的方式是进行一个试点，要求制造商或系统集成商配合，将系统在一个实际用户点真正试运行一段时间。用这种方式得到的度量值往往具有很明确和实际的含义。

2．使用用户定义的基准程序

如果由于某种原因导致第一种方式不可行，那么用户可以定义一组含有自己实际应用环境特征的应用基准程序。

3．使用通用基准程序

如果第 1 种和第 2 种方式都不可行，那么使用如 TPC-C 之类的通用基准程序，这是一种在不得已的情况下使用的近似方法。因此，tpmC 值只能用做参考。

4.2.1 数据库命中率

缓冲区和共享池是 DM8 中对性能影响最大的组件，优化缓冲区和共享池也是一个 DBA 最基本的职责。进行过软件开发的人都知道，优化缓冲区是提高性能的有效机制，缓冲区和共享池的存在主要是为了提高会话访问数据文件中数据的效率。

1．数据缓冲区命中率

数据缓冲区是否够用，这是 DBA 经常探讨的一个话题。如果能够保证系统有 90%以上的命中率就相当不错了。当命中率小于 90%的时候，就需要扩大数据缓冲区。通过命中率来判断数据缓冲区是否充足成为一种标准。很多专家认为，数据缓冲区的命中率要超过 95%，否则就需要扩大数据缓冲区。

那么到底命中率要达到多少才算合适？这可能是很多 DBA 都想知道的，不过这个问题恐怕无解。应用系统是千差万别的，不同的系统在不同的情况下，对于数据缓冲区命中率的要求是不同的。分析问题的时候，不仅仅要考虑某些命中率的指标，更重要的是要考虑在当前命中率的前提下，系统 I/O 对系统性能的整体影响，以及目前系统的 CPU、内存的使用情况。

计算数据库缓冲区命中率的 SQL 语句如下。

```
SQL>SELECT 1 - ((SELECT to_number(stat_val)FROM V$SYSSTAT t
                where t.name = 'physical read count'))
                /
        (SELECT to_number(stat_val)FROM V$SYSSTAT t
                where t.name = 'logic read count')   FROM dual;
```

配置过大的数据库缓冲区往往会掩盖应用程序中存在的严重性能问题，这将延后问题的发现时间，增加应用调优的复杂度。实际上在绝大多数情况下，可以通过对应用程序的 SQL 语句和业务逻辑算法的优化，极大地提高应用程序的响应速度，同时大幅度降低系统负荷，而不需要被追加投资、系统扩容等复杂而漫长的解决方案所困扰。

2．SQL 缓冲区命中率

游标共享是共享池的重要功能之一，它可以提高共享池的使用效率，减少 SQL 解析的开销，从总体上提高 SQL 语句的执行效率。如果一条 SQL 语句能够被解析一次、执行多次，那么就可以达到比较好的效果，减少分析的开销，这是共享的最高目标。要实现游标共享，首先要具备一定的机制，也就是说游标的一些执行结构不能存放在程序的私有空间里，而需要存放在共享内存中。共享池中的库缓存就是实现这种共享机制的载体。满足了上述条件后，下一步就要判断哪些 SQL 语句是可以共享的。

最简单的判断方法就是：完全相同的 SQL 语句是可以共享的。如何判断 SQL 语句是完全相同的呢？如果能对该 SQL 语句的语义语法进行全面解析，那么便能够对 SQL 语句进行全面的识别。但是这种识别方式的开销很大，DM8 采取了一种十分巧妙的方法来分辨不同的 SQL 语句。通过对两个 SQL 语句的文本进行计算，生成一个散列值，如果散列值不同，那么 SQL 语句肯定不同；如果散列值相同，那么就可能是可以共享的 SQL 语句。这种机制的实现十分简单，比较相同 SQL 语句的开销也非常小，不过它对 SQL 语句的书写要求较高，对于大小写、空格等有严格的要求，如果不符合要求，即使语法语义完全相同的 SQL 语句，DM8 也会认为二者是不同的。

计算 SQL 缓冲区的命中率，SQL 语句如下。

```
SQL>SELECT
        (
        (SELECT to_number(stat_val) FROM V$SYSSTAT t where t.name = 'parse count')
        -
        (SELECT to_number(stat_val) FROM V$SYSSTAT twheret.name = 'hard parse count')
        )
        /
        (SELECT to_number(stat_val) FROM V$SYSSTAT t where t.name = 'parse count')
FROM dual;
```

4.2.2　数据库等待统计数据

1. 等待事件概述

等待事件是衡量 DM8 运行状况的重要依据及指标。等待事件主要分为两种，即空闲（idle）等待事件和非空闲（non-idle）等待事件。

空闲等待事件是指 DM8 正等待某种工作，比如用 DISQL 登录之后，但没有收到任何命令，在诊断和优化数据库的时候，不用过多注意这部分事件。非空闲等待事件是专门针对 DM8 的活动，是指数据库任务或应用在运行过程中发生的等待，这些等待事件是在调整数据库的时候应该被关注与研究的。

2. 等待事件分类

等待事件有多种分类，下面对每类等待事件进行描述。

（1）管理类。

管理类等待事件是由 DBA 的管理命令引起的，这些命令要求用户处于等待状态，如重建索引。

（2）应用程序类。

应用程序类等待事件是由用户应用程序的代码引起的，如锁等待。

（3）群集类。

群集类等待事件和真正应用群集 DSC 的资源有关。

（4）提交确认类。

提交确认类等待事件只包含一种等待事件，即在执行了一个 commit 命令后，等待一个 REDO 日志的写确认。

（5）并发类。

并发类等待事件是由内部数据库资源引起的，如闩锁。

（6）配置类。

配置类等待事件是由数据库或实例的不当配置引起的，如 REDO 日志文件太小、共享池太小等。

（7）空闲类。

空闲类等待事件意味着会话不活跃，处于等待工作的状态。

（8）网络类。

网络类等待事件是和网络环境相关的一些等待事件。

（9）系统 I/O 类。

系统 I/O 类等待事件通常是由后台进程的 I/O 操作引起的。

（10）用户 I/O 类。

用户 I/O 类等待事件通常是由用户 I/O 操作引起的。

3．等待事件查看

查看等待相关的视图有 V$SESSION_EVENT、V$SYSTEM_EVENT、V$EVENT_NAME、V$SESSIONS 等。

获取当前所有会话的等待情况，SQL 语句如下。

```
SQL>SELECT
        a.sess_id,
        a.user_name,
        b.event,
        b.total_waits
FROM
        V$SESSIONS a,
        V$SESSION_EVENT b
where
    a.sess_id      = b.session#
    and a.state    = 'ACTIVE';
```

获取当前会话的等待事件，SQL 语句如下。

```
SQL>SELECT event,
      sum(decode(time_waited, 0, 0, 1)) "Prev",
      sum(decode(time_waited, 0, 1, 0)) "Curr",
      count(*) "Tot"
FROM V$SESSION_EVENT
group by event
order by 4;
```

获取当前会话执行过的语句，SQL 语句如下。

```
SQL>SELECT
        a.sess_id,
        a.user_name,
        b.SQL_TEXT
FROM V$SESSIONS a,V$SQLTEXT b
where a.state = 'ACTIVE';
```

获取等待事件的具体信息，SQL 语句如下。

```
SQL>SELECT * FROM V$EVENT_NAME;
```

获取系统等待事件，SQL 语句如下。

```
SQL>SELECT event,time_waited,wait_class FROM V$SYSTEM_EVENT;
```

4．性能监控工具

DM8 性能监控工具是达梦系统管理员用来监视服务器的活动情况和性能情况，并对系统参数进行调整的客户端工具，它允许系统管理员在本机或远程监控服务器的运行状况。

DM8 性能监控工具包含以下基本功能。

- 监视服务器状态和性能。
- 调优服务器性能。
- 预警警告。

登录 DM8 性能监控工具，对性能进行诊断，DM8 性能监控工具登录界面如图 4-1 所示。

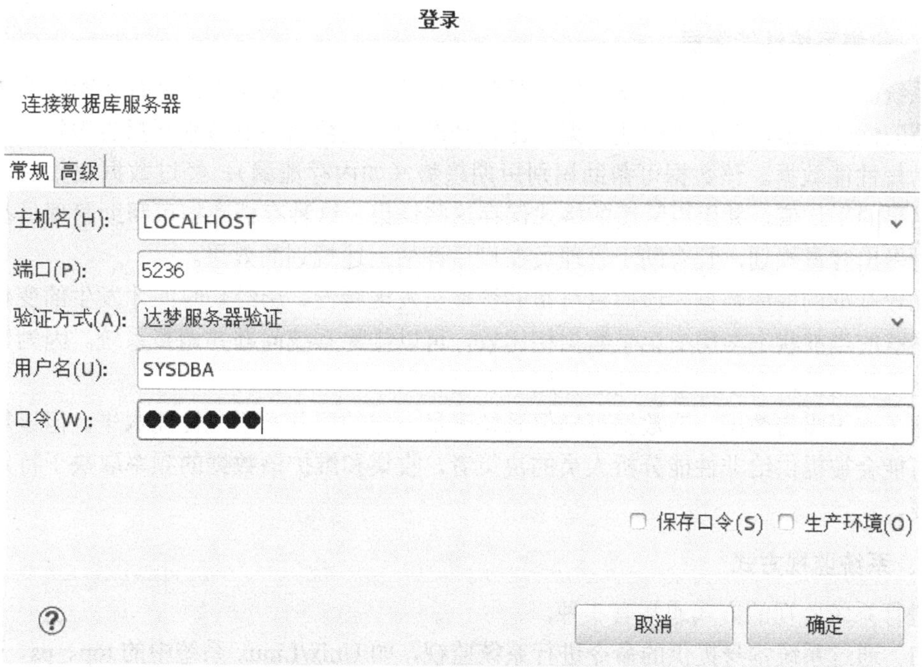

图 4-1　DM8 性能监控工具登录界面

检测数据库的整体性能，根据需求适当调整对应的配置，DM8 性能监控工具整体性能查看界面如图 4-2 所示。

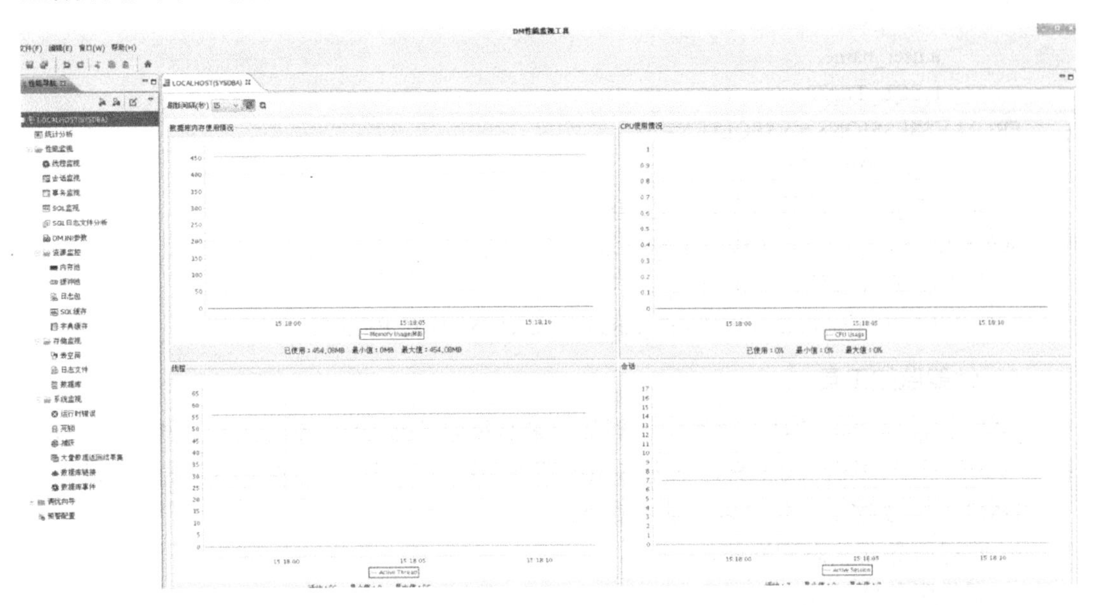

图 4-2　DM8 性能监控工具整体性能查看界面

4.2.3　系统监视

1. 收集系统性能数据

系统监视的目标是评估系统性能。要监视系统性能，需要收集某个时间段内的 3 种不同类型的性能数据，即常规性能数据、比较基准的性能数据和服务水平报告数据。

常规性能数据。该数据可帮助识别短期趋势（如内存泄漏）。经过数据收集后，可以求出结果的平均值，并用更紧凑的格式保存这些结果。这种存档数据可帮助管理员在业务增长时做出容量规划，且有助于管理员在日后评估上述规划的效果。

比较基准的性能数据。该信息可帮助管理员发现缓慢、历经长时间才发生的变化。通过将系统的当前状态与历史记录数据相比较，可以排除系统问题并调整系统。因为该信息只是定期收集的，所以不必对其进行压缩存储。

服务水平报告数据。该数据可确保系统满足一定的服务水平或性能水平，但该数据信息也可能会被提供给非性能分析人员的决策者。收集和维护该数据的频率取决于特定的业务需要。

2. 系统监视方式

进行系统监视的方式通常有 3 种。

（1）通过系统本身提供的命令进行系统监视，如 Unix/Linux 系统中的 top、ps、iostat、dstat、sar 命令等，Windows 系统中的 netstat 等。

（2）通过系统记录文件查阅系统在特定时间内的运行状态，进行系统监视。

（3）通过可视化交互工具进行系统监视，如 Windows 系统的 Perfmon 应用程序。

3. 系统监视实例

在 Linux 系统中有很多图形工具和命令行工具，在日常工作中合理使用这些工具，可以迅速了解资源分配情况和使用情况。

（1）在 Linux 系统中通过系统监视器监测 CPU、内存和网络，Linux 系统中的系统监视器界面如图 4-3 所示。

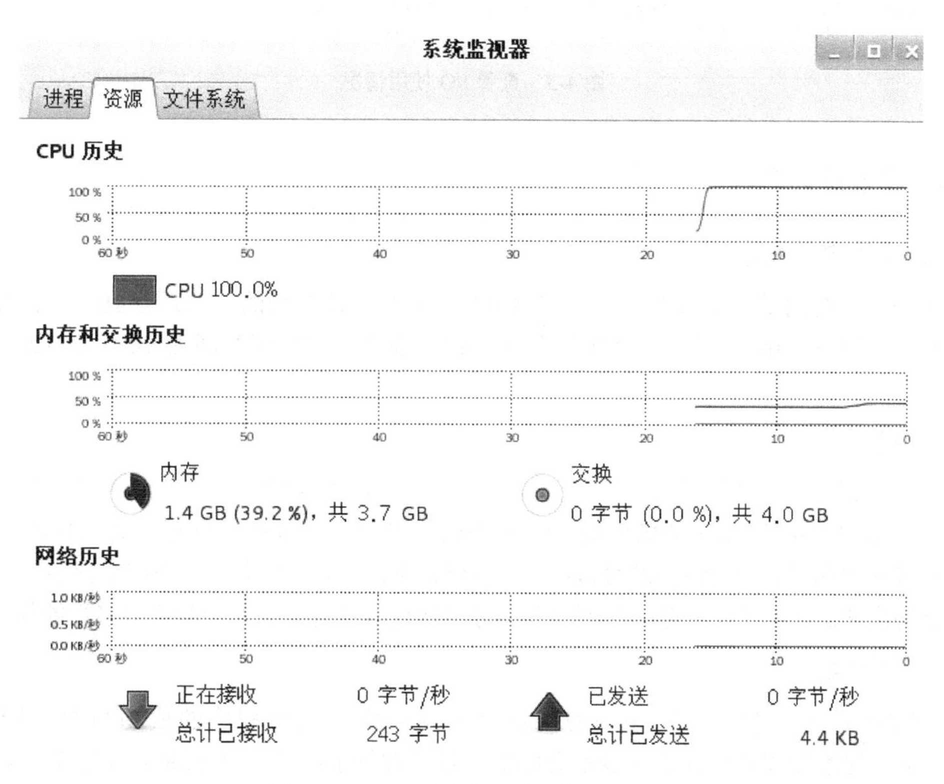

图 4-3　Linux 系统中的系统监视器界面

（2）查看系统中最消耗内存的进程，如图 4-4 所示。

```
[root@localhost ~]# dstat --top-mem
--most-expensive-
  memory process
gnome-shell  636M
```

图 4-4　查看系统中最消耗内存的进程

（3）查看 I/O 使用情况，如图 4-5 所示。

```
[root@localhost ~]# iostat 1 10
Linux 3.10.0-123.el7.x86_64 (localhost.localdomain)      2020年06月17日   _x86_64_
(1 CPU)

avg-cpu:  %user   %nice %system %iowait  %steal   %idle
          46.86    0.01    2.63    0.07    0.00   50.43

Device:            tps    KB_read/s    KB_wrtn/s    KB_read    KB_wrtn
sda               7.41       346.73        17.30     538256      26861

avg-cpu:  %user   %nice %system %iowait  %steal   %idle
          38.78    0.00    3.06    0.00    0.00   58.16
```

图 4-5　查看 I/O 使用情况

4.2.4　了解应用程序

1. 平均响应时间

平均响应时间是由所有请求的平均响应时间取平均值得到的。如果有 100 个请求，其中 98 个耗时为 1ms，其他两个耗时为 100ms。那么平均响应时间为(98×1+2×100)/100=2.98ms。

2. 错误率

监控错误率也是关键的应用程序性能指标，一般有 3 种不同的方式来跟踪应用程序错误：①以错误结束的 Web 请求数量占所有 Web 请求数量的比例；②已记录的异常、应用程序中未处理和未记录的错误的数量；③所有已被抛出的异常的数量。在应用程序中，系统可能会抛出并忽略数千个异常。然而这些隐藏的应用程序异常通常会导致很多性能问题。

3. 请求率

管理员是否了解应用程序获得的流量情况会影响应用程序的成功与否。请求率（Request）的增加或减少或多或少都会影响其他各项性能指标。请求率可以与其他应用程序性能指标相关联，以了解应用程序扩展的动态。

监控请求率也可以很好地观察流量峰值和一些不活动的 API。如果用户有一个请求量很大的 API 突然没有了请求率，那么这应该是一件值得注意的事情。

4. 应用可用性

监控和测量应用程序是否在线并且可用（应用可用性）也是评估应用程序性能的关键指标。大多数公司使用该指标来衡量服务级别协议（SLA）的正常运行时间。若有 Web 应用程序，则通过简单的定时 HTTP 检查小程序来监视应用程序可用性是最简单的方法，该 HTTP 检查小程序可以每分钟为用户运行一次 ping 检查，可以用于监视响应时间、状态代码，也可以用于查找页面上的特定内容。

5. 垃圾回收

如果应用程序是用.NET、C#或其他 GC 编程语言编写的，那么要提前意识到可能会产生的性能问题。在垃圾回收发生时，进程可能会被挂起并占用很多 CPU。垃圾回收指标虽然不是评估应用程序关键性能的首选项，但是这可能是一个隐藏的需要关注的性能问题。

4.3　内存调优

数据库管理系统对内存的需求较大，因此合理地配置和使用内存非常重要，尤其是在一个内存比较小的机器上，内存配置不当会降低系统性能，严重时会导致数据库无法启动。DM8 将内存的使用分成共享内存池、系统缓冲区、字典缓存区等部分的使用。

4.3.1　共享内存池

共享内存池提供了一组内存申请/释放接口，为系统中需要动态分配内存的模块提供服务。查看决定共享内存池大小的参数，SQL 语句如下。

```
SQL>SELECT para_name,para_valuefrom V$DM_INI where para_name like  '%MEM%POOL%';
行号      PARA_NAME          PARA_VALUE
---------- -------------- -------------------- ----------------------
1         MEMORY_POOL        75
2         MEMORY_BAK_POOL    4
3         MEMORY_N_POOLS     1
```

MEMORY_POOL 决定了以 MB 为单位的共享内存池的大小，在上例中为 75MB；MEMORY_BAK_POOL 表示系统保留的备用内存量，当常规的内存申请都失败时，从这个备用内存里分配内存，然后在上层模块中进行必要的容错处理；MEMORY_N_POOLS 决定把内存池划分为几个独立的单元，以减少并发访问的冲突，提升并发效率。

4.3.2　BUFFER 缓冲区调优

为了加速数据访问，系统开辟了一个缓冲区，使用 LRU 算法存放经常访问的数据页，逐步淘汰不用的数据页。

查看可配置系统缓冲区大小的参数，SQL 语句如下。

```
SQL>SELECT para_name,para_value FROM V$DM_INI  where para_name like '%BUFFER%';
行号    PARA_NAME              PARA_VALUE
---------- ------------------ -------------------- ----------------------
1       HUGE_BUFFER            80
2       HUGE_BUFFER_POOLS      4
3       BUFFER                 629
4       BUFFER_POOLS           19
5       BUFFER_FAST_RELEASE    1
6       MAX_BUFFER             629
```

其中 HUGE_BUFFER 是专门用于 HFS 的缓冲区，BUFFER 表示初始的系统缓冲区大小，单位为 MB。HUGE_BUFFER 与 BUFFER 不能共用内存，它们是完全独立的。通常情况下，若物理数据量大于物理内存，则应该把 BUFFER 缓冲区的大小调到物理内存的 2/3。

当 BUFFER_POOLS = 1 时，系统支持缓冲区的自动扩展。MAX_BUFFER 表示缓冲区最多能扩展到多大。在自动扩展后，如果系统的压力在一段时间内比较低，那么系统又会自动收缩缓冲区。

缓冲是一个共享资源，受一个互反锁（Mutex）的保护，在一个时间点只允许一个线程持有这个资源。在高并发情况下，这个限制将极大地降低并发效率，因此，可以配置 BUFFER_POOLS，把一个大的系统缓冲区分割为多个小的部分，将每个小的部分作为临界资源，只要访问的数据页不在同一个子池里，就不会发生冲突，从而提升并发性能。注意，若配置了 BUFFER_POOLS > 1，则 MAX_BUFFER 参数就会失效。在监控缓冲池时，查询当前缓冲池汇总的 SQL 语句如下。

```
SQL>SELECT name, n_pages, n_fixed, free, n_dirty, n_clear FROM V$BUFFERPOOL;
```

对于数据缓冲区的优化，总结了以下的几点建议。

- 在内存、CPU 资源都充足的情况下，尽量将数据缓冲区配置得大一些，防止在业务峰值时数据缓冲区不足。
- 尽量使用多缓冲，如使用 KEEP_POOL、FAST_POOL 之类的缓冲池，虽然使用多缓冲会加大 DBA 的工作量，但还是值得的。
- 无论如何配置，都要避免操作系统产生换页。
- 加大数据缓冲区可以减轻 I/O 的负载，但同时可能会消耗更多的 CPU 资源。如果出现 I/O 问题，除了查看数据缓冲区的命中率，还应该查看 DM8 性能监控工具里的系统 I/O、LATCH 等信息，从而进行综合判断。

4.3.3 SQL 缓存区调优

使用 DM8 的缓存机制可以避免系统进行重复工作，例如，对于非常耗时的 SQL 语句解析，使用 DM8 的缓存机制可以极大地提升系统性能。系统的缓存区大小用 CACHE_POOL_SIZE 来设置，使用方式如下。

```
SQL>SELECT * FROM V$PARAMETER where name = 'CACHE_POOL_SIZE';
```

1. 计划缓存

如果应用程序对 SQL 语句都是先准备，再绑定参数，然后反复执行，那么就不需要计划缓存了。在这样的理想模式下，每种 SQL 语句都使用不同的语句句柄，并在应用程序启动后不久就进行了准备，在执行 SQL 语句时使用相应的语句句柄，并给定不同的参数。但是这个理想模式要求应用程序有良好的应用设计，以及有限或很少的 SQL 语句形式，限制太多。因此，系统提供了计划缓存机制。

系统参数 USE_PLN_POOL 用于控制计划缓存的开启，当 USE_PLN_POOL = 0 时，禁止计划缓存，使用方式如下。

```
SQL>SELECT * FROM sys.V$PARAMETER where name like '%USE_PLN_POOL%';
```

（1）精确匹配。

当 USE_PLN_POOL = 1 时，SQL 语句需要完全匹配才能使用计划缓存。例如，对于语句“SELECT * FROM t1 where id = 1;”和“SELECT * FROM t1 where id = 2;”，虽然这两个语句很相似，其计划也基本一致，但是因为常量不同，不能重用计划，因此使用精确匹配会造成大量类似或重复的计划。虽然精确匹配存在以上缺点，但是在有些情况下，会配合绑定参数使用。

精确匹配一般应该使用在语句非常复杂、查询很耗时的分析型场合中。在这类场合中，语句中常量取值的不同对计划的影响很大。

（2）模糊匹配。

与精确匹配相对应，当 USE_PLN_POOL = 2 时，使用模糊匹配。系统首先试图进行精确匹配，若没有找到合适的计划，则需要做语法分析，把常量提取出来，把语句转换为参数的形式，再从计划缓存中查找合适的计划。若找到合适的计划，则提取该计划运行，否则就需要做关系变换和代价分析，并把新生成的计划放入缓存中。模糊匹配有一个弱点，即对于同类语句的第一次计划，若后续语句都按这个计划执行，则索引范围检索有可能会发生效率问题。

若发生了效率问题，或者收集了新的统计信息，则需要把计划清除，共有两种清除办法，即重启服务器或执行以下存储过程。

```
SQL>sp_clear_plan_cache;
```

2. 私有缓存

计划缓存是一个公用资源，但是考虑到模式限制等，不同用户之间不能共享缓存中的计划，例如，A、B 用户各自创建了一个表 t1，在他们各自的 SQL 语句中，对 t1 的引用其实是对不同表的引用。

注意，只有用相同用户名的不同会话才能共享 A、B 用户的计划。另外，作为公用资源，在检测是否有可用计划时，计划缓存需要进入临界区，在高并发的情况下，这也是一个冲突代价。因此，可以配置私有缓存，把最近用到的计划缓存在会话的私有空间里。

私有缓存计划的个数用以下参数配置。

```
SQL>SELECT * FROM sys.V$PARAMETER where name = 'SESS_PLN_NUM';
```

3. 结果集缓存

除了计划缓存，还可以配置结果集缓存，以加快一些重复查询的响应速度。结果集缓存分为服务器端缓存和客户端缓存。

（1）服务器端缓存。

开启服务器端缓存，需要设置以下参数。

```
SQL>SELECT para_name,para_value FROM V$DM_INI where para_name in ('USE_PLN_POOL',
'RS_CAN_CACHE', 'BUILD_FORWARD_RS', 'RESULT_SET_LIMIT', 'SESSION_RESULT_SET_LIMIT');
行号        PARA_NAME                     PARA_VALUE
---------- ---------------------- -------------------- -------------------------
1           USE_PLN_POOL                  1
2           RS_CAN_CACHE                  0
3           RESULT_SET_LIMIT              10000
4           SESSION_RESULT_SET_LIMIT      10000
```

```
5          BUILD_FORWARD_RS          0
```

各参数的说明如下。

当 USE_PLN_POOL = 1 或 USE_PLN_POOL = 2 时，若要使用服务器端结果集缓存，则必须要先开启计划缓存。

当 RS_CAN_CACHE = 1 时，开启结果集缓存。

RESULT_SET_LIMIT 表示总的可缓存的结果集数目上限。

SESS_RESULT_SET_LIMIT 用于限制单个会话能缓存的结果集数量，值为 0 表示不限制。

BUILD_FORWARD_RS 表示对只向前推进的游标也产生结果集合。对于 DISQL 工具而言，该参数设置了 FORWARD_ONLY 游标属性，一般不产生结果集。

（2）客户端缓存。

对于某些特殊的表和查询，可以启用客户端缓存，以达到更高的系统性能。但是当客户端缓存与服务器端缓存不同时，系统通过定时查看的方式检查缓存的有效性，并不能严格保证 ACID 特性。因此若需要开启客户端缓存，则必须了解清楚所缓存的表的更新策略。

（3）服务器端配置。

需要在服务器端配置哪些查询的结果可以在客户端缓存，通过系统级参数 CLT_CACHE_TABLES 来设置。该参数值为字符串类型，指定的表名必须带有模式名的前缀，指定的表名为多个时，用逗号分隔。

参数 FIRST_ROWS 表示当查询的结果达到该行数时，就返回结果，不再继续查询，除非用户向服务器发起一个 fetch 命令。这个参数也用于对客户端缓存的配置，当且仅当结果集的行数不超过 FIRST_ROWS 时，该结果集才可能被客户端缓存。参数的查询方式如下。

```
SQL>SELECT para_name,para_value FROM V$DM_INI where para_name in ( 'CLT_CACHE_TABLES',
'FIRST_ROWS');
行号        PARA_NAME             PARA_VALUE
---------- ---------------- -------------------- -----------------------
1           FIRST_ROWS            100
2           CLT_CACHE_TABLES      NULL
```

（4）客户端配置。

进行客户端配置需要使用客户端配置文件，该文件名为 dm_svc.conf。对于 Windows 系统，该文件需要放在系统目录，如 C:\windows\system32 路径下；对于 Linux 系统，则需要放在/etc 路径下。

在 dm_svc.conf 中，配置下列 3 个参数。

- ENABLE_RS_CACHE = (1) 表示启用缓存。
- RS_CACHE_SIZE = (100) 表示缓存区的大小为 100MB，可配置为 1～65535。
- RS_REFRESH_FREQ = (30) 表示每隔 30 秒检查一次缓存的有效性，若失效，则自动重查；取值为 0 则表示不检查。

4.3.4　字典缓存区调优

数据字典缓存区保留了最近使用的数据库对象的描述信息。当系统使用一个对象时，如果在字典缓存区中没有找到相应的对象，那么就需要读数据字典表，创建一个内存对象，并将其放入字典缓存区。系统使用 LRU 算法，逐步淘汰不使用的对象。字典缓存区的大小由 DICT_BUF_SIZE 决定，单位为 MB。SQL 语句如下。

```
SQL>SELECT * FROM V$PARAMETER   where name like '%DICT%';
行号   ID   NAME              TYPE       VALUE   SYS_VALUE   FILE_VALUE   DESCRIPTION
---------- ---------- --------------------- --------- ----- --------- --------- ------------- -------------- ---------------
1     54   DICT_BUF_SIZE     IN FILE    5        5            5            DICT BUFFER SIZE
```

可通过视图 V$DICT_CACHE 查看字典缓存区的使用情况，在下面的例子中，字典缓存区的大小为 5MB，目前已使用 94KB，字典缓存区中共有 50 个对象。

```
SQL>SELECT * FROM V$DICT_CACHE;
行号   ADDR                 POOL_ID   TOTAL_SIZE    USED_SIZE   DICT_NUM
---------- --------------- ----------- ---------- ----------- --------------- ----------------- -----------------
1      0x0x7f6a734217c0     0         5242880       94385       50
```

可通过视图 V$DICT_CACHE_ITEM 查询缓存区中有哪些对象，SQL 语句如下。

```
SQL>SELECT top 5 type, id, name, schid FROM V$DICT_CACHE_ITEM;
行号       TYPE              ID            NAME                              SCHID
---------- ------------ ----------- ------------------------ ----------------- ------------------ -------------------
1          USER              50331649      SYSDBA                            0
2          SYS PRIVILEGE     -1            NULL                              50331649
3          USER              50331648      SYS                               0
4          SYNOM             268436501     V$DICT_CACHE_ITEM                 0
5          INDEX             33554774      SYSINDEXV$DICT_CACHE_ITEM         150994944
```

4.3.5　其他缓冲区调优

1．操作符相关

修改下列参数将影响 SQL 执行引擎在执行部分操作符时对内存的使用量。

```
SQL>SELECT para_name,para_value FROM V$DM_INI;
  where para_name in ('SORT_BUF_SIZE',
                      'HAGR_HASH_SIZE',
                      'JOIN_HASH_SIZE',
                      'HJ_BUF_GLOBAL_SIZE',
                      ' HJ_BUF_SIZE',
                      'MTAB_MEM_SIZE');
```

```
行号      PARA_NAME              PARA_VALUE
---------- ----------------- ------------ -------------------------
1         SORT_BUF_SIZE          37
2         HAGR_HASH_SIZE         100000
3         HJ_BUF_GLOBAL_SIZE     500
4         MTAB_MEM_SIZE          8
5         JOIN_HASH_SIZE         500000
```

各参数的说明如下。

- SORT_BUF_SIZE 表示单次排序操作使用的内存量，单位为 MB，没有总量的控制。
- HGAR_HASH_SIZE 表示做 HASH 分组计算时使用的 HASH 表的桶数。
- HJ_BUF_GLOBAL_SIZE 已经在查询部分做过介绍，是整个系统做 HASH 连接的内存使用量上限，单位为 MB。
- MTAB_MEM_SIZE 表示中间数据表（MTAB）使用内存的上限，单位为 KB。
- JOIN_HASH_SIZE 表示做 HASH 连接时使用的 HASH 表的桶数。

2. 线程与虚拟机相关

修改下列参数将影响 SQL 执行引擎在执行部分操作符时对内存的使用量。

```
SQL>SELECT para_name,para_value FROM V$DM_INI
   where para_name in ('VM_STACK_SIZE',
                       'VM_POOL_SIZE',
                       'WORK_THRD_STACK_SIZE');
行号      PARA_NAME                  PARA_VALUE
---------- ------------------- ------------ ------------- --------------
1         VM_STACK_SIZE              256
2         VM_POOL_SIZE               64
3         WORK_THRD_STACK_SIZE       8192
```

各参数的说明如下。

- VM_STACK_SIZE 表示在 SQL 执行引擎中，每个虚拟机堆栈的项数，单位为 1024。
- VM_POOL_SIZE 表示每个虚拟机在执行时所创建的私有内存池（VPOOL）的初始空间大小，单位为 KB。如果超过该值，系统将从共享内存池中申请内存。该值过小将影响系统性能。
- WORK_THRD_STACK_SIZE 表示每个线程的堆栈大小。绝大部分线程的堆栈大小由该参数决定，单位为 KB。如果该值过小，将导致系统崩溃。

第5章 DM8 I/O优化

I/O 操作贯穿于数据库管理的全过程。在对数据库对象进行创建、修改和删除操作时，会操作相关的数据文件、控制文件和日志文件；在对数据进行增加、删除、修改、查询操作时，也将频繁地读写数据文件、日志文件。因此，如何在一个数据库操作中尽量少地进行 I/O 操作成为性能优化必须考虑的一个重要问题。本章从大表分区、索引优化和数据库空间碎片整理技术等方面探讨了 DM8 通过优化存储改善 I/O 性能的方式。

5.1 DM8 I/O 性能优化概述

5.1.1 I/O 性能相关概念

I/O 即 Input/Output，对于数据库系统来说就是对磁盘的读写过程。磁盘用于存取数据，因此当提到 I/O 操作时，就会存在两种相对应的操作，数据存储操作即写操作（Input），数据读取操作即读操作（Output）。

1. 单个 I/O 操作

当控制磁盘的控制器接到操作系统的读操作指令时，控制器就会给磁盘发出一个读数据的指令，并同时将要读取的数据块的地址传递给磁盘，然后磁盘会将读取到的数据传递给控制器，并由控制器返回给操作系统，完成一个读操作；同样地，写操作也类似，控制器接到写操作的指令和要写入的数据，并将其传递给磁盘，磁盘在数据写入完成之后将操作结果传递回控制器，再由控制器返回给操作系统，完成一个写操作。单个 I/O 操作指的就是完成一个写 I/O 或读 I/O 的操作。

2. 随机访问（Random Access）与连续访问（Sequential Access）

随机访问指的是本次 I/O 给出的扇区地址和上次 I/O 给出的扇区地址相差比较大，这样的话磁头在两次I/O操作之间需要做比较大的移动动作才能重新开始读/写数据。相反地，如果本次I/O给出的扇区地址与上次I/O结束的扇区地址一致或是接近的话，那磁头就能很快地开始这次I/O操作，这样的多个I/O操作称为连续访问。因此虽然相邻的两次I/O操作是在同一时刻发出的，但是如果它们请求的扇区地址相差很大的话也只能称为随机访问，而非连续访问。

3．顺序I/O模式（Queue Mode）与并发I/O模式（Burst Mode）

磁盘控制器可能会一次对磁盘组发出一连串的I/O命令，当磁盘组一次只能执行一个I/O命令时，称为顺序I/O；当磁盘组能同时执行多个I/O命令时，称为并发I/O。并发I/O只能发生在由多个磁盘组成的磁盘组上，单块磁盘只能一次处理一个I/O命令。

4．单个I/O的大小（I/O Chunk Size）

在DM8中，数据存储的基本单元是页，默认情况下页的大小为8KB，也就是说数据库每次读写都是以8KB为单位的。那么数据库应用发出的固定8KB大小的单次读写在写磁盘层面会如何表现，即对于读写磁盘来说单个I/O操作的数据大小是否也是一个固定值？

答案是不确定。首先操作系统为了提高I/O的性能而引入了文件系统缓存（File System Cache），系统会根据请求数据的情况将多个来自I/O的请求存放在缓存里，然后再一次性提交给磁盘，也就是说，对于数据库发出的多个8KB数据块的读操作有可能会放在一个磁盘读I/O里处理。

有些存储系统也提供了缓存（Cache），接收到操作系统的I/O请求之后也会将多个操作系统的I/O请求合并成一个来处理。无论是操作系统层面的缓存还是磁盘控制器层面的缓存，目的都只有一个，就是提高数据读写的效率。因此每次单独的I/O操作大小都是不一样的，它主要取决于系统对于数据读写效率的判断。

一次I/O操作的数据量比较小（如1KB、4KB、8KB等）的操作被称为小I/O操作；一次I/O操作的数据量比较大（如32KB、64KB甚至更大）的操作被称为大I/O操作。对于DM8来说，其最小的数据存储单元称为页，默认为8KB。

5．每秒I/O数（I/O Per Second，IOPS）

IOPS表示I/O系统每秒执行I/O操作的次数，是一个用来衡量系统I/O能力的一个重要的参数。一般来说，磁盘完成一个I/O操作包括寻址、读/写和传送3个过程，因此，每次I/O操作消耗的时间可以表示为

I/O Time = Seek Time + 60s/Rotational Speed/2 + (I/O Chunk Size)/Transfer Rate

则IOPS可以表示为

IOPS = 1/(I/O Time)

= 1/[Seek Time + 60s/Rotational Speed/2 +(I/O Chunk Size)/Transfer Rate]

其中，Seek Time表示磁盘寻道时间，Rotational Speed表示磁盘旋转速度，I/O Chunk Size表示磁盘区块的大小，Transfer Rate表示磁盘传输速度。

因此，可以计算出不同页大小对应的IOPS，如表5-1所示。

表 5-1　不同页大小对应的 IOPS

页 大 小	单次 I/O 操作花费的时间（单位：ms）	对应的 IOPS
4KB	5ms+60s/15000RPM/2+4KB/40MB=5+2+0.1=7.1	1/7.1ms=140
8KB	5ms+60s/15000RPM/2+8KB/40MB=5+2+0.2=7.2	1/7.2ms=139
16KB	5ms+60s/15000RPM/2+16KB/40MB=5+2+0.4=7.4	1/7.4ms=135
32KB	5ms+60s/15000RPM/2+32KB/40MB=5+2+0.8=7.8	1/7.8ms=128
64KB	5ms+60s/15000RPM/2+64KB/40MB=5+2+1.6=8.6	1/8.6ms=116

从上面的数据可以看出，页大小越小，单次 I/O 操作花费的时间也越少，相应的 IOPS 也就越大。

6．传输速度（Transfer Rate）/吞吐率（Throughput）

传输速度也称为吞吐率，是磁盘在实际使用时从磁盘系统总线上流过的数据量。其计算公式如下。

Transfer Rate = IOPS×（I/O Chunk Size）

不同页大小对应的传输速度如表 5-2 所示。

表 5-2　不同页大小对应的传输速度

页 大 小	传输速度
4KB	140×4KB=560KB/40MB=1.36%
8KB	139×8KB=1112KB/40MB=2.71%
16KB	135×16KB=2160KB/40MB=5.27%
32KB	116×32KB=3712KB/40MB=9.06%

可以看出传输速度实际上是很小的，对总线的利用率也是非常小的。

7．I/O 响应时间（I/O Response Time）

I/O 响应时间也被称为 I/O 延时（I/O Latency），I/O 响应时间就是从操作系统内核发出一个读或者写的 I/O 命令到操作系统内核接收到 I/O 回应的时间。其与单个 I/O 时间不同，单个 I/O 时间仅仅指的是 I/O 操作在磁盘内部处理的时间，而 I/O 响应时间还要包括 I/O 操作在 I/O 等待队列中花费的等待时间。

一般来说，随着系统实际 IOPS 逐渐接近理论的最大值，I/O 的响应时间会呈非线性的增长趋势，且系统实际 IOPS 越接近最大值，I/O 的响应时间就越大，而且会超出预期很多。通常在实际的应用中有一个 70%的指导值，也就是说在 I/O 读写的队列中，当队列大小小于最大 IOPS 的 70%的时候，I/O 的响应时间的增加会很小，相对来说比较容易被开发者接受，一旦最大 IOPS 超过 70%，I/O 的响应时间就会暴增，因此当一个系统的 I/O 压力超出最大可承受压力的 70%的时候就必须要考虑调整或升级了。

5.1.2　影响 I/O 性能的主要因素

影响 DM8 I/O 性能的因素有很多，大体可以归纳为存储性能瓶颈、磁盘性能瓶颈、内存参数配置不合理、SQL 语句设计不合理等情况。

存储性能瓶颈主要体现为控制器不足、缓存偏小，缓存设置不合理、I/O 通道容量不足；存在热点数据突然飙升、表空间碎片严重、表和索引的存储参数不合理，以及行迁移严重等情况。

磁盘性能瓶颈主要体现为磁盘数量过少、使用了速度比较低的磁盘、RAID 模式不合理等。

内存参数配置不合理主要体现为数据库各种缓冲区设置不合理、缓冲命中率过低、PGA 的各种缓存设置过小等。

SQL 语句设计不合理主要体现为存在大量大表扫描的 SQL、SQL 执行选择了不好的执行计划等。

5.1.3 I/O 优化的主要措施

I/O 优化通常可以从优化 I/O 读取和避免 I/O 争用两个方面来进行。

1．优化 I/O 读取

在数据库级别优化对象 I/O 的常用方法如下。

- 在选择列上创建索引。如果从索引上读取数据所消耗的 I/O 数比从表中读取的少，那么可以考虑使用此方法。
- 重建索引。主要针对碎片较多、索引层数较高、CLUSTER 因子较大的索引。重建时建议将索引的 FILLFACTOR 参数设置为 100，这样一个索引页中就可以保存更多的数据行信息。
- 删除索引。这个操作主要针对无效索引。过多的无效索引不仅容易引起 CBO 优化器选择错误，从而导致执行计划变差，而且会降低 DML 操作效率。
- 重组表。重组表针对的是碎片严重、行迁移和行链接较严重的表。表在重组之后，DM8 的一次 I/O 操作可以读取更多的数据。
- 将大表变成小表。如迁移历史数据并重组表格，由于 SQL 的 WHERE 条件过滤性不佳，导致执行计划只能选择全表扫描。随着时间的推移，当表中的数据越来越多时，全表扫描的代价可能会越来越高，从而导致数据库运行越来越慢。
- 压缩表。灵活使用数据压缩存储技术，可以大幅度缩减处理大量数据时的 I/O 批次。
- 以内存换取 I/O。如果内存足够，可以对小的“热”表执行 KEEP BUFFER CACHE 处理。“热”表指频繁使用的表。
- 将表设置为 NOLOGGING 模式。NOLOGGING 模式能有效地加快数据处理速度。但需要注意的是，因为 NOLOGGING 模式的操作记录不会完全记录在 REDOLOG 中，所以并不能用物理的备份恢复技术来恢复 NOLOGGING 的数据（除非将数据库级别或者表所在表空间设置为 FORCE LOGGING 模式）。
- 对于值不断增加的表（如日志表），因为这些表很少更新，所以最好设置一个非常低的 PCTFREE（甚至可以为 0），从而节省存储空间。

2. 避免 I/O 争用

以下为在数据库级别避免 I/O 争用的常用技术。

- 分散热块中的数据。最常见的优化手段是使用 HASH 分区、HASH CLUSTERTABLE、反转键索引，减小表的 FILLFACTOR 参数。
- 使用 BLOCK SIZE 较小的数据块，如 4KB。

5.2 大表分区技术

在大型的企业应用或企业级的数据库应用中，要处理的数据量通常会达到 TB 级，这样的大型表在执行全表扫描或者 DML 操作时，效率是非常低的。

为了提高数据库在进行大数据量读写操作和查询时的效率，DM8 提供了对表和索引进行分区的技术，把表和索引等数据库对象中的数据分割成小的单位，分别存放在一个个单独的段中，将用户对表的访问转化为对较小段的访问，以改善大型应用系统的性能。

DM8 提供了水平分区方式。水平分区包括范围、哈希和列表 3 种方式，企业可以使用合适的分区方法，如日期（范围）、区域（列表），对大量数据进行分区。因为 DM8 划分的分区是相互独立且可以存储于不同的存储介质上的，所以可完全满足企业高可用性、均衡 I/O、降低维护成本、提高查询性能的要求。

5.2.1 分区的概念

分区是一种管理大型数据库的重要工具，大表分区通过“分而治之”的思想，将大表和索引切分成了可以管理的小块，从而避免了把每个表当作一个大的、单独的对象进行管理，为数据操作提供了可伸缩性。同时，将分区分配给更小的存储单元，也减少了进行管理操作需要的时间，并通过增强的并行处理提高了数据库性能，另外，通过屏蔽故障数据的分区增强了数据整体可用性。表分区的结构如图 5-1 所示。

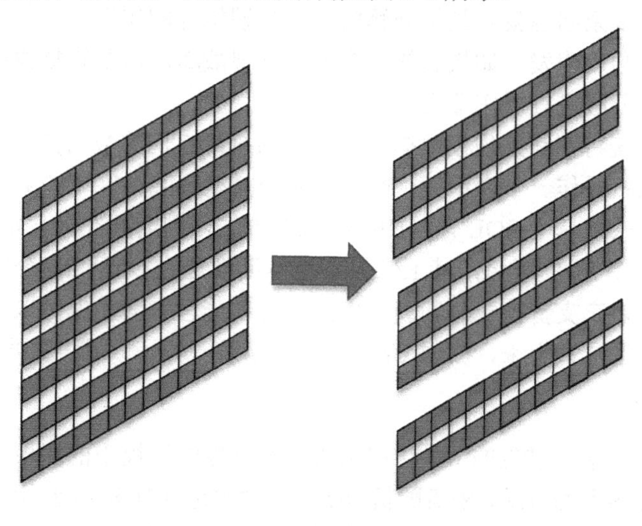

图 5-1　表分区的结构

DM8 支持对大表进行水平分区。例如，通信公司将用户通话记录保存在一张表中，一年内这个表共产生了 40GB 的数据。假设要按照季度对用户的通话信息进行统计，那么这样的统计需要在全表范围内进行。如果对表按季度进行水平分区，那么每个分区的大小平均为 10GB 左右，这样在进行统计时，只需要在 10GB 的范围内进行即可。

DM8 采用子表方式创建分区表，分区表作为分区主表，而每个分区以一个子表实体的形式存在，即每个分区都是一个完整的表，一般命名为"主表名_分区名"。对于水平分区，子表跟主表具有相同的逻辑结构，即分区子表与分区主表有相同的列定义和约束定义。在 DM 分区表中，主表本身不存储数据，所有数据只存储在子表中，从而实现不同分区的完全独立性。删除水平分区子表后，子表上的数据会同时删除。

由于每个分区都以一个子表实体的形式存在，不同分区可以存储于相同表空间中，也可以存储于不同表空间中。将这些分区放在不同的表空间中具有以下好处。

1. 可用性增强

将大表进行分区存储，各分区具有存储区域上的独立性。如果表的某个分区出现问题，如该分区对应的数据文件不可用，那么错误可能就会仅限于该分区，其他分区不一定会受牵连。由于使用的是分区的段分离机制，在表的分区段上出现问题后，如果优化器不涉及损坏分区的数据，那么它指定的 SQL 查询计划就不会引用这个分区，而是跳过它，进而也就能成功执行 SQL 操作了。对于用户来说，他们甚至不知道表中的部分数据已经出现问题。对于系统管理员来说，出现错误的概率减少了，恢复操作需要的工作量也减少了。

2. 维护上简化

和大表操作相比，数据库对小表进行操作会容易一些，占用的资源也更少。例如，对一个大小为 50GB 的表进行位置前移操作可能需要几个小时，而且在操作期间会造成系统负载提高。若将其分为 10 个 5GB 左右的小表，则每个分区可以独立完成，不仅缩短了单位时间，而且也能缓解系统的压力。而且，如果迁移操作分阶段完成，而在迁移期间出现了宕机的情况，那么换个时间再继续进行迁移操作是可行的，不需要重新开始这个数小时的流程。这样，对复杂问题就起到了分解问题、分解执行的作用。

从系统维护的角度出发，如果表的某个分区出现故障，需要修复数据或重载数据，那么只需要针对故障分区进行操作即可。

此外，很多系统特别是大规模数据仓库类的系统，它们的数据具有时效性、区域性。假设系统只需要联机操作一个表中某个时段、某个类型或某个区域的数据，其他数据可以脱机浏览，若这时采用基于 SQL 语句的数据维护方法，则需要在加载数据时插入 SQL 语句，卸载数据时删除 SQL 语句，其工作效率是不可接受的。而 DM 分区表具有可灵活进行分区操作的特性，它支持挂载、卸载、切割和合并分区。因此就可以把不需要的分区卸载掉，把需要的分区挂载上来，就像 Unix 的文件系统一样——用之则挂载、不用则卸载。

3. 均衡 I/O

在数据库类应用中，磁盘的 I/O 访问历来是系统性能短板中的短板，其瓶颈可能体现在多进程中对磁盘热点的争用、磁盘随机 I/O 访问时磁道转换和寻址中的 I/O 延迟等方面。在表的分区中，可以通过数据物理分布的离散化来减少单磁盘的 I/O 竞争，提高应用的并发执行效率。而且，在并行 SQL 的支持下，它还可以利用多磁盘的并发访问提升 I/O 速度。

因此，通过表分区技术，把表的不同分区映射到多磁盘区域，可以达到 I/O 均衡的目的，可以改善整个系统的并发性能和局部操作性能。

4. 改善 SQL 性能

在对分区对象进行查询时可以仅搜索自己关心的分区，提高检索速度。分区操作对现存的应用和运行在分区表上的标准 DML 语句来说是透明的。但是，可以通过在 DML 中使用分区子表的名字来对应用进行编程，使其充分利用分区的优点。

5.2.2　分区的方法

DM8 支持对表进行水平分区。主要包括范围水平分区、间隔水平分区、列表水平分区、哈希水平分区和多级分区等方式，并且可以在各种分区上建立索引。

1. 范围（Range）水平分区

对表中的某些列上值的范围进行分区，根据某个值的范围，决定将该数据存储在哪个分区上。它以数据表中某个字段值或者多个字段值的范围进行分区，其分区字段值特别适用于按时间周期存储数据，如日、周、月、年等。当以时间为分区字段时，DM8 还推出了间隔分区技术，可以根据用户指定的时间间隔，在新的时间周期到来时，自动创建新的间隔分区，从而减轻了 DBA 的维护工作量，提高了系统的灵活性。但由于不同值区间的数据量分布不均衡，可能造成有的区间的数据记录较多，而有的区间的数据记录较少。

在创建范围水平分区表时，首先要指定分区列，即按照哪些列进行分区，其次为每个分区指定数据范围。范围水平分区支持 MAXVALUE 范围值的使用，MAXVALUE 相当于一个比任何值都大的值。范围水平分区非常适用于数据按时间范围组织的表，不同时间段的数据属于不同的分区。

【例 5-1】创建一个范围水平分区表 callinfo，用来记录用户在 2010 年的电话通信信息，包括主叫号码（caller）、被叫号码（callee）、通话时间（calltime）和通话时长（duration），并且根据季度进行分区，SQL 语句如下。

```
SQL> CREATE  TABLE  callinfo(
  caller  CHAR(15),
  callee  CHAR(15),
  calltime  DATETIME,
  duration INT
)
  PARTITION BY RANGE(calltime)(
  PARTITION p1 VALUES LESS THAN ('2010-04-01'),
  PARTITION p2 VALUES LESS THAN ('2010-07-01'),
  PARTITION p3 VALUES LESS THAN ('2010-10-01'),
  PARTITION p4 VALUES EQU OR LESS THAN ('2010-12-31')
);
```

运行结果如下。

```
  2  3  4  5  6  7  8  9  10  11  12  警告: 范围分区未包含MAXVALUE,可能无法定
位到分区
  操作已执行
  已用时间: 204.469(毫秒). 执行号:6.
```

值得注意的是，MAXVALUE 之间无法比较大小，因此，当一个分区表语句中存在多个 MAXVALUE 时，会导致建表失败。

【例 5-2】试创建分区表 callinfo2，分别以 caller 和 callee 字段作为分区字段，SQL 语句如下。

```
SQL> CREATE TABLE callinfo2(
  caller   CHAR(15),
  callee   CHAR(15),
  calltime   DATETIME,
  duration INT
)
PARTITION BY RANGE(caller, callee)
(
  PARTITION p1 VALUES LESS THAN ('a', 'b'),
  PARTITION p2 VALUES LESS THAN (MAXVALUE, 'd'),
  PARTITION p3 VALUES LESS THAN (MAXVALUE,MAXVALUE)
);
```

运行结果如下。

```
2  3  4  5  6  7  8  9  10  11  12
CREATE TABLE callinfo2(
  caller   CHAR(15),
  callee   CHAR(15),
  calltime   DATETIME,
  duration INT
)
PARTITION BY RANGE(caller, callee)
 (
 PARTITION p1 VALUES LESS THAN ('a', 'b'),
 PARTITION p2 VALUES LESS THAN (MAXVALUE, 'd'),
 PARTITION p3 VALUES LESS THAN (MAXVALUE,MAXVALUE)
  );
第12行附近出现错误[-2730]:范围分区值非递增.
已用时间: 0.319(毫秒). 执行号:0.
```

在创建分区表时，首先通过“PARTITION BY RANGE”子句指定分区的类型为范围分区，其次在这个子句之后指定一个或多个列作为分区列，如 callinfo 的 calltime 字段。

表中的每个分区都可以通过“PARTITION”子句指定一个名称。每个分区都有一个范围，通过“VALUES LESS THAN”子句可以指定它的上界，而它的下界是前一个分区的上界，如分区 p2 的 calltime 字段的取值范围是['2010-04-01'，'2010-07-01']。若通过

“VALUES EQU OR LESS THAN”指定上界，则该分区包含上界值，如分区 p4 的 time 字段取值范围是［'2010-10-01'，'2010-12-31'］。另外，可以对每个分区指定 storage 子句，不同分区可存储在不同的表空间中。

如果分区表包含多个分区列，那么采用多列比较方式定位匹配分区。首先比较第一个分区列值，如果无法确定目标分区，那么继续比较后续分区列值，直到确定目标分区为止。多分区列匹配如表 5-3 所示。

表 5-3　多分区列匹配

插入记录	分区范围值		
	(10,10,10)	(20,20,20)	(30,30,30)
(5,100,200)	满足		
(10,10,11)		满足	
(31,1,1)	不满足	不满足	不满足

当在分区表中执行 DML 操作时，实际上是在各个分区子表上透明地修改数据。当执行 SELECT 命令时，可以指定查询某个分区上的数据。

【例 5-3】 查询 callinfo 表中分区 p1 的数据，SQL 语句如下。

```
SQL> SELECT * FROM callinfo PARTITION (p1);
未选定行

已用时间: 26.382(毫秒). 执行号:7.
```

2. 间隔（Interval）水平分区

在很多业务领域都需要按照时间进行分区，如收费系统、销售系统等，经常需要统计每天、每周、每月、每季度、每年等单位时间的业务情况，在 DM8 前期各版本中，由于没有间隔分区技术，数据库管理员需要提前一次性将未来一段时期的所有分区建好，或者每隔一段时间，再手工创建新分区，管理工作比较复杂。从 DM7 开始，新增了间隔分区技术，用户可指定时间间隔，例如，若按周进行分区，则 DM8 在新的一周到来时，自动创建新周的分区，免去了 DBA 创建分区的管理工作，为 DBA 提供了极大的便利。间隔分区是范围分区的扩展，当插入的数据超过了现有的所有分区时，数据库会按照指定的间隔自动创建分区。

【例 5-4】 创建一个产品销售记录表 sales_interval，记录产品的销量情况，并按照销售时间建立以月为单位的间隔分区，SQL 语句如下。

```
SQL> CREATE TABLE sales_interval(
  id NUMBER,
  saledate DATETIME,
  area_code NUMBER,
  nbr NUMBER,
  contents VARCHAR2(4000))
PARTITION BY RANGE(saledate)
INTERVAL(NUMTOYMINTERVAL(1, 'MONTH'))(
```

```
  PARTITION p_201911 VALUES LESS THAN(TO_DATE('2019-12-01', 'YYYY-MM-DD')),
  PARTITION p_202012 VALUES LESS THAN(TO_DATE('2020-01-01', 'YYYY-MM-DD'))
);
```

运行结果如下。

```
2   3   4   5   6   7   8   9   10   11   操作已执行
已用时间: 113.659(毫秒). 执行号:8.
```

【例 5-5】在销售记录表 sales_interval 中插入 1 万条数据，SQL 语句如下。

```
SQL> INSERT INTO sales_interval(
  id,
  saledate,
  area_code,
  nbr,
  contents
)
SELECT rownum,
  SYSDATE-360+TRUNC(DBMS_RANDOM.VALUE(0,365)),
  CEIL(DBMS_RANDOM.VALUE(591, 599)),
  CEIL(DBMS_RANDOM.VALUE(18900000001,18999999999)),
  RPAD('*',400,'*')
FROM dual
CONNECT BY ROWNUM<=10000;
```

运行结果如下。

```
2   3   4   5   6   7   8   9   10   11   12   13   14   影响行数 10000

已用时间: 00:00:01.342. 执行号:9.
```

【例 5-6】查看销售记录表 sales_interval 的分区情况，SQL 语句如下。

```
SQL> SELECT SEGMENT_NAME,
  PARTITION_NAME,
  SEGMENT_TYPE,
  BYTES,
  TABLESPACE_NAME
FROM USER_SEGMENTS
WHERE SEGMENT_NAME='sales_interval';
```

运行结果如下。

```
2   3   4   5   6   7
行号   SEGMENT_NAME      PARTITION_NAME   SEGMENT_TYPE   BYTES
       TABLESPACE_NAME
---------- -------------- -------------- --------------- -------------------- --------------- ----------------------
1      SALES_INTERVAL    P_201911         TABLE          PARTITION 262144
       MAIN
2      SALES_INTERVAL    P_202012         TABLE          PARTITION 262144
       MAIN
```

```
3     SALES_INTERVAL    SYS_P1335_1338    TABLE          PARTITION 786432
      MAIN
4     SALES_INTERVAL    SYS_P1335_1340    TABLE          PARTITION 786432
      MAIN
5     SALES_INTERVAL    SYS_P1335_1342    TABLE          PARTITION 655360
      MAIN
6     SALES_INTERVAL    SYS_P1335_1344    TABLE          PARTITION 786432
      MAIN
7     SALES_INTERVAL    SYS_P1335_1346    TABLE          PARTITION 786432
      MAIN
8     SALES_INTERVAL    SYS_P1335_1348    TABLE          PARTITION 786432
      MAIN
9     SALES_INTERVAL    SYS_P1335_1350    TABLE          PARTITION 655360
      MAIN
10    SALES_INTERVAL    SYS_P1335_1352    TABLE          PARTITION 786432
      MAIN
11    SALES_INTERVAL    SYS_P1335_1354    TABLE          PARTITION 786432
      MAIN
12    SALES_INTERVAL    SYS_P1335_1356    TABLE P        ARTITION 655360
      MAIN
13    SALES_INTERVAL    SYS_P1335_1358    TABLE          PARTITION 655360
      MAIN
14    SALES_INTERVAL    SYS_P1335_1360    TABLE          PARTITION 786432
      MAIN
15    SALES_INTERVAL    SYS_P1335_1362    TABLE          PARTITION 393216
      MAIN

15 rows got

已用时间: 182.796(毫秒). 执行号:24.
```

可以看出，当插入的数值超出初始的2个分区时，系统会自动根据插入数值的大小建立新的分区。

3. 列表（List）水平分区

范围水平分区适用于分区字段为数值型，且数量为无穷个的情况，因此，往往将分区字段内的值按一定范围进行区分。在现实生活中，还有一些字段的值是离散的、不连续的，例如，一个人的人员信息中有籍贯、民族、政治面貌、职务、职称等，这些字段的值用范围水平分区是不太合适的。因此，DM8提供了另一种分区方式——列表水平分区。

列表水平分区对分区字段的离散值进行分区，这些离散值是不排序的，而且分区之间没有关联关系，适合对数据离散值进行控制。列表水平分区只支持单个字段，它具有与范围水平分区相似的优缺点，如数据管理能力强，但分区的数据可能不均匀。

【例5-7】创建一个产品销售记录表sales，记录产品的销量情况。由于产品只在几个固定的城市销售，所以可以按照销售城市对该表进行分区，SQL 语句如下。

```
SQL> CREATE TABLE sales(
  sales_id INT,
  saleman CHAR(20),
  saledate DATETIME,
  city   CHAR(10)
)
PARTITION BY LIST(city)(
  PARTITION p1 VALUES ('北京', '天津'),
  PARTITION p2 VALUES ('上海', '南京', '杭州'),
  PARTITION p3 VALUES ('武汉', '长沙'),
  PARTITION p4 VALUES ('广州', '深圳')
);
```

运行结果如下。

```
2   3   4   5   6   7   8   9   10  11  12  警告: 列表分区未包含DEFAULT,可能无法定位到分区
操作已执行
已用时间: 114.952(毫秒). 执行号:25.
```

在创建列表水平分区时，通过“PARTITION BY LIST”子句对表进行列表水平分区，然后每个分区中分区列的取值通过 VALUES 子句指定。当用户向表中插入数据时，只要分区列的数据与 VALUES 子句指定的数据之一相等，该行数据便会写入相应的分区子表中。

一般来说，对于数字型或者日期型的数据，适合采用范围水平分区的方法；而对于可枚举的字符型数据，取值范围比较固定，如省份、区域等，则适合采用列表水平分区的方法。需要注意的是，列表水平分区的分区键必须唯一。

在很多情况下，用户无法预测某个列上的数据变化范围，因而无法实现创建固定数量的范围水平分区或列表水平分区。在这种情况下，DM8 提供了另一种分区方式——哈希水平分区。

4．哈希（Hash）水平分区

DM8 的哈希水平分区提供了一种在指定数量的分区中均等地划分数据的方法，基于分区键的散列值将行映射到分区中。当用户向表中写入数据时，数据库服务器将根据一个哈希函数对数据进行计算，把数据均匀地分布在各个分区中。在哈希水平分区中，用户无法预测数据将被写入哪个分区中。

现在重新考虑产品销售表的例子。若销售城市不是相对固定的，而是遍布全国各地的，则这时很难对表进行列表水平分区。若为该表进行哈希水平分区，则可以很好地解决这个问题。

【例 5-8】创建哈希水平分区表 sales01，要求分为 4 个区，数据存储由系统默认指定，SQL 语句如下。

```
SQL> CREATE TABLE sales01(
  sales_id INT,
```

```
    saleman CHAR(20),
    saledate DATETIME,
    city CHAR(10)
)
PARTITION BY HASH(city)(
    PARTITION p1,
    PARTITION p2,
    PARTITION p3,
    PARTITION p4
);
```

运行结果如下。

```
2    3    4    5    6    7    8    9    10   11   12   操作已执行
已用时间: 173.698(毫秒). 执行号:26.
```

如果不需要指定分区表名，那么可以通过指定哈希水平分区的个数来建立哈希水平分区表。

【例 5-9】创建哈希水平分区表 sales02，要求分为 4 个区，数据分别存储在 ts1、ts2、ts3、ts4 这 4 个表空间中，SQL 语句如下。

```
SQL> CREATE TABLE sales02(
    sales_id INT,
    saleman CHAR(20),
    saledate DATETIME,
    city CHAR(10)
)
PARTITION BY HASH(city)
PARTITIONS 4 STORE IN (ts1, ts2, ts3, ts4);
```

运行结果如下。

```
2    3    4    5    6    7    8    操作已执行
已用时间: 64.503(毫秒). 执行号:72.
```

PARTITIONS 后的数字表示哈希水平分区的分区数，STORE IN 子句中指定了哈希水平分区依次使用的表空间。使用这种方式建立的哈希水平分区表的分区名是匿名的，DM8 统一使用“DMHASHPART+分区号（从 0 开始）”作为分区名。

【例 5-10】查询哈希水平分区表 sales02 中第一个分区的数据，SQL 语句如下。

```
SQL> SELECT * FROM sales02 PARTITION (dmhashpart0);
未选定行

已用时间: 1.780(毫秒). 执行号:73.
```

DM8 的哈希水平分区是通过指定分区编号来均匀分布数据的一种分区类型，通过在 I/O 设备上进行散列分区，使得这些分区大小基本一致。它对数据表中的某个字段值进行哈希运算之后分区，自动将数据记录均匀地插入到指定分区，因此哈希水平分区各子表的数据分布比较均匀。这是哈希水平分区与范围水平分区和列表水平分区最大的区别。

5. 多级分区

当通过一种分区方式得到的数据表仍太大时，可按哈希水平分区、范围水平分区和列表水平分区 3 种分区方式进行任意组合，将表进行多次分区，称为多级分区。多级分区是指对分区后的表进行分区内的二次分区设置，如先按范围水平分区进行一级分区，然后再按照列表水平分区或其他分区进行二级分区，多级分区结构如图 5-2 所示。

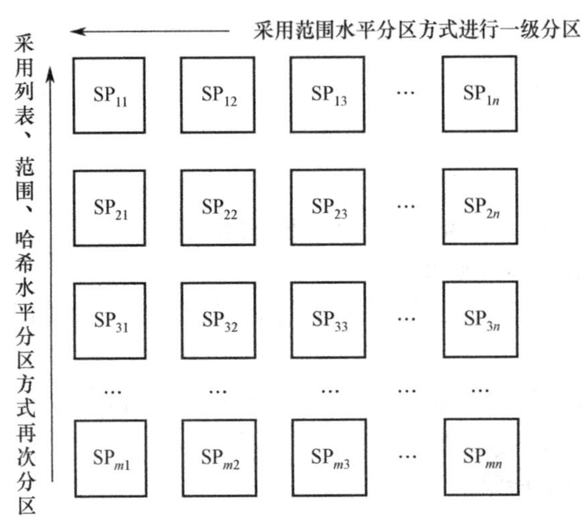

图 5-2　多级分区结构

在图 5-2 中，表被纵向分为若干个分区（*m* 个），同时在每个分区内，又进行了二次的再分区（SP_1，SP_2，…，SP_n，共计 *n* 个）。这样，表的整个分区数将是 $m \times n$ 个。

【例 5-11】 创建一个产品销售记录表 sales，记录产品的销量情况。由于产品需要按地点和销售时间进行统计，可以对该表进行列表—范围分区，SQL 语句如下。

```
SQL> DROP TABLE sales;
操作已执行
已用时间: 179.953(毫秒). 执行号:74.
SQL> CREATE TABLE sales(
  sales_id   INT,
  saleman CHAR(20),
  saledate DATETIME,
  city CHAR(10)
)
PARTITION BY LIST(city)
SUBPARTITION BY RANGE(saledate) SUBPARTITION template (
  SUBPARTITION p11 VALUES LESS THAN ('2012-04-01'),
  SUBPARTITION p12 VALUES LESS THAN ('2012-07-01'),
  SUBPARTITION p13 VALUES LESS THAN ('2012-10-01'),
  SUBPARTITION p14 VALUES EQU OR LESS THAN (MAXVALUE))
(
  PARTITION p1 VALUES ('北京', '天津')
  (
```

```
            SUBPARTITION p11_1 VALUES LESS THAN ('2012-10-01'),
            SUBPARTITION p11_2 VALUES EQU OR LESS THAN (MAXVALUE)
    ),
    PARTITION p2 VALUES ('上海', '南京', '杭州'),
    PARTITION p3 VALUES (DEFAULT)
);
```

运行结果如下。

```
    2   3   4   5   6   7   8   9   10  11  12  13  14  15  16  17  18  19  20  21  操作已
执行
    已用时间: 378.288(毫秒). 执行号:75.
```

在创建多级分区表时，指定了子分区模板，同时子分区 p1 自定义了子分区描述 p11_1 和 p11_2。p1 有两个子分区 p11_1 和 p11_2。而子分区 p2 和 p3 有 4 个子分区 p11、p12、p13 和 p14。

【例 5-12】 创建一个三级分区表，SQL 语句如下。更多级别的分区表的建表语句语法同理。

```
SQL> CREATE TABLE student(
   name VARCHAR(20),
   age INT, sex VARCHAR(10) CHECK (sex IN ('MAIL','FEMAIL')),
   grade INT CHECK (grade IN (7,8,9))
)
PARTITION BY LIST(grade)
  SUBPARTITION BY LIST(sex) SUBPARTITION template
  (
     SUBPARTITION q1 VALUES('MAIL'),
     SUBPARTITION q2 VALUES('FEMAIL')
  ),
  SUBPARTITION BY RANGE(AGE) SUBPARTITION template
  (
     SUBPARTITION r1 VALUES LESS THAN (12),
     SUBPARTITION r2 VALUES LESS THAN (15),
     SUBPARTITION r3 VALUES LESS THAN (MAXVALUE)
   )
  (
     PARTITION p1 VALUES (7),
     PARTITION p2 VALUES (8),
     PARTITION p3 VALUES (9)
);
```

运行结果如下。

```
    2   3   4   5   6   7   8   9   10  11  12  13  14  15  16  17  18  19  20  21  22  警
告: 列表分区未包含DEFAULT,可能无法定位到分区
    操作已执行
    已用时间: 335.062(毫秒). 执行号:76.
```

目前，DM8 数据库支持最多八层多级分区。

6．在水平分区表建立索引

DM8 支持对水平分区表建立普通索引、唯一索引、聚集索引和函数索引。若创建索引时未指定 GLOBAL 关键字，则建立的索引是局部索引，即每个表分区都有一个索引分区，并且只索引该分区上的数据。若创建索引时指定了 GLOBAL 关键字，则建立的索引是全局索引，即每个表分区的数据都被索引在同一个 B 树中。目前，仅堆表的水平分区表支持 GLOBAL 全局索引。堆表上的键（Primary Key）会自动变为全局索引。

【例 5-13】在 sales 表上的 saledate 上建立索引，SQL 语句如下。

```
SQL> CREATE INDEX ind_sales_saldate ON sales(saledate);
操作已执行
已用时间: 234.827(毫秒). 执行号:77.

SQL> CREATE UNIQUE INDEX ind_sales_city ON sales(city);
CREATE UNIQUE INDEX ind_sales_city ON sales(city);
[-2683]:局部唯一索引必须包含全部分区列.
已用时间: 8.688(毫秒). 执行号:0.
```

对非全局索引而言，建立分区索引后，每个分区子表都会建立一个索引分区，负责索引分区子表的数据。因为每个索引分区只负责索引本分区上的数据，所以其他分区上的数据无法维护。因此，当对水平分区表建立非全局唯一索引时，只能建立分区键索引，即分区键必须都包含在索引键中。只有当分区键都包含在索引键中，才能对分区主表保证索引键唯一。全局唯一索引不受此约束。

另外，不能在水平分区表上建立局部唯一函数索引。

5.2.3 维护水平分区表

创建水平分区表后，DM8 提供了对分区表的修改功能，包括增加分区、删除分区、合并分区、拆分分区和交换分区。

1．增加分区

由于业务扩展，需要对原来的分区表增加分区时，尤其是对于在时间列上进行分区的表，当到达一个新的时间进度时，如新的一年、一季、一月等，需要增加新的分区。DM8 支持用“ALTER TABLE ADD PARTITION”语句将新分区增加到最后一个现存分区的后面。

【例 5-14】范围水平分区表 callinfo 现需要记录用户在 2011 年第 1 季度的通信信息，使用以下 SQL 语句为 2011 年第 1 季度增加一个分区，并将其存储在表空间 ts5 中，SQL 语句如下。

```
SQL> ALTER TABLE callinfo
ADD PARTITION p5 VALUES LESS THAN ('2011-4-1') STORAGE (ON ts5);
操作已执行
已用时间: 47.000(毫秒). 执行号:81.
```

对于范围水平分区，执行增加分区操作时必须在最后一个分区范围值的后面添加，要想在表的开始范围或中间范围增加分区，应使用“SPLIT PARTITION”语句。

对于列表水平分区，增加的分区中包含的离散值不能已存在于某个分区中。

【例 5-15】为列表水平分区表 sales 添加一个分区管理拉萨和呼和浩特的销售情况，SQL 语句如下。

```
SQL> ALTER TABLE sales
ADD PARTITION p5 VALUES ('拉萨', '呼和浩特') STORAGE (ON ts5);
操作已执行
已用时间: 57.132(毫秒). 执行号:84.
```

只能对范围水平分区和列表水平分区增加分区，不能对哈希水平分区增加分区。并且增加分区不会影响分区索引，因为分区索引只是局部索引，新增分区仅是新增分区子表，并更新分区主表的分区信息，其他分区并不发生改变。

若必须要对哈希水平分区表进行增加分区操作，则可先将原哈希水平分区表看成一个非分区表，然后参考 5.2.5 节描述的在生产环境下将非分区表转换成分区表的步骤实施。

2. 删除分区

由于业务需要，也可能删除一个分区。DM8 支持用“ALTER TABLE DROP PARTITION”语句将分区删除。例如，范围水平分区表 callinfo 需要删除记录用户在 2011 年第 1 季度的通信信息，那么只需要删除 callinfo 表的分区 p1 即可，SQL 语句如下。

```
SQL> ALTER TABLE callinfo DROP PARTITION p1;
操作已执行
已用时间: 66.608(毫秒). 执行号:85.
```

只能对范围水平分区和列表水平分区进行删除分区，哈希水平分区不支持删除分区。与增加分区一样，删除分区不会影响分区索引，因为分区索引只是局部索引，删除分区仅是删除分区子表，并更新分区主表的分区信息，其他分区并不发生改变。

3. 合并分区

合并分区是将相邻的两个范围水平分区合并为一个分区的操作。合并分区要通过指定两个分区名来执行，将相邻两个分区的数据合并，构建新的大分区。只能在范围水平分区上进行合并分区。

要想将两个范围分区的内容融合到一个分区中，就要使用“ALTER TABLE MERGE PARTITION”语句。如果分区的数据很少，或相对其他分区某些分区的数据较少，那么会导致 I/O 不均衡，就可以考虑使用合并分区。

【例 5-16】将范围水平分区表 callinfo 中记录的 2010 年第 3 季度和第 4 季度的通信信息的分区合并成一个分区，SQL 语句如下。

```
SQL> ALTER TABLE callinfo MERGE PARTITIONS p3, p4 into PARTITION p3_4;
操作已执行
已用时间: 95.344(毫秒). 执行号:86.
```

仅范围水平分区表支持合并分区，并且合并的分区必须是范围相邻的两个分区。另外，合并的分区会导致数据的重组和分区索引的重建，因此，合并分区可能会比较耗时，所需时间取决于分区数据量的大小。

4．拆分分区

拆分分区是将某一个范围分区拆分为相邻的两个分区的操作。拆分分区时指定的常量表达式值必须是原范围分区的有效范围值，且拆分分区只能在范围分区上进行。

“ALTER TABLE”语句的“SPLIT PARTITION”子句被用于将一个分区中的内容重新划分成两个新的分区。当一个分区变得太大以至于要用很长时间才能完成备份、恢复或维护操作时，就应考虑做分割分区的工作，还可以用“SPLIT PARTITION”子句来重新划分 I/O 负载。

【例 5-17】将合并后的分区 p3_4 拆分为原本的两个分区 p3 和 p4，分别记录用户在 2010 年第 3 季度和第 4 季度的通话信息，SQL 语句如下。

```
SQL> ALTER TABLE callinfo SPLIT PARTITION p3_4 AT ('2010-9-30') INTO (PARTITION p3, PARTITION p4);
操作已执行
已用时间: 173.198(毫秒). 执行号:87.
```

需要注意的是，仅范围水平分区表支持拆分分区。拆分分区的另一个重要用途是作为新增分区的补充。通过拆分分区，可以在范围水平分区表的开始范围或中间范围添加分区。

另外，拆分分区会导致数据的重组和分区索引的重建，因此，拆分分区可能会比较耗时，所需时间取决于分区数据量的大小。

5．交换分区

交换分区是将分区数据跟普通表数据交换功能的操作，普通表必须与分区表具有相同的结构（拥有相同的列和索引）。不支持含有加密列的分区表交换分区。

在 DM8 中，局部索引反映基础表的结构，因此当对表的分区和子分区进行修改操作时，会自动对局部索引进行相应的修改。

假设上文提到的 callinfo 表用于维护最近 12 个月的用户通话信息，超过 12 个月的订单需要迁移到该季度的通话信息历史表中，并且每个季度的通话信息都有一个相应的历史表。若没有使用水平分区，则需要执行较多的删除操作和插入操作，并产生大量的 REDO 日志和 UNDO 日志。

若使用分区表，如上文提到的 callinfo 表，则只需要使用交换分区即可完成以上功能。

【例 5-18】在 2011 年第 2 季度，须删除 2010 年第 2 季度的通话记录，因此，可通过以下 SQL 语句来实现。

```
SQL> CREATE TABLE callinfo_2011Q2(
  caller   CHAR(15),
  callee   CHAR(15),
  calltime   DATETIME,
  duration INT
);
```

运行结果如下。

```
2   3   4   5   6   操作已执行
已用时间: 39.455(毫秒). 执行号:88.
```

```
--交换分区
SQL> ALTER TABLE callinfo EXCHANGE PARTITION p2 WITH TABLE callinfo_2011Q2;
操作已执行
已用时间: 91.420(毫秒). 执行号:89.

--删除原分区
SQL> ALTER TABLE callinfo DROP PARTITION p2;
操作已执行
已用时间: 75.823(毫秒). 执行号:90.

--新增分区，记录2011年第2季度的通话记录
SQL> ALTER TABLE callinfo
ADD PARTITION p6 VALUES LESS THAN ('2011-7-1') STORAGE (ON ts2);
操作已执行
已用时间: 119.480(毫秒). 执行号:91.
```

通过交换分区实现分区 p2 和新建表 callinfo_2011Q2 的数据交换，表 callinfo_2011Q2 将得到 2010 年第 2 季度的通话记录，而分区 p2 中的数据将被清空。交换分区采用数据字典信息交换的技术，几乎不涉及 I/O 操作，因此效率非常高。

仅范围水平分区和列表水平分区支持交换分区，哈希水平分区表不支持。交换分区要求分区表跟交换表具有相同的结构（相同的表类型、相同的 BRANCH 选项、相同的列结构、相同的索引、相同的分布方式），但分区交换并不会校验数据，如不会校验交换表的数据是否符合分区范围等，即不能保证分区交换后分区上的数据符合分区范围。

进行交换的两张表中如果包含加密列，那么对应的加密列要保证加密信息完全一致。

5.2.4　水平分区表的限制

DM8 水平分区表有以下限制条件。

（1）分区列类型必须是数值型、字符型或日期型，不支持 BLOB、CLOB、IMAGE、TEXT、LONGVARCHAR、BIT、BINARY、VARBINARY、LONGVARBINARY、时间间隔类型和用户自定义类型。

（2）范围水平分区和哈希水平分区的分区键可以有多个，最多不超过 16 列；列表水平分区的分区键必须唯一。

（3）水平分区表指定主键和唯一约束时，分区键必须都包含在主键和唯一约束中。

（4）水平分区表不支持临时表。

（5）不能在水平分区表上建立自引用约束。

（6）普通环境中，水平分区表的各级分区数的总和上限是 65535；MPP 环境中，水平分区表的各级分区总数上限取决于 INI 参数 MAX_EP_SITES，上限为 $2^{(16-\log_2 \text{MAX\_EP\_SITES})}$。例如，当 MAX_EP_SITES 为默认值 64 时，分区总数上限为 1024。

（7）不允许对分区子表执行任何 DDL 操作。

（8）哈希水平分区支持重命名、删除约束、设置触发器是否启用的修改操作。

（9）范围水平分区支持分区合并、分区拆分、分区增加、分区删除、分区交换、分区重命名、删除约束、设置触发器是否生效的操作。

（10）列表水平分区支持分区增加、分区删除、分区交换、分区重命名、删除约束、设置触发器是否生效的操作。

（11）列表水平分区的范围值不能为NULL。

（12）列表水平分区子表的范围值个数与数据页大小和相关系统表列长度相关，存在以下限制：①4KB 页，单个子表最多支持 120 个范围值；②8KB 页，单个子表最多支持 254 个范围值；③16KB/32KB 页，单个子表最多支持 270 个范围值。

（13）对范围水平分区增加的分区值必须是递增的，即只能在最后一个分区后添加分区。列表水平分区增加的分区值不能存在于其他已存在的分区中。

（14）当分区数仅剩一个时，不允许删除分区。

（15）仅能对相邻的范围水平分区进行合并，合并后的分区名可为高分区名或新分区名。

（16）拆分分区的分区值必须在原分区范围中，并且分区名不能与已有分区名相同。

（17）与分区进行分区交换的普通表，必须与分区表拥有相同的列及索引，但交换分区并不会对数据进行校验，即交换后的数据并不能保证数据完整性，如 CHECK 约束；分区表与普通表创建的索引顺序要求一致。

（18）水平分区表仅支持建立局部索引，不支持建立全局索引，即要求只能在分区表上建立索引，每个表分区都有一个索引分区，并且只索引该分区上的数据，而分区主表上的索引并不索引数据。

（19）不能对水平分区表建立唯一函数索引和全文索引。

（20）不能对分区子表单独建立索引。

（21）在未指定 ENABLE ROW MOVEMENT 的分区表上执行更新分区键，不允许更新后的数据发生跨分区的移动，即不能有行迁移。

（22）不能在分区语句的 STORAGE 子句中指定 BRANCH 选项。

（23）不允许引用水平分区子表作为外键约束。

（24）多级分区表最多支持 8 层。

（25）多级分区表支持下列修改表操作：新增分区、新增列、删除列、删除表级约束、修改表名、设置与删除列的默认值、设置列的 NULL 属性、设置列可见性、设置行迁移属性、启用超长记录、with delta、新增子分区、删除子分区、修改二级分区模板信息。

（26）水平分区表支持的列修改操作除了多级分区表支持的操作，还支持设置触发器生效/失效、修改列名、修改列属性、增加表级主键约束、删除分区、SPLITE/MERGE 分区和交换分区。

（27）水平分区表中包含大字段、自定义字段列，则定义时指定 ENABLE ROW MOVEMENT 参数无效，即不允许更新后的数据发生跨分区的移动。

（28）间隔分区表的限制说明如下。

- 仅支持一级范围分区创建间隔分区。
- 只能有一个分区列，且分区列类型为日期或数值。

- 对间隔分区进行拆分操作，只能在间隔范围内进行操作。
- 被拆分或合并的分区，其左侧分区不再进行自动创建。
- 不相邻的间隔分区不能合并。
- 表定义不能包含 MAXVALUE 分区。
- 不允许新增分区。
- 不能删除起始间隔分区。
- 间隔分区表定义语句显示到起始间隔分区为止。
- 自动生成的间隔分区，均不包含边界值。
- 间隔表达式只能为常量或日期间隔函数。日期间隔函数为 NUMTOYMINTERVAL、NUMTODSINTERVAL；数值常量可以为整型、DEC 类型。
- MPP 环境下不支持间隔分区表。

5.2.5　生产环境下表分区实施方法

在生产环境下，非分区表转换为分区表的传统方式一般按以下步骤进行。

1．建立中间表

建立一个与要分区的表同样结构的中间表，并在相应的列上建立分区。

【例 5-19】建立与通话记录表 callinfo 同结构的数据表 callinfo_tmp，并通过通话时间字段 calltime 建立以月为单位的间隔分区，SQL 语句如下。

```
SQL> CREATE  TABLE  callinfo_tmp(
  caller  CHAR(15),
  callee  CHAR(15),
  calltime  DATETIME,
  duration INT
)
  PARTITION BY RANGE(calltime)
  INTERVAL(NUMTOYMINTERVAL(1, 'MONTH '))(
  PARTITION p_201911 VALUES LESS THAN(TO_DATE('2019-12-01', 'YYYY-MM-DD')),
  PARTITION p_202012 VALUES LESS THAN(TO_DATE('2020-01-01', 'YYYY-MM-DD'))
);
```

运行结果如下。

```
2  3  4  5  6  7  8  9  10  11  操作已执行
已用时间: 89.571(毫秒). 执行号:92.
```

2．将原表中的数据导入中间表

可以通过 SQL 语句将原表的所有数据导入新建立的分区表。

【例 5-20】将通话记录表 callinfo 中的数据迁移到分区中间表 callinfo_tmp 中，SQL 语句如下。

```
SQL> INSERT INTO callinfo_tmp(
  caller,
```

```
    callee,
    calltime,
    duration
)
SELECT
    caller,
    callee,
    calltime,
    duration
FROM callinfo;
```

运行结果如下。

```
2   3   4   5   6   7   8   9   10  11  12  影响行数 1
已用时间: 0.286(毫秒). 执行号:93.

SQL> commit;
操作已执行
已用时间: 0.143(毫秒). 执行号:94.
```

3．删除原表

可通过 DM8 管理工具或 SQL 语句删除原表。

【例 5-21】删除通话记录原表 callinfo，SQL 语句如下。

```
SQL> DROP TABLE callinfo;
操作已执行
已用时间: 322.827(毫秒). 执行号:95.
```

4．将中间表名更名为原表名

可通过 DM8 管理工具或 SQL 语句将中间表更名为原表名。

【例 5-22】将分区表 callinfo_tmp 更名为通话记录原表名 callinfo，SQL 语句如下。

```
SQL> ALTER TABLE callinfo_tmp RENAME TO callinfo;
操作已执行
已用时间: 103.844(毫秒). 执行号:96.
```

将中间表名变更为原表名后，就将原来的普通表转换成为分区表，因为表名一致，所以应用系统可以直接进行访问。

当表中的数据量较大时，上述过程会引起大量的数据操作，因此需要暂时停顿业务。

5.3 索引优化技术

数据库索引的作用类似图书的目录，通过图书的目录找正文内容要比通读全书找正文内容快得多。在数据库中，索引是表中数据和其相对应存储位置的列表，索引能够使数据库相关程序快速地找到表中的数据，而不必全部扫描整个数据表。正确有效地使用索引可以大大地降低磁盘 I/O 操作次数，从而提高数据库的查询性能。

5.3.1　索引的概念和分类

索引是一种与表相关的可选方案对象，是为了提高数据库检索性能而建立的，使用索引可以快速地确定所需要检索信息的物理存储路径。DM8 中的索引按照物理存储方法可以分为 B 树索引、反向索引和位图索引。

1. B 树索引

B 树索引是使用最多的一种索引。在默认情况下，DM8 创建的索引都是 B 树索引。B 树索引基于二叉树原理，B 树索引的存储结构如图 5-3 所示。

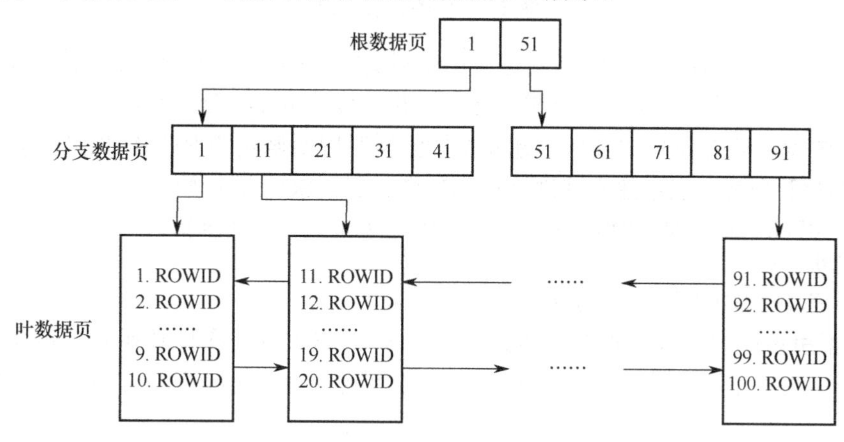

图 5-3　B 树索引的存储结构

图 5-3 表示的是表中某字段索引对应的存储结构，字段值为 1～100，共 100 条记录。从图中可以看出，索引结构分为根数据页（Root）、分支数据页（Branch）和叶数据页（Leaf）3 个部分。根数据页属于索引顶级页，包含了指向下一级节点（分支数据页或叶数据页）的信息；分支数据页包含了指向下一级节点（分支数据页或叶数据页）的信息；叶数据页包含了索引入口数据，索引入口数据包含索引列值和列值对应数据记录的 ROWID，叶数据页之间以双向链表的形式相互连接。

注意，根数据页和分支数据页中的每条记录是按照索引列值的顺序排列的（默认为升序排列，也可以在创建索引时指定为降序排列），但是只存储指向下一级节点中的索引块中包含的最小键值，如根数据页“1”就是指向的分支数据页“1，11，21，31，41”中的最小值，根数据页“51”就是指向的分支数据页“51，61，71，81，91”中的最小值，而分支数据页中的“11”就是指向下一级叶数据页“（11.ROWID），（12.ROWID），……，（20.ROWID）”中的最小键值。

2. 位图索引

位图索引适用于具有很少列值的列，也就是在这个列上存在很多重复值。可以通过相异基数来度量字段列中取值的多少。所谓相异基数，是指某列中的取值数。若一个客户表（tb_customers）中有一个性别字段（c_gender），该列仅有两个列值“男”“女”，则其相异基数为 2，该性别字段的位图索引结构如图 5-4 所示。

表中数据

c_id	c_gender	…
1	男	
2	女	
3	男	
4	男	
5	女	
…	…	

位图索引

位图男	位图女
1	0
0	1
1	0
1	0
0	1
…	…

图 5-4 位图索引结构

从图 5-4 中可以看出，对性别列建立位图索引时，因为该列只有两个不同值，所以只建立两个位图，当行数据与位图值相匹配时，相应位值为 1，否则为 0。

DM8 中默认索引为 B 树索引，建立位图索引时应明确指明 BITMAP 保留字。

【例 5-23】在客户表中建立性别字段的位图索引，SQL 语句如下。

```
SQL> CREATE BITMAP INDEX ind_c_gender on tb_customers(c_gender);
操作已执行
已用时间: 217.337(毫秒). 执行号:97.
```

位图索引占用的磁盘空间比 B 树索引小得多，一般仅仅是在相同列上 B 树索引所用空间的 1/30～1/20。因此，位图索引存储主要用于节省空间，可减少 DM8 对数据页的访问。

5.3.2 应用索引进行优化

B 树索引和位图索引的应用场景是不相同的，一般来说，B 树索引应用于 OLTP 方面，而位图索引应用于 OLAP 方面。而最根本的原因在于某个列中取不同值的个数，也称绝对相异基数。例如，性别列中可能取值为“男”“女”，则该列的相异基数为 2。相异基数还可以用相对相异基数来判断，相对相异基数是指某个列中的不同值的个数与该表的所有记录数的比值。例如，某个列中不同取值的个数为 10000，而该表的记录数据为 1000000，则其相对相异基数为 10000/1000000=0.01，属于低相异基数。低相异基数的表用位图索引，否则用 B 树索引。下面详细介绍应用 B 树索引和位图索引进行优化的过程。

1. 应用 B 树索引优化

一般来说，在以下两种情况下，可以考虑使用 B 树索引。

- 通过索引仅访问表中的一条或一小部分记录时。
- 如果要处理许多行，但仅通过使用索引即可完成处理时。

下面通过一个实例来说明表数据的物理存储对 B 树索引的影响。

【例 5-24】创建有序物理存储表，SQL 语句如下。

```
SQL>CREATE TABLE t_order(x INT, y VARCHAR(80));
BEGIN
  FOR i IN 1.. 10000
```

```
    LOOP
      INSERT INTO t_order(x,y)
      VALUES(I,RPAD(DBMS_RANDOM.RANDOM,75, '*'));
    END LOOP;
END;
COMMIT;

ALTER TABLE t_order
ADD CONSTRAINT t_order_pk
PRIMARY KEY(x);

BEGIN
  DBMS_STATS.GATHER_TABLE_STATS(USER, 'T_ORDER', CASCADE=>TRUE);
END;
```

创建有序物理存储表的运行结果如图 5-5 所示。

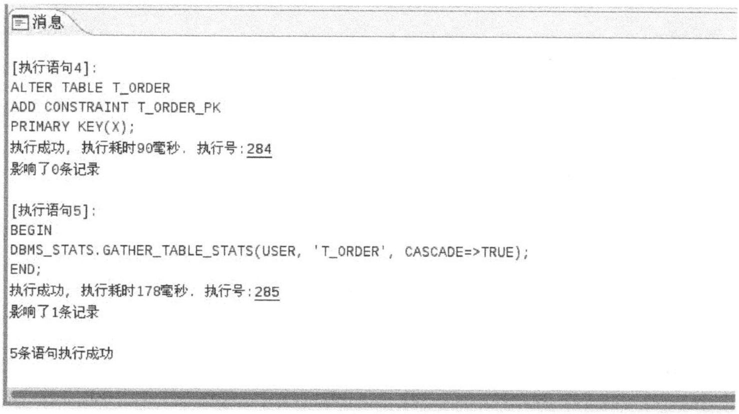

```
消息

[执行语句4]:
ALTER TABLE T_ORDER
ADD CONSTRAINT T_ORDER_PK
PRIMARY KEY(X);
执行成功, 执行耗时90毫秒. 执行号:284
影响了0条记录

[执行语句5]:
BEGIN
DBMS_STATS.GATHER_TABLE_STATS(USER, 'T_ORDER', CASCADE=>TRUE);
END;
执行成功, 执行耗时178毫秒. 执行号:285
影响了1条记录

5条语句执行成功
```

图 5-5　创建有序物理存储表的运行结果

在有序物理存储表 t_order 中，数据是按 X 列升序物理存储的，如图 5-6 所示。

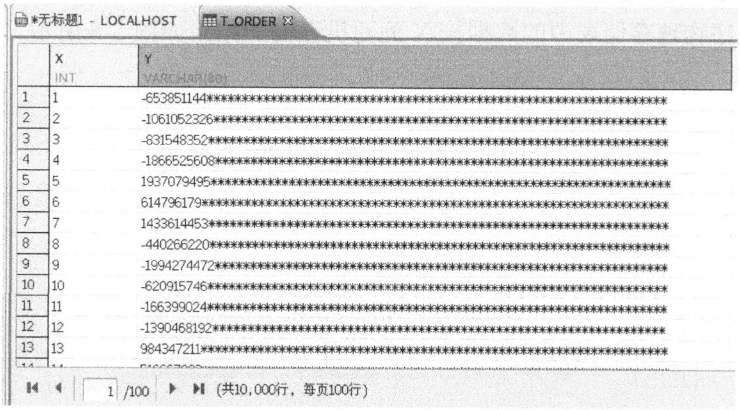

*无标题1 - LOCALHOST　T_ORDER

	X INT	Y VARCHAR(80)
1	1	-653851144
2	2	-1061052326
3	3	-831548352
4	4	-1866525608
5	5	1937079495
6	6	614796179
7	7	1433614453
8	8	-440266220
9	9	-1994274472
10	10	-620915746
11	11	-166399024
12	12	-1390468192
13	13	984347211

1 /100 (共10,000行，每页100行)

图 5-6　有序物理存储表中的数据按 X 列升序物理存储

【例 5-25】创建无序物理存储表，SQL 语句如下。

```
SQL>CREATE TABLE t_noorder
AS SELECT x, y
FROM t_order
ORDER BY Y;

ALTER TABLE t_noorder
ADD CONSTRAINT t_noorder_pk
PRIMARY KEY(x);

BEGIN
DBMS_STATS.GATHER_TABLE_STATS(USER, 't_noorder', CASCADE=>TRUE);
END;
```

创建无序物理存储表的运行结果如图 5-7 所示。

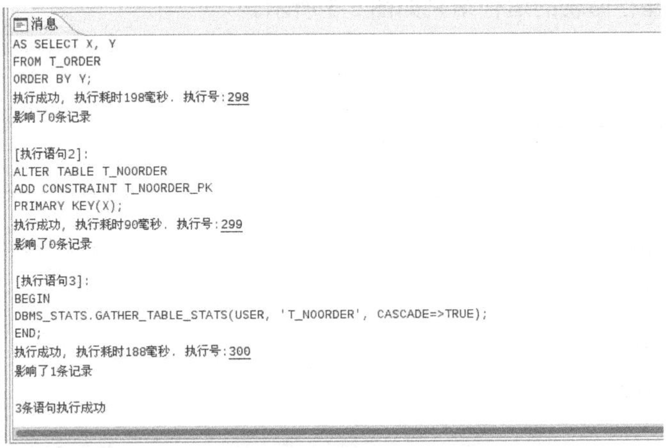

```
消息
AS SELECT X, Y
FROM T_ORDER
ORDER BY Y;
执行成功, 执行耗时198毫秒. 执行号:298
影响了0条记录

[执行语句2]:
ALTER TABLE T_NOORDER
ADD CONSTRAINT T_NOORDER_PK
PRIMARY KEY(X);
执行成功, 执行耗时90毫秒. 执行号:299
影响了0条记录

[执行语句3]:
BEGIN
DBMS_STATS.GATHER_TABLE_STATS(USER, 'T_NOORDER', CASCADE=>TRUE);
END;
执行成功, 执行耗时188毫秒. 执行号:300
影响了1条记录

3条语句执行成功
```

图 5-7　创建无序物理存储表的运行结果

因为初始化无序物理存储表 t_noorder 时使用了 ORDER BY Y 子句，所以 t_noorder 表中的数据不是按 X 列升序物理存储的，而是随机存储的，由于 Y 列是由 DM8 中随机函数生成的，无序物理存储表中的数据按 X 列随机存储的结果如图 5-8 所示。

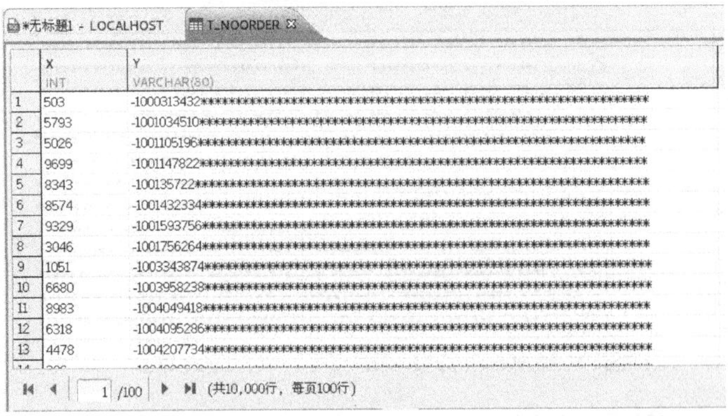

*无标题1 - LOCALHOST　T_NOORDER

	X INT	Y VARCHAR(80)
1	503	-1000313432***
2	5793	-1001034510***
3	5026	-1001105196***
4	9699	-1001147822***
5	8343	-100135722**
6	8574	-1001432334***
7	9329	-1001593756***
8	3046	-1001756264***
9	1051	-1003343874***
10	6680	-1003958238***
11	8983	-1004049418***
12	6318	-1004095286***
13	4478	-1004207734***

1 /100 (共10,000行，每页100行)

图 5-8　无序物理存储表中的数据按 X 列随机存储的结果

【例 5-26】 启用 TRACE 跟踪，对比有序物理存储表和无序物理存储表的性能。

查询有序物理存储表 t_order 的性能，SQL 语句如下。

```
SQL>SELECT /*+INDEX (t_order, t_order_pk) */ *
FROM t_order
WHERE X BETWEEN 2000 AND 4000;
```

运行结果如下。

```
call        count       cpu       elapsed    disk      query      current   rows
--------    --------    --------  --------   --------  --------   --------  --------
Parse       1           0.00      0.00       0         0          0         0
Execute     1           0.00      0.01       0         0          0         0
Fetch       1335        0.14      0.38       36        2900       0         20001
--------    --------    --------  --------   --------  --------   --------  --------
......
Rows        Row         Source Operation
--------    ------------------------------------------------
2000        1           TABLE ACCESS BY ROWID t_order (cr=2900 pr=36 pw=0 time=284690 us)
2000        1           INDEX RANGE SCAN t_order_pk (cr=1375 pr=0 pw=0 time=60061 us)(object
id 54499)
......
```

查询无序物理存储表 t_noorder 的性能，SQL 语句如下。

```
SQL>SELECT /*+INDEX (t_noorder, t_noorder_pk) */ *
FROM t_noorder
WHERE X BETWEEN 2000 AND 4000;
```

运行结果如下。

```
call        count       cpu       elapsed    disk      query      current   rows
--------    --------    --------  --------   --------  --------   --------  --------
Parse       1           0.01      0.00       0         0          0         0
Execute     1           0.00      0.00       0         0          0         0
Fetch       1335        0.30      13.35      1031      21356      0         20001
--------    --------    --------  --------   --------  --------   --------  --------
......
Rows        Row         Source Operation
--------    ------------------------------------------------
2000        1           TABLE ACCESS BY INDEX ROWID t_noorder (cr=21356 pr=1031 pw=0
time=29097686 us)
2000        1           INDEX RANGE SCAN t_noorder_pk (cr=1375 pr=43 pw=0 time=118076
us)(object id 54501)
......
```

【例 5-27】 查看两表的 B 树索引信息，SQL 语句如下。

```
SQL>SELECT A.table_name, B.NUM_ROWS, B.BLOCKS, A.CLUSTERING_FACTOR
FROM USER_INDEXES A, USER_TABLES B
WHERE A.table_name IN ('t_order', 't_noorder')
```

```
AND A.table_name=B.table_name;
```

运行结果如下。

```
INDEX_NAME          NUM_ROWS      BLOCKS      CLUSTERING_FACTOR
--------------------  ----------------  ---------  ----------------------
t_noorder_pk        100000        1219           99924
t_order_pk          100000        1252           1190
```

为了便于比较实验结果，表 5-4 总结了物理存储对 B 树索引的影响。

表 5-4　物理存储对 B 树索引的影响

表	CPU 时间	总 耗 时	物理 I/O	逻辑 I/O	CLUSTERING_FACTOR	索引数据页数
t_order	0.14ms	0.39ms	36 块	2900 块	1190 次	1252 页
t_noorder	0.31ms	13.36ms	1031 块	21356 块	99924 次	1219 页
有序/无序的百分比	45.16%	2.92%	3.49%	13.58%	N/A	N/A

2. 应用位图索引优化

位图索引适用于取值较少的字段，因此，当一个 OLAP 应用需要对一个表中的某个取值较少值的列进行统计分析时，可以在该列建立位图索引，从而优化查询性能。下面以一个例子来说明利用位图索引优化查询性能的问题。

【例 5-28】建立测试表 test_bitmap，再建立位图索引并查看其执行计划，SQL 语句如下。

```
SQL> CREATE TABLE test_bitmap
AS(
  SELECT ROWNUM,
    DECODE(CEIL(dbms_random.value(0,2)),1, 'M ',2, 'F') AS gender,
    CEIL(dbms_random.value(1,50)) AS location1,
    DECODE(CEIL(dbms_random.value(1,5)),1,'19 and under',
                                        2, '20-29',
                                        3, '30-39',
                                        4, '40 and over') AS age_group,
    RPAD('*',20, '*') AS data
  FROM dual
CONNECT BY rownum<=10000);
```

运行结果如下。

```
2   3   4   5   6   7   8   9   10   11   12   操作已执行
已用时间: 202.620(毫秒). 执行号:316.
```

分别在 gender、location1、age_group 这 3 个列上创建索引，SQL 语句如下。

```
SQL> CREATE BITMAP INDEX gender_bmap_idx ON test_bitmap(gender);
操作已执行
已用时间: 182.422(毫秒). 执行号:319.
```

```
SQL> CREATE BITMAP INDEX location_bmap_idx ON test_bitmap(location1);
操作已执行
已用时间: 145.860(毫秒). 执行号:320.

SQL> CREATE BITMAP INDEX age_group_bmap_idx ON test_bitmap(age_group);
操作已执行
已用时间: 70.192(毫秒). 执行号:321.
```

收集表 test_bitmap 的统计信息，SQL 语句如下。

```
SQL> BEGIN
  dbms_stats.gather_TABLE_stats(user,'Test_bitmap',CASCADE=>true);
END;
```

应用位图索引收集表统计信息的运行结果如图 5-9 所示。

```
消息
总共1个语句正依次执行...

[执行语句1]:
BEGIN
dbms_stats.gather_table_stats(user,'TEST_BITMAP',CASCADE=>true);
END;
执行成功, 执行耗时141毫秒. 执行号:322
影响了1条记录

1条语句执行成功
```

图 5-9　应用位图索引收集表统计信息的运行结果

使用位图索引进行查询，SQL 语句如下。

```
SQL>SELECT* FROM test_bitmap
WHERE ((gender='M' AND location =20)
        OR (gender='F' AND location=22))
        AND age_group ='18 and under'
```

这个查询显示了位图索引的强大能力。OR 关键字前后括号中的两个条件是通过适当的位图的 AND 操作分别得到的，然后再对这些结果执行逻辑 OR 操作得到一个位图。这个位图再与年龄段上的“age_group='18 and under '”位图条目进行逻辑 AND 操作，这就得到了最后的位图，位图中的位通过 DM8 中的 BITMAP CONVERSION TO ROWIDS 操作直接得到了相应的 ROWID，从而快速定位了相关记录。

5.4　数据库空间碎片整理技术

随着信息系统的不断运行，数据库容量急剧增长，除正常业务增长因素外，大量碎片的存在也是导致这种现象的重要因素。这些碎片的存在一方面导致磁盘利用率变低，另一方面，由于大量碎片空间的存在，还会使得 I/O 性能下降。

5.4.1 碎片整理的相关概念

因为频繁地创建和删除表或索引，或对表中的数据进行添加和删除，然而 DM8 对这些删除的对象并不是物理意义上的实际删除，而是进行删除标记，所以，虽然表或数据被删除了，但这些表和数据所占用的空间并不能马上释放，于是就会出现明明有剩余空间，但总是在创建表或索引时报错“表空间不够”。

1. 表空间碎片

在表空间级，如果频繁地进行创建、删除表和索引等 DDL 操作，会导致产生大量碎片。表空间级碎片通常有两种：一种是不连续的空闲空间，导致 DM8 无法分配一个完整的簇，DM8 也无法对这种不连续的空闲空间进行合并操作；另一种是空闲空间相邻，DM8 进程会定期对相邻空闲空间进行合并操作，在一定程度上可以缓解碎片过多的问题。

2. 表碎片

在表级，大量 DML 操作会导致大量碎片，特别是在进行大量删除操作之后，又进行大量插入操作，很容易产生碎片。这是因为在删除表中数据之后，DM8 并不会马上释放这些空间，而仅对这些删除的数据进行标记，当添加新的记录时，DM8 不会将新的记录插入刚被删除的记录所占的空间，而是插入新的簇，这样就导致了表的空间急剧增长。

3. 索引碎片

同样地，大量 DML 操作也会导致索引产生大量碎片，而且在原理上索引更容易产生碎片。并且针对 Update 操作，DM8 在索引上实际是进行 Delete 和 Insert 操作，非常容易产生碎片。

5.4.2 碎片评估方法

针对表空间、表和索引碎片，其评估方法有所不同，下面分别进行详细介绍。

1. 表空间碎片的评估方法

DM8 提供了多种方法和计算公式评估表空间的碎片情况。

（1）FSFI 值。

自由空间碎片索引（Free Space Fragmentation INDEX，FSFI）值可以通过例 5-29 所示语句进行计算。

【例 5-29】 计算 FSFI 值，SQL 语句如下。

```
SQL>SELECT a.tablespace_name,
   trunc(sqrt(max(blocks)/sum(blocks))*(100/sqrt(sqrt(count(blocks)))),2) fsfi
FROM dba_free_space a, dba_tablespace b
where a.tablespace_name=b.tablespace_name and
   b.contents not in ('TMPORARY', 'UNDO', 'SYSAUX')
group by a.tablespace_name
```

```
order by fsfi;
```

若 FSFI 值小于 30%，则该表空间的碎片较多。

（2）按表空间显示连续的空闲空间。

【例 5-30】按表空间显示连续的空闲空间，SQL 语句如下。

```
SQL>SELECT tablespace_name,sum(bytes)/1024/1024 free_Mbytes
FROM dba_free_space
group by tablespace_name
order by free_Mbytes;
```

2．表碎片的评估方法

当一个表存在碎片较多时，往往其占有的数据页数量会远远超出其应该占有的数据页数量，因此，可以通过查询该表占的数据页数量的多少来判断某个表的碎片化程度。

【例 5-31】通过查询该表占的数据页数量的多少来判断某个表的碎片化程度，SQL 语句如下。

```
SQL>SELECT segment_name table_name, COUNT(*) extents
FROM dba_segments
WHERE owner NOT IN ('SYS', 'SYSTEM')
GROUP BY segment_name
HAVING COUNT(*) = (SELECT MAX(COUNT(*))
                   FROM dba_segments
                  GROUP BY segment_name);
```

3．索引碎片的评估方法

索引碎片度是删除的索引叶子数与总的索引叶子数的比值。为保证评估的准确性，可以先对索引进行分析，如例 5-32 所示。

【例 5-32】索引碎片的评估方法，SQL 语句如下。

```
--索引数据收集
SQL>ANALYZE INDEX index_name VALIDATE STRUCTURE ONLINE;
--查询index_stats字典表，得到索引碎片度
SELECT name, del_lf_rows_len/lf_rows_len*100 reclainable_space_pct
FROM index_stats;
```

如果索引碎片度超过 20%，那么可以考虑重建索引。

如果索引的 B 树层次（BLEVEL）大于等于 4，那么说明索引的碎片化程度较高，也需要重建索引。

【例 5-33】查看某个索引的 BLEVEL 值，SQL 语句如下。

```
SQL>SELECT owner|| '.'||index_name , blevel
FROM dba_indexes
ORDER BY blevel DESC;
```

索引 BLEVEL 值查看结果如图 5-10 所示。

消息 | 结果集

	OWNER||'.'||INDEX_NAME VARCHAR(257)	BLEVEL DEC
1	SYS.INDEX33555450	NULL
2	SYS.INDEX33555449	NULL
3	SYS.INDEX33555448	NULL
4	SYS.INDEX33555447	NULL
5	SYS.INDEX33555446	NULL
6	SYS.INDEX33555445	NULL
7	SYS.INDEX33555444	NULL
8	SYS.INDEX33555443	NULL
9	SYS.INDEX33555442	NULL
10	SYS.INDEX33555441	NULL
11	SYS.INDEX33555440	NULL
12	SYS.INDEX33555439	NULL
13	SYS.SYSINDEXPARTTIDSYSHPA...	NULL
14	SYS.SECOND_INDXE_SYS_REWR...	NULL
15	SYS.SYSINDEXPIDIDSYSOBJECTS	NULL
16	SYS.SYSINDEXV$BTREE_INDEX...	NULL
17	SYS.SYSINDEXV$CACHE_ID	NULL
18	SYS.SYSINDEXV$RLOG_PKG_STAT	NULL
19	SYS.SYSINDEXV$DSC_CRASH_O...	NULL

475行，0.268秒

图 5-10　索引 BLEVEL 值查看结果

5.4.3　碎片整理方法

本节将分别介绍表空间、表和索引碎片整理方法。

1. 表空间碎片整理方法

DM8 可以通过以下命令进行表空间相邻空闲空间的压缩，从而达到碎片整理的目的。其 SQL 语法如下。

```
ALTER TABLESPACE <表空间名> COALEACE;
```

该方法主要针对传统的基于字典管理的表空间，而在基于位图管理的本地化管理的表空间中，DM8 可自动进行相邻空闲空间的压缩。

2. 表碎片整理方法

表碎片整理方法包括数据逻辑导出导入法、生成新表替换法、移动表空间法和 SHRINK 方法。

（1）数据逻辑导出导入法。

使用数据逻辑导出导入法可将存在碎片的表和索引进行数据逻辑导出，再通过对该表进行 drop 或 truncate 操作，以及数据加载操作，将该表重新创建为一个物理结构紧凑的表和索引，从而达到表和索引碎片压缩的目的。

该方法操作起来耗时较长，而且在数据导出和加载期间，为保证数据逻辑的一致性，访问该表的应用将被停止。另外，访问该表的索引也需要重新创建。该类技术不需要数据库额外的空间，但需要一定的文件系统空间。

（2）生成新表替换法。

生成新表替换法，即先建立与原表结构和数据完全相同的新表，再删除原表，最后将新表名变更为原表名。该方法除了没有将数据导出和导入，其他方面均与数据逻辑导出导入法的原理相当。其基本步骤如下。

```
CREATE TABLE <新表名> AS SELECT … FROM <旧表名> …;
DROP TABLE <旧表名>;
RENAME TABLE <新表名> TO <旧表名>;
```

该方法与数据逻辑导出导入法一样，为保证数据逻辑的一致性，将停止使用所有访问该表的应用，重建访问该表的索引，同时，还需要额外的数据库空间。

（3）移动表空间法。

移动表空间法会将表碎片较严重的数据表重新移动到一个新的表空间中，在移动表空间的过程中，数据会被压缩到连续空闲表空间中，从而达到消除碎片的目的。其方法如下。

```
ALTER TABLE<表名> MOVE TABLESPACE <表空间名>;
```

与前面介绍的两种方法相比，移动表空间法消耗的时间会更短，因此，也是最常使用的方法。应用该方法进行表碎片整理时，应该确保数据库在业务不忙时有足够的表空间。

以上 3 种方法都会导致索引失效，因此，表碎片整理完毕后，应该及时重建索引。

（4）SHRINK 方法。

由于数据表处于锁定状态，上述 3 种方法无论时间长短，都需要业务停顿。因此，SHRINK 方法具有明显优势，该方法能够将表和索引的高水位线下的碎片进行有效压缩，并将高水位进行回退，从而达到消除表碎片的目的。其方法如下。

```
ALTER TABLE <表名> ENABLE ROW MOVEMENT;
ALTER TABLE <表名> SHRINK SPACE CASCADE; --压缩表及相关数据簇并下调高水位线
ALTER TABLE <表名> SHRINK SPACE COMPACT;--只压缩数据不下调高水位线
ALTER TABLE <表名> SHRINK SPACE;--下调高水位线
```

SHRINK 方法可以在线进行，不影响正常应用访问。

3. 索引碎片整理方法

索引碎片整理可以通过重建、合并或压缩实现。需要注意的是，使用任何一种方法整理索引都不应该在业务生产时间进行，而应该在系统不繁忙的时间进行。

索引重建的方法如下。

```
ALTER INDEX <索引名> REBUILD ONLINE PARALLEL 4 NOLOGGING;
```

索引数据合并的方法如下。

```
ALTER INDEX <索引名> COALEACE;
```

索引数据压缩与表压缩类似，方法如下。

```
ALTER INDEX <索引名> SHRINK SPACE CASCADE;
ALTER INDEX <索引名> SHRINK SPACE COMPACT;
ALTER INDEX <索引名> SHRINK SPACE;
```

针对表的碎片整理优先考虑 SHRINK 方法；而对索引的碎片整理，优先考虑索引重建的方法。

6

第6章 DM8 SQL 语句优化

SQL 调优作为数据库性能调优中的最后一个环节，对查询性能产生着直接的影响。本章将介绍定位高负载的 SQL 语句的方法、利用自动 SQL 调整功能进行优化的方法，以及如何开发有效的 SQL 语句和使用优化器提示来影响执行计划。

6.1 DM8 SQL 语句优化的相关概念

在进行正式的 SQL 调优前，首先要关注以下 3 点。

（1）安装 DM8 时的配置参数是否符合应用场景需求。

（2）DM8 的 INI 配置文件中各项参数是否已经处于最优配置。

（3）应用系统中的数据库设计是否合理。

6.1.1 DM8 SQL 语句的执行过程

当将一条语句提交到 DM8 中后，SQL 引擎会分 3 个步骤对其进行处理和执行：解析（Parse）、执行（Execute）和获取（Fetch），分别由 SQL 引擎的不同组件完成。SQL 引擎的构成如图 6-1 所示。

1. SQL 编译器（SQL Compiler）

将语句编译到一个共享游标中。SQL 编译器由解析器（Parser）、查询优化器（Query Optimizer）和行源生成器（Row Source Generator）组成。

（1）解析器。

解析器用于分析 SQL 语句的语法、语义，并将查询中的视图展开、划分为小的查询块。

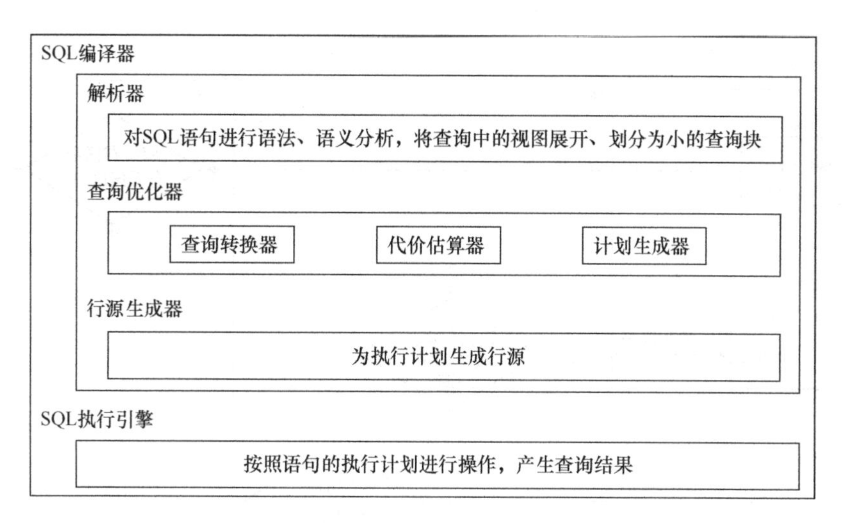

图 6-1　SQL 引擎的构成

（2）查询优化器。

查询优化器为 SQL 语句生成一组可能被使用的执行计划，估算出每个执行计划的代价，并调用计划生成器（Plan Generator）生成计划，比较计划的代价，最终选择一个代价最小的计划。查询优化器由查询转换器（Query Transform）、代价估算器（Cost Estimator）和计划生成器（Plan Generator）组成。

查询转换器决定是否重写用户的查询（包括视图合并、子查询反嵌套），以生成更好的查询计划。

代价估算器使用统计数据来估算操作的选择率（Selectivity），返回数据集的势（Cardinality）和代价，并最终估算出整个执行计划的代价。

计划生成器会考虑可能的访问路径（Access Path）、关联方法和关联顺序，生成不同的执行计划，让查询优化器从这些计划中选择出一个代价最小的计划。

注意，上述查询优化器实际上指的是基于代价的优化器（Cost Based Optimizer，CBO），CBO 也是当前采用的所有优化技术和调优技术的核心基础。

（3）行源生成器。

行源生成器从查询优化器接收到优化的执行计划后，为该计划生成行源（Row Source）。行源是一个可被迭代控制的结构体，它能以迭代方式处理一组数据行，并生成一组数据行。

2. SQL 执行引擎（SQL Execution Engine）

SQL 执行引擎依照语句的执行计划进行操作，产生查询结果。在每个操作中，SQL 执行引擎会以迭代的方式执行行源，生成数据行。

3. 一条 SQL 语句的具体执行过程

一般来说，一条 SQL 语句的具体执行过程包括以下步骤，如图 6-2 所示。

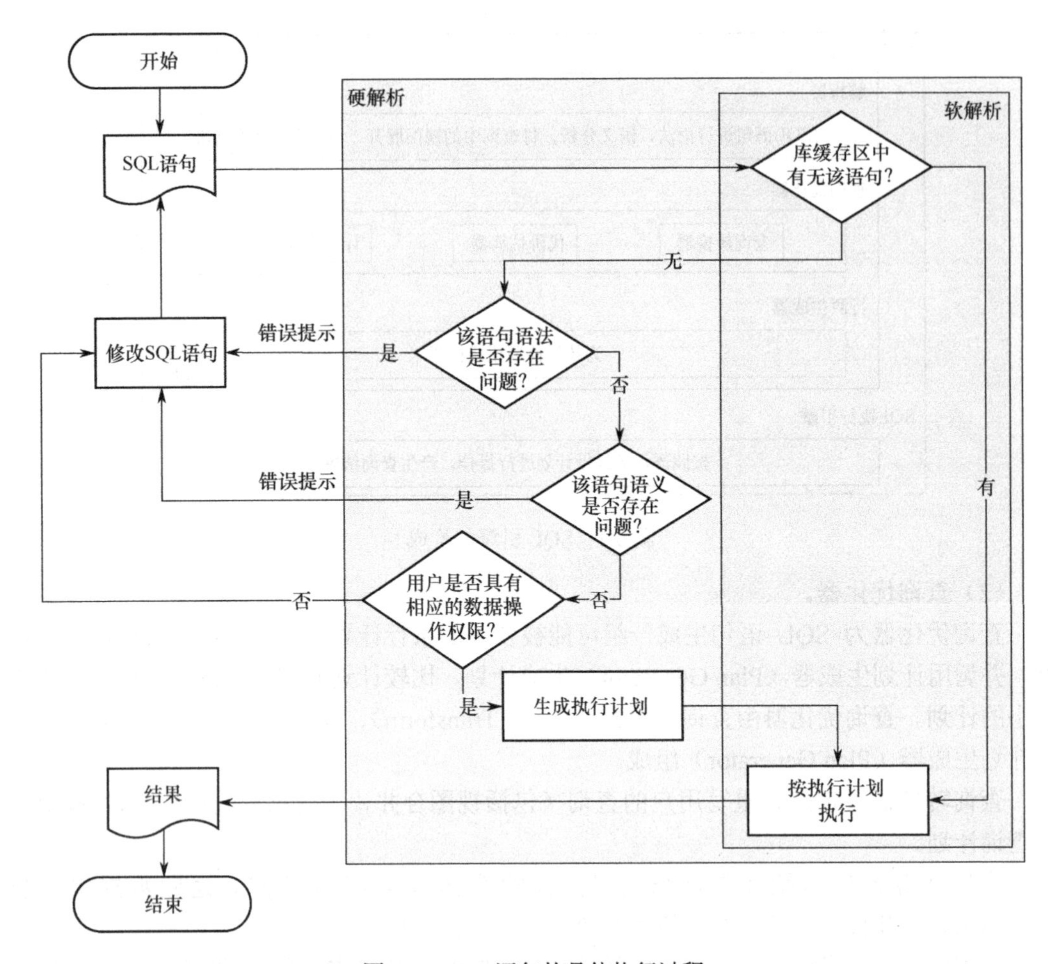

图 6-2 SQL 语句的具体执行过程

（1）客户端把语句发送给服务器端执行。

在客户端执行 SELECT 语句时，客户端会把这条 SQL 语句发送给服务器端，让服务器端的进程来处理该语句。也就是说，数据库客户端是不会做任何其他操作的，它的主要任务就是把客户端产生的一些 SQL 语句发送给服务器端。虽然在客户端也有一个数据库进程，但是这个进程的作用与服务器端上的进程的作用不同，只有服务器端上的数据库进程才会对 SQL 语句进行相关的处理。需要说明的是，客户端的进程与服务器端的进程是一一对应的。也就是说，在客户端连接上服务器后，在客户端与服务器端都会形成一个进程，在客户端上叫作客户端进程，在服务器端上叫作服务器进程。

（2）语句解析。

当客户端把 SQL 语句发送给服务器后，服务器进程会对该语句进行解析，主要通过以下步骤完成。

步骤 1：查询库缓存区。

服务器进程在接收到客户端传送过来的 SQL 语句后，不会直接进行数据库查询，而是会先在数据库的高速缓存中去查找是否存在相同语句的执行计划。若在数据高速缓存中存在该执行计划，则服务器进程会直接执行这个 SQL 语句，省去后续的工作。因此，采用高速数据缓存可以提高 SQL 语句的查询效率。一方面，从内存中读取数据要比从硬盘的数据文件中读取数据效率要高；另一方面，解析这个语句也需要时间。不过要区分，这个数据缓存包括数据库近期执行的 SQL 语句及相关的执行计划，与某些客户端软件的数据缓存是不一样的。某些客户端软件为了提高查询效率，会在应用软件的客户端设置数据缓存。这些数据缓存的存在可以提高客户端应用软件的查询效率。但是，若其他人在服务器端进行了相关的修改，由于应用软件数据缓存的存在，会导致修改的数据不能及时反映到客户端上。由此可以看出，应用软件的数据缓存与数据库服务器的高速数据缓存也是不一样的。

步骤 2：语句合法性检查。

当在高速缓存中找不到对应的 SQL 语句时，服务器进程就会开始检查这条 SQL 语句的合法性。这里主要是对 SQL 语句的语法进行检查，查看其是否合乎语法规则。如果服务器进程认为这条 SQL 语句不符合语法规则，就会把这个错误信息反馈给客户端。在语法检查的过程中，不会检查 SQL 语句中包含的表名、列名等，它只是语法上的检查。

步骤 3：语言含义检查。

若 SQL 语句符合语法上的定义，则服务器进程会对语句中的字段、表等内容进行检查，查看这些字段、表是否在数据库中。若表名与列名不准确，则数据库就会反馈错误信息给客户端。因此，在某些 SELECT 语句中，若语法与表名或列名同时写错，则系统会先提示语法错误，等到语法完全正确后，再提示列名或表名错误。

步骤 4：获得对象解析锁。

当语法、语义都正确后，系统就会对需要查询的对象加锁。这主要是为了保障数据的一致性，防止在查询的过程中其他用户对这个对象的结构做出修改。

步骤 5：数据访问权限的核对。

在语法、语义均通过检查后，客户端还不一定能够取得数据。服务器进程还会检查连接的用户是否有该数据访问的权限。若连接服务器的用户不具有该数据访问权限，则客户端就不能够取得这些数据。在查询某些数据的时候，虽然开发人员辛苦地把 SQL 语句写好，并且编译通过，但是最后系统却返回“没有权限访问数据”的错误信息。因此要注意，数据库服务器进程要先检查语法与语义，然后才会检查访问权限。

步骤 6：确定最佳执行计划。

当语句与语法都没有问题，且权限也匹配时，服务器进程还是不会直接对数据库文件进行查询。服务器进程会根据一定的规则，对这条语句进行优化。不过要注意，这个优化是有限的。一般在应用软件开发的过程中，需要对数据库的 SQL 语言进行优化，这个优化的作用要远大于服务器进程的自我优化。因此，一般在开发应用软件的时候，数据库的优化是必不可少的。当服务器进程的优化器确定这条查询语句的最佳执行计划后，就会将这条 SQL 语句与执行计划保存到数据高速缓存（Library Cache）中。由此可见，若将来还要执行这个查询，则会省略以上的语法、语义与权限检查的步骤，而直接执行 SQL 语句，提高 SQL 语句处理效率。

（3）语句执行。

语句解析仅对 SQL 语句的语法进行解析，以确保服务器能够知道这条语句表达的含义。语句解析完成后，数据库服务器进程才会真正地执行这条 SQL 语句。这条 SQL 语句的执行也分两种情况：一是若被选择行所在的数据块已经被读取到数据缓冲区，则服务器进程会直接把这个数据传递给客户端，而不需要从数据库文件中查询数据；二是若数据不在缓冲区中，则服务器进程将从数据库文件中查询相关数据，并把这些数据放入数据缓冲区（Buffer Cache）。

（4）提取数据。

SQL 语句执行完成后，查询到的数据还是在服务器进程中，还没有被传送到客户端的用户进程中。因此，在服务器进程中，有一段专门负责数据提取的代码。它的作用就是把查询到的数据结果返回给客户端进程，从而完成整个查询操作。

在整个查询处理的过程中，以及在数据库开发或者应用软件开发过程中，需要注意以下 3 点。

一是要了解数据库缓存与应用软件缓存是不一样的。数据库缓存只有在数据库服务器端才存在，在客户端是不存在的，只有如此，才能够保证数据库缓存中的内容与数据库文件的内容一致，才能够根据相关的规则，防止数据脏读、错读的发生。而应用软件涉及的数据缓存，因为与数据库缓存是不一样的，所以其虽然可以提高数据的查询效率，但是却打破了数据一致性的要求，有时候会发生脏读、错读等情况。因此，在应用软件上有一个专门的功能，用来在必要的时候清除数据缓存。但是，这个数据缓存的清除也只是清除本机上的数据缓存，或者说只是清除这个应用程序的数据缓存，而不会清除数据库的数据缓存。

二是绝大多数的 SQL 语句都是按照这个处理过程处理的。特别要注意，数据库是把对数据查询权限的审查放在语法语义的后面进行的。

三是在书写 SQL 语句时，应尽可能地避免数据库的反复硬解析。从图 6-2 中可以看出，数据库对 SQL 硬解析的过程比软解析的过程要复杂，处理的时间要长得多，当在数据库中反复多次地执行一条语句时，如果每次都进行硬解析，那么就会消耗大量的解析时间。

6.1.2 查询优化器

查询优化器通过分析可用的执行方式和查询所涉及的对象统计信息来生成最优的执行计划。此外，如果存在 HINT 优化提示，优化器还需要考虑优化提示的因素。

查询优化器的处理过程包括以下 3 个步骤。

- 优化器生成所有可能的执行计划集合。
- 优化器基于字典信息的数据分布统计值、执行语句涉及的表、索引和分区的存储特点来估算每个执行计划的代价。代价指 SQL 语句使用某种执行方式所消耗的系统资源的估算值。其中，系统资源消耗包括 I/O、CPU 使用情况、内存消耗等。
- 优化器选择代价最小的执行方式作为该条语句的最终执行计划。

优化器所做的操作有查询转换、估算代价、生成计划。

1. 查询转换

查询转换指把经过语法、语义分析的查询块之间的连接类型、嵌套关系进行调整，生成一个更好的查询计划。常用的查询转换技术包括过滤条件的下放、相关子查询的去相关性。

过滤条件的下放：在连接查询中，把部分表的过滤条件下移，在连接之前先过滤，可以减少连接操作的数据量，提升语句性能。

相关子查询的去相关性：采用半连接的方式执行与子查询相关的外表与内表，放弃默认采取的嵌套连接方式，对性能有较大提升。

2. 估算代价

估算代价指对执行计划的成本进行估算。执行节点之间的代价值相关性较强，一个执行节点的代价包括该节点包含的子节点代价。代价衡量指标包括选择率、基数、代价。

选择率指满足条件的记录数占总记录数的百分比。记录集可以是基表、视图、连接或分组操作的结果集。选择率与查询谓词相关，如“name = ‘韩梅梅’”；或者与谓词的连接相关，如“name = ‘韩梅梅’ and no = ‘0123’”。一个谓词可以看作一个过滤器，过滤掉结果集中不满足条件的记录。选择率的范围为 0～1，其中，0 表示行集中没有记录被选中，1 表示行集中所有记录都被选中。

如果没有统计信息，那么优化器会依据过滤条件的类型来设置对应的选择率。例如，等值条件的选择率低于范围条件的选择率。这些假定是根据经验值得到的，认为等值条件返回的结果集最少。

如果有统计信息，那么可以使用统计信息来估算选择率。例如，对于等值谓词（name = ‘韩梅梅’），如果 name 列有 N 个不同值，那么选择率是 $1/N$。

基数指整个行集的行数，该行集可以是基表、视图、连接或分组操作的结果集。

代价表示资源的使用情况。查询优化器使用磁盘 I/O、CPU 占用和内存使用情况作为代价计算的依据，所以代价可以用 I/O 数、CPU 使用率和内存使用率这一组值来表示。所有操作都可以进行代价计算，如基表扫描、索引扫描、连接操作或者对结果集排序等。

访问路径决定了从一个基表中获取数据所需要的代价。访问路径可以是基表扫描、索引扫描等。在进行基表扫描或索引扫描时，一次 I/O 读多个页，所以，基表扫描或索引扫描的代价依赖表的数据页数和多页读的参数值。二级索引扫描的代价依赖 B 树的层次、须扫描的叶子块数，以及根据 ROWID 访问聚集索引的记录数。

连接代价指访问两个连接的结果集代价与连接操作的代价之和。

3. 生成计划

生成计划指计划生成器对给定的查询按照连接方式、连接顺序、访问路径生成不同的执行计划，选择代价最小的一个作为最终的执行计划。

连接顺序指不同连接项的处理顺序。连接项可以是基表、视图，或者是一个中间结果集。例如，表 t1、t2、t3 的连接顺序是首先访问 t1，其次访问 t2，再次对 t1 与 t2 做连接生成结果集 r1，最后把 t3 与 r1 做连接。一个查询语句可能的计划数量与 FROM 语句中连接项的数量是成正比的，随着连接项的数量增加而增加。

4. 数据访问路径

数据访问路径指从数据库中检索数据的方法。一般情况下，索引访问用于检索表的小部分数据，全表扫描用于访问表的大部分数据。在联机事务处理过程（On-Line Transaction Processing，OLTP）应用中，一般使用索引访问路径，因为 OLTP 中包含了许多高选择率的 SQL 语句。而决策支持系统则倾向于执行全表扫描来获取数据。从数据库中定位和检索数据的方法有全表扫描、聚集索引扫描、二级索引扫描等。

全表扫描指从基表中检索数据时，扫描该表中所有的数据。全表扫描方式适合检索表中大部分数据，比索引扫描的效率更高。

索引扫描指通过遍历指定语句中的索引列来检索表中的数据。索引扫描是从基于一列或多列的索引中检索数据。索引不仅包含索引值，还包含对应表中数据的 ROWID。如果需要访问的不是索引列，那么这时需要通过 ROWID 或聚集索引来找到表中的数据行。

索引扫描包含聚集索引扫描和二级索引扫描。因为在聚集索引中包含了表中所有的列值，所以检索数据时只需要扫描这一个索引就可以得到所有需要的数据。由于二级索引只包含索引列以及对应的 ROWID，若查询列不在二级索引中，则还需要扫描聚集索引来得到所需要的数据。

查询优化器基于以下两个因素选择访问路径。

（1）执行语句中可能的访问路径。

（2）估算每条执行路径的代价。首先，为了选择一个访问路径，优化器会通过检查语句中的FROM子句和WHERE子句中的条件表达式来决定哪一个访问路径可以使用。其次，优化器会根据可用的访问路径生成可能的执行计划集合，并使用索引、列和表的统计信息来估算每个计划的代价。最后，优化器选择代价最小的那个执行计划。

影响优化器选择访问路径的因素有语句中的提示（HINT）和统计信息。用户可以在执行的语句中使用 HINT 来指定访问路径。统计信息会根据表中数据的分布情况决定采用哪个访问路径会产生最小的代价。

6.2 SQL 语句执行计划

SQL 语句的优化目标是使用最小的系统资源完成查询结果，因此分析 SQL 语句的性能问题，通常要先看该 SQL 语句的执行计划，判断 SQL 语句的每一步执行是否合理高效。利用执行计划来定位高负载或不合理的 SQL 语句等影响性能的问题，然后通过创建索引、修改 SQL 语句等操作来提高 SQL 语句的执行效能。可以说，能够看懂执行计划是 SQL 语句优化的先决条件。

6.2.1 执行计划简介

执行计划是对 SQL 语句在数据库中的执行过程或访问路径的描述，对于一个 SQL 查询任务，执行计划是数据库给出的完成此项任务的详细方案。一般由查询优化器为 SQL 语句设计特定的执行方式，并交给执行器去执行。

6.2.2　执行计划查看

在 SQL 命令行中使用 EXPLAIN 语句可以打印出语句的执行计划。

【例 6-1】先创建表和相关索引，再使用 EXPLAIN 语句查看执行计划，SQL 语句如下。

```
SQL>CREATE TABLE t1(c1 INT, c2 CHAR);
CREATE TABLE t2(d1 INT, d2 CHAR);
CREATE INDEX IDX_T1_C1 ON t1(c1);
INSERT INTO t1 VALUES(1,'A');
INSERT INTO t1 VALUES(2,'B');
INSERT INTO t1 VALUES(3,'C');
INSERT INTO t1 VALUES(4,'D');
INSERT INTO t2 VALUES(1,'A');
INSERT INTO t2 VALUES(2,'B');
INSERT INTO t2 VALUES(5,'C');
INSERT INTO t2 VALUES(6,'D');
```

查看执行计划的 SQL 语句如下。

```
SQL>EXPLAIN SELECT a.c1+1, b.d2 FROM t1 a, t2 b WHERE a.c1 = b.d1;
```

打印出的执行计划如下。

```
1 #NSET2: [0, 16, 9]
2 #PRJT2: [0, 16, 9]; EXP_NUM(2), IS_ATOM(FALSE)
3 #NEST LOOP INDEX JOIN2: [0, 16, 9]
4 #CSCN2: [0, 4, 5]; INDEX33555535(B)
5 #SSEK2: [0, 4, 0]; SCAN_TYPE(ASC), IDX_T1_C1 (a), SCAN_RANGE[t2.d1,t2.d1]
```

这个执行计划看起来就像一棵树，执行过程为：控制流从上向下传递，数据流从下向上传递。其中，类似［0, 16, 9］这样的 3 个数字，分别表示估算的操作符代价、处理的记录行数和每行记录的字节数。对于同一层次中的操作符，如本例中的 CSCN2 和 SSEK2，由父节点 NEST LOOP INDEX JOIN2 控制它们的执行顺序。

该计划的大致执行流程如下。

（1）CSCN2：扫描 t2 表的聚集索引，数据传递给父节点索引连接。

（2）NEST LOOP INDEX JOIN2：当左孩子节点有数据返回时取右侧数据。

（3）SSEK2：利用 t2 表当前的 d1 值作为二级索引 IDX_T1_C1 定位查找的键，返回结果给父节点。

（4）NEST LOOP INDEX JOIN2：若右孩子节点有数据，则将结果传递给父节点 PRJT2，否则继续取左孩子节点的下一条记录。

（5）PRJT2：计算表达式 c1+1 和 d2 的值。

（6）NSET2：输出最后结果。

（7）重复过程（1）～（4）直至左侧的 CSCN2 数据全部取完。

6.2.3 常见的操作符介绍

在 DM8 动态视图 V$SQL_NODE_NAME 中，提供了执行计划的常用操作符，如 AAGR2 表示简单聚集，CSCN2 表示聚集索引扫描，有关 DM8 数据库执行计划常用操作符的说明见附录 D。

6.3 SQL 统计信息

统计信息主要是描述 DM8 中 I/O 读取速度等系统处理能力，以及表、索引等对象的大小、规模和数据分布状况的一类信息。在代价估算中，优化器根据系统处理能力、对象的大小，以及需要读取的数据量等信息估算出语句从相关对象上读取所需数据需要花费的代价。这些信息主要来源于存储在系统中的统计信息，数据库系统收集相关统计信息的过程也叫动态采样分析。

6.3.1 统计信息简介

执行 SQL 语句查询时，优化器会使用与目标表相关的统计信息来估计查询结果中的基数或行数，基于这些基数或行数，建立高质量的查询计划。统计信息可以分为两个层次：系统统计信息和对象统计信息。

1．系统统计信息

系统统计信息（System Statistics）主要描述了与系统硬件相关的某些特性，包括 CPU 转速、读取单数据页的 I/O 时间、读取多数据页的 I/O 时间，以及读取多数据页时平均每次读取的数据页的数量等。系统处理能力是影响执行计划中操作代价的重要因素，DBMS_STATS 中有相应的存储过程（GATHER_SYSTEM_STATS）来收集相关信息，相应的系统统计信息如表 6-1 所示。

表 6-1 系统统计信息

参数名称	描　述
CPUSPEEDNW	CPU 在无负载模式下的处理速度，即每秒钟可以完成的机器指令数（或转数，Cycles），单位为百万次
CPUSPEED	CPU 在负载模式下的处理速度，即每秒钟可以完成的机器指令数，单位为百万次
IOSEEKTIM	I/O 寻址时间，即 I/O 寻址需要的时间，单位为 ms，默认值为 10
IOTFRSPEED	I/O 传输速度，即每毫秒传输的字节数，默认值为 4096
MBRC	系统设置读取多数据块的数据块数
SREADTIM	单数据页的平均读取时间，单位为 ms
MREADT	多数据页的平均读取时间，单位为 ms
MAXTHR	I/O 系统的最大吞吐量，单位为每秒字节数（B/s）
SLAVETHR	单个并行服务进程的最大吞吐量，单位为每秒字节数（B/s）

2. 对象统计信息

在估算对对象的访问代价时，对象统计信息是优化器的重要参考数据。对象统计信息又可以分为 3 类：表统计信息、索引统计信息和字段统计信息。若表存在分区，则还包括表分区统计信息及子分区统计信息。

（1）表统计信息。

表统计信息可以通过视图 DBA/ALL/USER_TABLES 查询，其具体内容如表 6-2 所示。

表 6-2 表统计信息

参数名称	描 述
NUM_ROWS	表（或者分区、子分区）中的数据记录数
BLOCKS	表（或者分区、子分区）数据占用的数据块数
EMPTY_BLOCKS	表（或者分区、子分区）中平均空闲数据块数
AVG_SPACE	表（或者分区、子分区）中平均空闲空间
CHAIN_CNT	表（或者分区、子分区）中链接数据（即一条记录存储在两个或多个数据块中）记录数
AVG_ROW_LEN	表（或者分区、子分区）的数据记录平均长度，单位为 B
AVG_SPACE_FREELIST_BLOCKS	表（或者分区、子分区）中，平均一个 FREELIST 上所有数据页的空闲空间
NUM_FREELIST_BLOCKS	表（或者分区、子分区）中 FREELIST 上的数据块数量
AVG_CACHED_BLOCKS	表（或者分区、子分区）中被缓存在内存（Buffer Cache）中的数据块平均数量
AVG_CACHE_HIT_RATIO	表（或者分区、子分区）的数据块平均缓存命中率
SAMPLE_SIZE	用于分析表（或者分区、子分区）的采样大小

（2）索引统计信息。

索引统计信息可以通过视图 DBA/ALL/USER_INDEXES 查询，其具体内容如表 6-3 所示。

表 6-3 索引统计信息

参数名称	描 述
BLEVEL	索引树的支节点层数
LEAF_BLOCKS	索引的叶子数据块数
DISTINCT_KEYS	索引的唯一键值数
AVG_LEAF_BLOCKS_PER_KEY	索引中平均每个键值所占用的叶子数据块数
AVG_DATA_BLOCKS_PER_KEY	索引中平均每个键值所指向的表的数据块的数量
CLUSTERING_FACTOR	索引的簇集因子（簇集因子反映了每个键值指向的表的数据块数直接的连续性，数值越低，这些数据块分布越连续；数值越高，这些数据块分布越分散）
NUM_ROWS	被索引的数据记录数
AVG_CACHED_BLOCKS	索引被缓存在内存（Buffer Cache）中的数据块的平均数量
AVG_CACHE_HIT_RATIO	索引（或者本地分区索引）的数据块平均缓存命中率
SAMPLE_SIZE	用于分析索引的采样大小

（3）字段统计信息。

字段统计信息可以通过视图 DBA/ALL/USER_TAB_COLS 查询，其具体内容如表 6-4 所示。

表 6-4　字段统计信息

参数名称	描　　述
NUM_DISTINCT	字段中的唯一值
LOW_VALUE	字段中的最小数值
HIGH_VALUE	字段中的最大数值
DENSITY	字段的密度（即平均每个唯一值在该字段中的重复数据数）
NUM_NULLS	字段中的空值数
NUM_BUCKETS	字段柱状图数据的“桶”的数量
NUM_ROWS	被索引的数据记录数
SAMPLE_SIZE	用于分析字段的采样大小
AVG_COL_LEN	字段中数据的平均长度，单位为 B

6.3.2　统计信息对执行计划的影响

统计信息会直接影响优化器选择哪种执行计划，对于 SQL 查询语句中的单表查询和多表连接的执行计划，其相关的统计信息决定了如何选择执行计划。

为了理解统计信息是如何对优化器产生影响的，请查看如下示例。

【例 6-2】 创建一个测试表 t，包含 3 个字段 id、col1、col2，类型分别为 INT、VARCHAR(10)、INT，以对象 col1 字段创建索引，向表中循环插入 10000 条数据，其中 id 为 1～10000，col1 根据 id 值从 A、B、C 中选择，当 id 能够被 4 整除时取 B，能够被 250 整除时取 C，其他时候取 A，col2 随机从 0～1000 中取值。SQL 语句如下。

```
SQL>CREATE TABLE t(id INT, col1 VARCHAR(10), col2 INT);
CREATE INDEX IDX_COL1 ON t(col1);
DECLARE
  id NUMBER := 1;
  col1 VARCHAR(10) := '';
  col2 INT:= 0;
BEGIN
  FOR id IN 1 .. 10000 LOOP
    IF id%4 = 0 THEN
        SET col1 = 'B';
    ELSEIF id%250 = 0 THEN
        SET col1 = 'C';
    ELSE
        SET col1 = 'A';
    END IF;
    SET col2 = CAST(dbms_random(0, 1000) AS INT);
```

```
    INSERT /*+dynamic_sampling(t,0)*/ INTO t VALUES(id, col1, col2);
  END LOOP;
  COMMIT;
END;
```

现在数据库系统没有收集该表的相关信息，可以通过以下视图来确认。

【例 6-3】从 USER_TABLES 系统视图中查看表名为 t 的相关信息，SQL 语句如下。

```
SQL> SELECT table_name, num_rows, sample_size, last_analyzed FROM USER_TABLES WHERE
table_name='t';
行号      TABLE_NAME  NUM_ROWS    SAMPLE_SIZE     LAST_ANALYZED
----------  ---------------  ----------      ----------      ----------
1          t              NULL        NULL            NULL
```

【例 6-4】从 USER_INDEXES 系统视图中查看表名为 t 的索引相关信息，SQL 语句如下。

```
SQL> SELECT index_name, index_type, num_rows, sample_size, last_analyzed FROM user_indexes
WHERE table_name='t';
行号      INDEX_NAME      INDEX_TYPE  NUM_ROWS    SAMPLE_SIZE  LAST_ANALYZED
----------  ---------------  ----------  ----------  ----------  ----------
1          IND_COL1        NORMAL      NULL        NULL         NULL
2          INDEX33555573   CLUSTER     NULL        NULL         NULL
```

从例 6-3 中可以看出，表的行数（NUM_ROWS）、取样大小（SAMPLE_SIZE）及最后分析时间(LAST_ANALYZED)均为 NULL，例 6-4 查询到的索引的相关信息也为 NULL，说明这个表和索引的统计信息都没有被收集。若此时有一条 SQL 语句对该表进行查询，则优化器会由于无法获取这些信息而生成错误的执行计划。

【例 6-5】当表 t 中对象 col1 为 C 时，求 col2 平均值的执行计划，SQL 语句如下。

```
SQL> EXPLAIN SELECT /*+dynamic_sampling(t,0) */ AVG(COL2) FROM T WHERE col1 = 'C';
```

若一个表没有做分析，数据库将自动对它做动态采样分析。为了模拟在没有分析数据的情况下，CBO 是如何产生执行计划的，通过 HINT 的方式将动态采样的级别设置为 0，即不使用动态采样。其执行计划如下。

```
1    #NSET2: [1, 1, 52]
2         #PRJT2: [1, 1, 52]; exp_num(1), is_atom(FALSE)
3              #AAGR2: [1, 1, 52]; grp_num(0), sfun_num(1) slave_empty(0)
4                   #SLCT2: [1, 250, 52]; T.COL1='C'
5                        #CSCN2: [1, 1000, 52]; INDEX33555573(T)
```

CBO 估算出表中满足条件的记录为 250 行，所以选择了使用聚集索引（CLUSTER SCAN），扫描了全表的 10000 条记录。然而，这种执行计划是最优的吗？接下来先对该表进行采样分析，然后再重做这个测试，查看结果。

【例 6-6】对表 t 进行动态采样分析，SQL 语句如下。

```
SQL>CALL DBMS_STATS.GATHER_TABLE_STATS(user , 't' ) ;
```

若数据库未创建过系统包，可先调用系统过程创建系统包，SQL 语句如下。

```
SQL>CALL SP_CREATE_SYSTEM_PACKAGES(1, 'DBMS_STATS');
```

再重复例 6-3 和例 6-4，查看在收集表 t 的统计信息后，系统视图中的表 t 的相关信息，

SQL 语句如下。

```
SQL> SELECT table_name num_rows, sample_size, last_analyzed FROM user_tables WHERE
table_name='t';
行号     table_name     NUM_ROWS     SAMPLE_SIZE     LAST_ANALYZED
---------- --------------- ----------     ----------     ----------
1        t              10000        10000           NULL

SQL> SELECT index_name, index_type, num_rows, sample_size, last_analyzed FROM user_indexes
WHERE table_name='t';
行号     INDEX_NAME     INDEX_TYPE     NUM_ROWS     SAMPLE_SIZE     LAST_ANALYZED
---------- --------------- ----------     ----------     ----------     ----------
1        IND_COL1       NORMAL         10000        10000           NULL
2        INDEX33555573  CLUSTER        NULL         NULL            NULL
```

可以看到，在默认情况下，DBSM_STATS.gather_TABLE_stats 对表做了分析，对索引未做分析。

再重复例 6-5，查看查询表 t 中的对象 id 大于 30 的 SQL 语句的执行计划，如下。

```
SQL> EXPLAIN SELECT /*+dynamic_sampling(t,0) */ AVG(COL2) FROM t WHERE col1 = 'C';
1     #NSET2: [1, 1, 52]
2         #PRJT2: [1, 1, 52]; exp_num(1), is_atom(FALSE)
3             #AAGR2: [1, 1, 52]; grp_num(0), sfun_num(1) slave_empty(0)
4                 #BLKUP2: [0, 20, 52]; IND_COL1(T)
5                     #SSEK2: [0, 20, 52]; scan_type(ASC), IND_COL1(T), scan_range['C', 'C']
```

可以看到表 t 在做完分析之后，CBO 估算得到的结果集为 20 条记录，使用唯一索引 IND_COL1 只处理了 20 条记录，相比于使用聚集索引处理 10000 条记录显然效率更高。

例 6-2～例 6-6 说明统计信息影响了优化器对一张表数据的获取方式，进而影响了 SQL 语句的执行计划。接下来的例子将从连接方式说明统计信息对执行计划的影响。

【例 6-7】 参考例 6-2 的方式建表和插入数据，新建两个表 t1 和 t2，表 t1 包含字段 id，类型为 INT，以及字段 col1，类型为 VARCHAR(10)；表 t2 包含字段 id，类型为 INT，以及字段 col1，类型为 VARCHAR(1000)。分别向两个表中插入数据，SQL 语句如下。

```
SQL>CREATE TABLE t1(id INT, col1 VARCHAR(10));
CREATE TABLE t2(id INT, col2 VARCHAR(1000));
DECLARE
  i NUMBER := 1;
BEGIN
 FOR i IN 1 .. 100000 LOOP
    INSERT INTO t1 VALUES(i, 'C1');
 END LOOP;
 COMMIT;
END;

DECLARE
 i NUMBER := 1;
```

```
BEGIN
   FOR i IN 1 .. 500000 LOOP
      INSERT INTO t2 VALUES(i, 'C2');
   END LOOP;
   COMMIT;
END;
```

【**例 6-8**】分别对表 t1 和 t2 进行采样分析，SQL 语句如下。

```
SQL>CALL DBMS_STATS.GATHER_TABLE_STATS(user , ' t1 ' ) ;
SQL>CALL DBMS_STATS.GATHER_TABLE_STATS(user , ' t2 ' ) ;
```

6.3.3　统计信息的更新及查看

对于大多数 SQL 查询语句，优化器已为高质量的查询计划生成了必要的统计信息，但在一些情况下，需要创建附加的统计信息或修改查询设计才能得到最佳的查询结果。

统计信息的收集和维护可以通过 DBMS_STATS 包或 SP_INDEX_STAT_INIT、SP_TAB_STAT_INIT 等系统函数来实现，如表 6-5 所示。

表 6-5　索引统计信息

参数名称	功　能	参数说明及示例
SP_TAB_INDEX_STAT_INIT	收集表上所有索引的统计信息	参数说明：schname 表示模式名；tablename 表示表名。 示例：CALL SP_TAB_INDEX_STAT_INIT('SYSDBA', 'EMP');
SP_DB_STAT_INIT	数据库级别的统计信息收集，包含所有用户、模式的表及表上的索引信息	无参数。 示例：CALL SP_DB_STAT_INIT()
SP_INDEX_STAT_INIT	收集指定索引的统计信息	参数说明：schname 表示模式名；indexname 表示索引名。 示例：CALL SP_INDEX_STAT_INIT('SYSDBA','IND_EMPLOYEE_ID');
SP_COL_STAT_INIT	收集指定列的统计信息，不支持大字段列和虚拟列	参数说明：schname 表示模式名；tablename 表示表名；colname 表示列名。 示例：CALL SP_COL_STAT_INIT('SYSDBA','EMP', 'EMPLOYEE_ID');
SP_TAB_COL_STAT_INIT	收集指定表上所有列的统计信息	参数说明：schname 表示模式名；tablename 表示索引名。 示例：CALL SP_TAB_COL_STAT_INIT('SYSDBA', 'EMP');
SP_STAT_ON_TABLE_COLS	收集指定表上所有列的统计信息，并指定采样率、采样范围为（0，100]	参数说明：schname 表示模式名；tablename 表示索引名。 E_PERCENT 表示采样率取值为（0，100] 示例：CALL SP_STAT_ON_TABLE_COLS('SYSDBA', 'EMP',90);
SP_TAB_STAT_INIT	收集指定表的统计信息	参数说明：schname 表示模式名；tablename 表示索引名。 示例：CALL SP_TAB_STAT_INIT('SYSDBA','EMP');

（续表）

参数名称	功　　能	参数说明及示例
SP_INDEX_STAT_DEINIT	删除指定索引的统计信息	参数说明：schname 表示模式名；indexname 表示索引名。 示例：CALL SP_INDEX_STAT_DEINIT('SYSDBA', 'IND_EMPLOYEE_ID');
SP_COL_STAT_DEINIT	删除指定列的统计信息	参数说明：schname 表示模式名；tablename 表示表名；colname 表示列名。 示例：CALL SP_COL_STAT_DEINIT('SYSDBA','EMP', 'EMPLOYEE_ID');
SP_TAB_COL_STAT_DEINIT	删除指定表上所有列的统计信息	参数说明：schname 表示模式名；tablename 表示索引名。 示例：CALL SP_TAB_COL_STAT_DEINIT('SYSDBA', 'EMP');
SP_TAB_STAT_DEINIT	删除指定表的统计信息	参数说明：schname 表示模式名；tablename 表示索引名。 示例：CALL SP_TAB_STAT_DEINIT('SYSDBA','EMP');

DBMS_STATS 包同样可以实现统计信息的收集，可以通过 DESC DBMS_STATS 命令查看 DBMS_STATS 包的相关描述信息，部分结果如下所示。

```
SQL> DESC DBMS_STATS;
行号 NAME                    TYPE$            IO    DEF   RT_TYPE
----------  ---------------   ---------------  ---   ---   -------
1   CONVERT_RAW_VALUE       PROC             <空>  <空>  <空>
2   I_RAW                   VARBINARY(8188)  IN    <空>  <空>
3   M_N                     NUMBER           OUT   <空>  <空>
4   CONVERT_RAW_VALUE       PROC             <空>  <空>  <空>
5   I_RAW                   VARBINARY(8188)  IN    <空>  <空>
6   M_N                     DATATIME(6)      OUT   <空>  <空>
7   CONVERT_RAW_VALUE       PROC             <空>  <空>  <空>
8   I_RAW                   VARBINARY(8188)  IN    <空>  <空>
9   M_N                     VARCHAR(8188)    OUT   <空>  <空>
10  CONVERT_RAW_VALUE       PROC             <空>  <空>  <空>
11  I_RAW                   VARBINARY(8188)  IN    <空>  <空>
12  M_N                     FLOAT            OUT   <空>  <空>
13  COLUMN_STATS_SHOW       PROC             <空>  <空>  <空>
14  OWNNAME                 VARCHAR(128)     IN    <空>  <空>
15  TABLENAME               VARCHAR(128)     IN    <空>  <空>
16  COLNAME                 VARCHAR(128)     IN    <空>  <空>
17  TABLE_STATS_SHOW        PROC             <空>  <空>  <空>
18  OWNNAME                 VARCHAR(128)     IN    <空>  <空>
19  TABLENAME               VARCHAR(128)     IN    <空>  <空>
20  INDEX_STATS_SHOW        PROC             <空>  <空>  <空>
21  OWNNAME                 VARCHAR(128)     IN    <空>  <空>
22  INDEXNAME               VARCHAR(128)     IN    <空>  <空>
```

```
23  CREATE_STAT_TABLE     PROC           <空>  <空>  <空>
24  STATOWN               VARCHAR(128)   IN    <空>  <空>
25  STATTAB               VARCHAR(128)   IN    <空>  <空>
26  TABLESPACE            VARCHAR(128)   IN    <空>  <空>
27  GLOBAL_TEMPORARY      BOOLEAN        IN    FALSE <空>
```

上述结果中，DBMS_STATS 包的相关描述信息先列出其可用的函数，再列出其需要的参数信息。下面的例子列举了 DBMS_STATS 包中常用的函数，如 GATHER_TABLE_STATS 函数用于收集表的统计信息，同样需要指定用户（OWNNAME）和表名（TABNAME）。

【例 6-9】 收集在例 6-2 中创建的表 t 的统计信息，SQL 语句如下。

```
SQL> CALL DBMS_STATS. GATHER_TABLE_STATS ('SYSDBA','t');
DMSQL 过程已成功完成
已用时间： 292.286（毫秒）. 执行号：54
```

DBMS_STATS 包中的 TABLE_STATS_SHOW 函数可以查看表的统计信息，需要指定用户（OWNNAME）和表名（TABNAME）。

【例 6-10】 查看表 t 的统计信息，SQL 语句如下。

```
SQL> CALL DBMS_STATS. TABLE_STATS_SHOW('SYSDBA','t');
行号  NUM_ROWS   LEAF_BLOCKS      LEAF_USED_BLOCKS
---------- -------------- -------------- -------------- -------------- ------------------
1    10000      48               43
```

INDEX_STATS_SHOW 函数用于收集索引的统计信息，需要指定用户（OWNNAME）和索引名称（INDEXNAME）。

【例 6-11】 查看表 t 中 IND_COL1 索引的统计信息，SQL 语句如下。

```
SQL> CALL DBMS_STATS.INDEX_STATS_SHOW('SYSDBA','IND_COL1');
行号  BLEVEL   LEAF_BLOCKS   DISTINCT_KEYS   CLUSTERING_FACTOR
      NUM_ROWS               SAMPLE_SIZE
---------- ---------- ---------------- ---------------- ---------------- ---------------- ----------------
1     1        48            3               0
      10000                  10000
已用时间： 2.155（毫秒）. 执行号：55
```

DBMS_STATS 中的函数还可以用于收集与用户相关的统计信息，涉及参数如下。

```
行号 NAME                  TYPE$          IO    DEF                   RT_TYPE
---------- ---------------- ---------------- --- --- ------------------- ------------------- ------------- ---------------
100  GATHER_SCHEMA_STATS   PROC           <空>  <空>                  <空>
101  OWNNAME               VARCHAR(128)   <空>  <空>                  <空>
102  ESTIMATE_PERCENT      FLOAT          IN    TO_ESTIMATE_
                                                PERCENT_TYPE
                                                (GET_PREFS
                                                ('ESTIMATE_PERCENT'))
                                                                      <空>
```

```
103  BLOCK_SAMPLE      BOOLEAN          IN    FLASE          <空>
104  METHOD_OPT        VARCHAR(32767)   IN    GET_PREFS
                                              ('METHOD_OPT')
                                                             <空>
105  DEGREE            INTEGER          IN    TO_DEGREE_TYPE
                                              (GET_PREFS('DEGREE'))
                                                             <空>
106  GRANULARTY        VARCHAR(32767)   IN    GET_PREFS
                                              ('GRANULARITY')
                                                             <空>
107  CASCADE           BOOLEAN          IN    TO_CASCADE_TYPE
                                              (GET_PREFS
                                              ('CASCADE'))   <空>
108  STATTAB           VARCHAR(128)     IN    NULL           <空>
109  STATID            VARCHAR(128)     IN    NULL           <空>
110  OPTIONS           VARCHAR(32767)   IN    'GARTHER'      <空>
111  OBJLIST           SYS.OBJECTTAB    OUT   NULL           <空>
112  STATOWN           VARCHAR(128)     IN    NULL           <空>
113  NO_INVALIDATE     BOOLEAN          IN    TO_NO_INVALIDATE_
                                              TYPE(GET_PREFS
                                              ('NO_INVALIDATE')
                                                             <空>
114  FORCE             BOOLEAN          IN    FALSE          <空>
115  OBJ_FILTER_LIST   SYS.OBJECTTAB    IN    NULL           <空>
```

【例 6-12】收集 SYSDBA 用户的统计信息，采样率指定为 100，并行度为 2，SQL 语句如下。

```
SQL>CALL DBMS_STATS.GATHER_SCHEMA_STATS('SYSDBA', 100, TRUE. 'FOR ALL
COLUMNS SIZE AUTO', 2)
```

对于对象统计信息，部分信息可以通过查看相关视图获取统计信息，如通过 DBA/USER_TABLES、DBA/USER_INDEXES 等视图查看表和索引的统计信息，如例 6-3、例 6-4 所示。

6.4 DM8 的索引设计

关于索引的概念和分类参考 5.3.1 节，索引设计的目的是能够在查询计算时快速定位符合条件的数据，而不必扫描整个数据表。虽然一个表可以有任意数量的索引，每个索引可以包含多个列，但是索引越多，涉及的列越多，修改数据的开销就越大。当插入或删除行时，表上的所有索引也会随之修改；当更改某列数据时，包含该列的所有索引也会被修改。因此，设计索引不是越多越好，需要权衡表的检索速度和表中数据的更新速度，如主要用于读和查询的表可以多建索引，而经常更新数据的表不宜多建索引。一般来说，索引设计根据使用需求应注意 3 个方面。

1. 索引正确的表和列

使用下列准则来决定何时创建索引。

（1）若需要经常检索大量表中的少量行，则为查询列创建索引。

（2）若查询时需要做多表连接，为改善多个表的连接性能，可为连接列创建索引。

（3）表中的主键和唯一键自动具有索引，不用再为其创建索引。

（4）表中的数据列被其他表作为外键引用时，也可为其创建索引。

（5）小表不需要索引。

选取表中的索引列时可以考虑以下 3 点。

（1）列中的值相对比较唯一。

（2）取值范围大，适合建立索引。

（3）CLOB 和 TEXT 只能建立全文索引，BLOB 不能建立任何索引。

2. 选择索引数据列会影响查询性能

在 CREATE INDEX 语句中，列的排序会影响查询的性能，通常会将最常用的列放在最前面。若查询中有多个字段组合定位，则不应为每个字段单独创建索引，而应该创建一个组合索引。当两个或多个字段都是等值查询时，组合索引中各个列的前后关系是无关紧要的。但是若是非等值查询，要想有效利用组合索引，则应该按等值字段在前、非等值字段在后的原则创建组合索引。查询时最多包含一个非等值条件才会使用该组合索引，超过两个非等值条件的查询语句在执行时不会使用组合索引。

3. 限制每个表的索引的数量

一个表可以有任意数量的索引。但是，索引越多，修改表数据的开销就越大。当插入或删除行时，表上的所有索引也要被更改；更改一个列时，包含该列的所有索引也要被更改。创建索引能提高对表中数据的检索速度，但会降低对表中数据的更新速度，因此创建索引需要对二者进行折中考虑。例如，若一个表仅用于读，则创建多个索引就有好处；若一个表经常被更新，则不宜创建多个索引。

6.4.1 DM8 索引的存储结构

索引是与表相关的可选的结构（聚簇索引除外），它能使对应于表的 SQL 语句执行得更快，因为有索引比没有索引能更快地定位数据。DM8 索引能提供访问表数据的更快路径，可以不用重写任何查询而使用索引，其结果与不使用索引是一样的，但速度更快。

DM8 提供了 6 种最常见的索引，对不同场景有不同的功能。

（1）聚集索引：每个普通表有且只有一个聚集索引，数据都可以通过聚集索引键排序，快速查询到相关记录。若建表语句未指定聚集索引数据列，则 DM8 使用默认的聚集索引数据列 ROWID；若建表语句指定聚集索引数据列，则表中数据会根据索引键排序。当然，DM8 支持在建表后再利用创建新聚集索引的方式来重建表数据，但已经创建好的非默认的聚集索引的表不能再次创建新的聚集索引。

（2）唯一索引：索引数据根据索引键唯一，保证表中的唯一索引列上不会有两行相同的值。

（3）函数索引：包含函数/表达式的预先计算的值，这些值被预先计算出来并存储在索引中。

（4）位图索引：对低基数的列创建位图索引，即对包含大量相同值的数据列创建索引。位图索引被广泛用于数据仓库中。

（5）位图连接索引：针对两个或多个表连接的位图索引，主要用于数据仓库中。

（6）全文索引：在表的文本列上创建的索引。

索引在逻辑上和物理上都与对应表的数据无关，作为无关的结构，索引需要存储空间。创建或删除一个索引，不会影响基本的表、数据库应用或其他索引。当插入、更改和删除相关表的行时，DM8 会自动管理索引。若删除索引，则所有的数据库应用仍继续工作，但访问以前被索引过的数据时速度可能会变慢。

6.4.2 索引的更新及查看

一般情况下，在插入或装载数据后，为表创建索引会更加高效。可以通过 INDEXDEF 系统函数查看索引的定义，SQL 语句如下。

```
SQL>INDEXDEF(INDEX_ID INT, PREFLAG INT);
```

其中，INDEX_ID 为索引的 ID，可以通过查询系统表 SYSOBJECTS 来获取对象的 ID，PREFLAG 表示返回的信息中是否增加了模式名前缀，0 表示不加模式名前缀，1 表示加模式名前缀。

【例 6-13】 查询例 6-2 创建的表 t 中的索引 IND_COL1 的 id，SQL 语句如下。

```
SQL> SELECT name, id, subtype$ FROM SYSOBJECTS WHERE subtype$='INDEX' AND
name='IND_COL1';
行号    NAME        ID          SUBTYPE$
---------- ---------- ---------------- ----------------
1       IND_COL1    33555574    INDEX
```

【例 6-14】 查询表 t 中索引 IND_COL1 的定义，不加模式前缀，SQL 语句如下。

```
SQL> SELECT INDEXDEF('33555574',0);
行号 INDEXDEF(33555574, 0)
---------- ---------------------------------------------
1     CREATE INDEX 'INDEX_COL1' ON 't'('COL1' ASC) STORAGE(ON 'MAIN', CLUSTERBTR);
已用时间： 1.405（毫秒）. 执行号：66
```

当一个表经过大量的增加、修改和删除操作后，表中数据在物理文件中可能存在大量碎片，会影响访问速度。另外，当删除表中的大量数据后，若不再对表执行插入操作，则索引所处的段可能占用了大量并未使用的簇，从而浪费了存储空间。可以通过重建索引的方式对索引的数据进行重组，使数据更加紧凑，并释放不需要的存储空间，从而提高表中数据的访问效率和空间存储效率。

DM8 提供的重建索引的系统函数如下。

```
SQL>SP_REBUILD_INDEX(SCHEMA_NAME VARCHAR(256), INDEX_ID INT)
```

其中，SCHEMA_NAME 是索引所在的模式的名称，INDEX_ID 是索引的 ID。

需要注意的是，水平分区子表、临时表和系统表上的索引不支持重建索引；虚索引和聚集索引不支持重建。

如果在装载数据之前创建了一个或多个索引，那么在插入每行数据时 DM8 都必须更改和维护每个索引，使得插入效率降低。

【例 6-15】 重建表 t 中的索引 IND_COL1，SQL 语句如下。

```
SQL> CALL SP_REBUILD_INDEX('SYSDBA', 33555574);
DMSQL 过程已成功完成
已用时间： 461.799（毫秒）. 执行号：69
```

另外，也可用 ALTER INDEX 语句重建索引。

【例 6-16】 使用 ALTER INDEX 语句重建表 t 中的索引 IND_COL1，SQL 语句如下。

```
SQL> ALTER INDEX SYSDBA.IND_COL1 REBUILD;
操作已执行
已用时间： 239.188（毫秒）. 执行号：70
```

【例 6-17】 使用 ALTER INDEX 语句在线重建表 t 中的索引 IND_COL1，SQL 语句如下。

```
SQL> ALTER INDEX SYSDBA.IND_COL1 REBUILD ONLINE;
操作已执行
已用时间： 221.003（毫秒）. 执行号：71
```

在某些应用场景下，某些索引需要被删除。例如，在数据量骤降不需要索引、原有的索引并没有针对相关表的查询提供所期望的性能改善，或者应用并未使用创建的索引来查询数据时索引就应被删除。使用 DROP 语句可删除已有的索引。

【例 6-18】 删除表 t 中的索引 IND_COL1，SQL 语句如下。

```
SQL> DROP INDEX SYSDBA.IND_COL1;
操作已执行
已用时间： 148.858（毫秒）. 执行号：72
```

6.4.3　执行计划不使用索引的情况

建立索引的目的是提高 SQL 语句的执行效率，然而查看某些语句的执行计划时，发现有时其并未使用创建的索引，针对此种情况，本节总结以下常见的执行计划不使用索引的情况。

为更好地说明执行计划不使用索引的情况，对例 6-2 创建的表 t 中的列 col1 创建索引 IND_COL1（如未执行例 6-18 中删除索引的语句可以不用再次创建该索引），创建索引的 SQL 语句如下。

```
SQL>CREATE INDEX IND_COL1 ON t(COL1);
```

（1）查询语句中没有查询条件或者查询条件没有建立索引。

```
SQL> EXPLAIN SELECT * FROM t;
1       #NST2: [1, 10000, 64]
2           #PRJT2: [1， 10000， 64]; exp_num(4), is_atom(FALSE)
3               CSCN2: [1, 10000, 64]; INDEX33555573(T)
```

```
已用时间： 1.182（毫秒）. 执行号：73
SQL> EXPLAIN SELECT * FROM T WHERE 1=1;
1     #NST2: [1, 10000, 64]
2           #PRJT2: [1， 10000，  64]; exp_num(4), is_atom(FALSE)
3                 CSCN2: [1, 10000, 64]; INDEX33555573(T)
已用时间： 0.799（毫秒）. 执行号：74
```

从上述结果看出，这些执行计划未使用用户创建的索引 IND_COL1。

（2）查询结果集的数据量占总数据量的比例大于 25%。

```
SQL> EXPLAIN SELECT * FROM t WHERE COL1='B';
1     #NST2: [1, 2500, 64]
2           #PRJT2: [1， 2500，  64]; exp_num(4), is_atom(FALSE)
3                 #SLCT2: [1, 2500, 64]; T.COL1='B'
4                       #CSCN2: [1, 10000, 64]; INDEX33555573(t)
已用时间： 1.223（毫秒）. 执行号：75
```

查询结果集的数据量占总数据量的比例小于 25%时，EXPLAIN 语句的执行情况如下。

```
SQL> EXPLAIN SELECT * FROM t WHERE COL1='C';
1     #NST2: [0, 20, 64]
2           #PRJT2: [0， 20，  64]; exp_num(4), is_atom(FALSE)
3                 #BLKUP: [0, 20, 64]; IND_COL1(t)
4                       #SSEK2: [0, 20, 64]; scan_type(ASC), IND_COL1(t), scan_range['C','C']
已用时间： 1.374（毫秒）. 执行号：76
```

从上述结果看出，查询条件为 COL1='B'的执行计划没有使用索引 IND_COL1，而查询条件为 COL1='C'的执行计划使用了索引 IND_COL1。表 t 的数据总量为 10000 行，COL1='B'的数据量为 2500 行，刚好占总数据量的 25%，因此不使用索引 IND_COL1；而 COL1='C'的数据量为 20 行，只占总数据量的 0.2%，因此使用索引 IND_COL1。这也说明，并不是在所有情况下使用索引都会加快查询速度，因为全表扫描采用的是多块读的方式，所以全表扫描（Full Scan Table）有时会更快，尤其在查询的数据量在整个表的数据量中所占比重较大的情况下。因此，当数据库优化器没有选择使用索引时就不要强制使用索引，确定使用索引能够使查询更快时再强制使用索引。

（3）统计信息错误，没有准确反映对应表的信息。不是所有情况都会使用索引，上述讲到在小于数据总量 25%的情况下会使用索引。但这个 25%的数据来源是根据索引的统计信息得来的，一旦索引的统计信息错误，就会在错误情况下判断是否使用索引。如在统计信息中关于表的记录数量 NUM_ROWS 远小于真实的数据记录数量的情况下，就需要对表的统计信息进行更新，而不使用索引。

（4）查询条件在索引数据列上使用了函数，或者对索引列进行了运算，运算符包括+、-、*、||等。

```
SQL> EXPLAIN SELECT * FROM t WHERE CAST(COL1 AS VARCHAR(2000))='C';
1     #NST2: [1, 20, 64]
2           #PRJT2: [1， 20，  64]; exp_num(4), is_atom(FALSE)
3                 #SLCT2: [1, 20, 64]; t.COL1='B'
4                       #CSCN2: [1, 10000, 64]; INDEX33555573(t)
```

```
已用时间： 1.263（毫秒）. 执行号：78
SQL> EXPLAIN SELECT * FROM t WHERE 'A'||COL1='AC';
1    #NST2: [1, 250, 64]
2         #PRJT2: [1，250，  64]; exp_num(4), is_atom(FALSE)
3              #SLCT2: [1, 250, 64]; 'A' || T.COL1='AB'
4                   #CSCN2: [1, 10000, 64]; INDEX33555573(T)
已用时间： 2.763（毫秒）. 执行号：77
```

从上述结果看出，这些执行计划未使用用户创建的索引 IND_COL1。

（5）隐式转换导致索引失效。

```
SQL> EXPALIN SELECT * FROM t WHERE COL1 = 1;
1    #NST2: [1, 1, 64]
2         #PRJT2: [1, 1, 64]; exp_num(4), is_atom(FALSE)
3              #SLCT2: [1, 1, 64]; exp_cast(t.COL1) = 1
4                   #CSCN2: [1, 10000, 64]; INDEX33555573(t)
已用时间： 1.282（毫秒）. 执行号：79
```

在查询语句中，会先尝试将 COL1 转换为 NUMBER 类型，因为 DM8 使用了隐式转换，所以执行计划不使用索引 IND_COL1。转换后的语句类似于 SELECT * FROM t WHERE TO_NUMBER(COL1) = 1，此时不使用索引的情况类似于情况（4）中描述的在索引数据列上使用函数。此外，在日期转换时也存在类似问题，如 SELECT * FROM TABLE WHERE TRUNC(date_col) = TRUNC(sysdate)，其中 date_col 为索引列，是日期类型，在这种情况下也不会使用索引，而将该语句改写为 SELECT * FROM TABLE WHERE date_col >= TRUNC(sysdate) AND date_col < TRUNC(sysdate+1)后，此查询才会使用索引。

（6）查询条件的索引数据列有“<>”“NOT IN”等时，不使用索引。

```
SQL> EXPALIN SELECT * FROM t WHERE COL1 <> 'A';
1    #NST2: [1, 2520, 64]
2         #PRJT2: [1, 2520, 64]; exp_num(4), is_atom(FALSE)
3              #SLCT2: [1, 2520, 64]; T.COL1<>'A'
4                   #CSCN2: [1, 10000, 64]; INDEX33555573(t)
已用时间： 1.289（毫秒）. 执行号：80
SQL> EXPALIN SELECT * FROM t WHERE COL1 NOT IN ('A','B');
1    #NST2: [1, 9500, 64]
2         #PRJT2: [1, 9500, 64]; exp_num(4), is_atom(FALSE)
3              #HASH RIGHT SEMT JOIN2: [1, 9500, 64]; n_keys(1),
KEY(DMTEMPVIEW_16779469, colname=t.COL1)      KEY_NULL_EQU(0)
4                   #CONST VALUE LIST: [0, 2, 48]; row_num(1),
5                   #CSCN2: [1, 10000, 64]; INDEX33555573(t)
已用时间： 1.384（毫秒）. 执行号：81
```

从上述结果看出，查询条件中包含“<>”“NOT IN”时，这些执行计划未使用用户创建的索引 IND_COL1。

（7）查询条件使用 LIKE，且通配符（%）在前。

```
SQL> EXPALIN SELECT * FROM t WHERE COL1 LIKE '%C';
```

```
1    #NST2: [1, 500, 64]
2        #PRJT2: [1, 500, 64]; exp_num(4), is_atom(FALSE)
3            #SLCT2: [1, 2520, 64]; T.COL1 LIKE '%C'
4                #CSCN2: [1, 10000, 64]; INDEX33555573(T)
已用时间： 1.310（毫秒）. 执行号：82
```

查询条件使用 LIKE，但是通配符（%）在后的情况如下。

```
SQL> EXPALIN SELECT * FROM t WHERE COL1 LIKE 'C%';
1    #NST2: [0, 20, 64]
2        #PRJT2: [0, 20, 64]; exp_num(4), is_atom(FALSE)
3            #BLKUP2: [0, 20, 64]; IND_COL1(T)
4                #SSEK2: [0, 20, 64]; INDEX33555573(T) scan_type(ASC), IND_COL1(T),
                 scan_range['C','C')
已用时间： 1.289（毫秒）. 执行号：83
```

从上述结果看出，查询条件使用 LIKE，通配符（%）在前时执行计划不使用索引 IND_COL1，通配符（%）在后时执行计划使用索引 IND_COL1。

（8）在索引是联合索引的情况下，当查询条件对非首位的数据列使用联合索引时，不会使用该组合索引。

（9）在表中包含 NULL 值的数据列上创建索引，当使用 SELECT COUNT(*) FROM TABLE 时不会使用索引。

6.5 DM8 SQL 优化的基本步骤

SQL 优化的基本步骤为确定优化目标、确定高负载的 SQL 语句，以及配置索引信息。

6.5.1 确定优化目标

SQL 调优的整体目标是使用最优的执行计划，这意味着 I/O 及 CPU 代价最小。具体来说调优主要关注以下 4 个方面。

1. 全索引扫描

如果计划中对某大表使用了全索引扫描，那么用户需要关注在该表中是否存在在过滤后可以淘汰至少一半数据量的查询条件。通过添加相应的索引，全索引扫描可能被转换为范围扫描或等值查找。添加的二级索引可以包含该表上所有被选择项以避免 BLKUP2 操作符的查找操作带来的第二次 I/O 开销，但这无疑会增加二级索引的大小。用户须权衡二者的利弊以选择正确的处理方式。

2. 连接操作的顺序和类型

在多表连接时，不同的连接顺序会影响中间结果的大小，这时调优的目标就是要找到一种能使中间结果保持最小的多表连接顺序。

对于给定的一个连接或半连接，DM8 可以使用 HASH 连接、嵌套循环连接、索引连接或归并连接。SQL 调优目标是通过分析表的数据量大小和索引信息，选择最适宜的操作符。

对半连接而言，HASH 连接还可细分为左半 HASH 连接和右半 HASH 连接。用户可以通过始终对数据量小的一侧建立 HASH 连接来进行 SQL 调优。

3．分组操作

分组操作往往要求缓存所有数据以找到属于同一组的数据，在大数据量的情况下，这会带来大量的 I/O。用户应该检查 SQL 查询信息和表上索引信息，如果可以利用包含分组列的索引，那么执行计划就会使用排序分组，从而不用缓存中间结果。

4．分析优化执行耗时的 SQL 语句

分析性能瓶颈，可以着重分析优化执行耗时的 SQL 语句。DM8 提供了 SQL 日志的功能，可以将系统中运行的 SQL 语句、语句绑定的参数、SQL 执行时间记录到 SQL 日志文件中，并提供参数来进行过滤，如只更新 SELECT 语句、DELETE 语句、UPDATE 语句、报错的语句等。

6.5.2　确定高负载的 SQL 语句

为了解数据库中执行 SQL 语句的效率，可通过查看物理读、内存读、CPU、磁盘排序等资源的消耗来判断该 SQL 语句执行时的负载情况，而且同一条 SQL 语句在多次执行中的资源消耗情况也是不一样的。一般来说，高负载的 SQL 语句其一个方面或者多个方面占用了大量的系统资源，导致 SQL 语句的执行效率低下。当然，对于应用程序来说，还须查看用户建立数据库线程的情况及数据传输等因素来综合考虑 SQL 语句的负载情况。

在 DM8 中，在打开监控开关（ENABLE_MONITOR=1、MONITOR_TIME=1）后，可以通过查询动态视图 V$LONG_EXEC_SQLS 或 V$SYSTEM_LONG_EXEC_SQLS 来确定高负载的 SQL 语句。前者显示执行时间较长的 1000 条 SQL 语句，后者显示自服务器启动以来执行时间最长的 20 条 SQL 语句。SQL 语句如下。

```
SQL>SELECT * FROM V$LONG_EXEC_SQLS;
SQL>SELECT * FROM V$SYSTEM_LONG_EXEC_SQLS;
```

6.5.3　配置索引信息

使用查询优化向导工具，输入需要进行调整的 SQL 语句，查询优化向导工具将在分析完执行计划后给出推荐索引的提示，用户只须按提示建立或修改相应索引即可。

6.6　DM8 SQL 优化的基本方法

SQL 优化的目标是在尽量不修改表结构的情况下，基于业务需要对 SQL 语句的查询条件、连接顺序、嵌套策略等进行必要的修改，在保证能够满足业务查询条件和正确结果的条件下，以最小的资源消耗获得最佳的用户体验。其基本方法主要有绑定变量及开发有效的 SQL 语句等。

6.6.1 利用绑定变量提升性能

通过 6.1.1 节介绍的 SQL 语句执行过程可以看出，每条语句都要经过解析器解析，解析后的语句会存放在库缓冲区中，在解析过程中需要进行语法和语义解析，通常将 SQL 语句进行语法和语义解析的过程称为硬解析，这个过程是非常耗费时间的。而直接从库缓冲区中找到已解析过的语句的过程称为软解析。因此，如果能够尽可能地减少 SQL 语句的硬解析次数，就能有效地提高 SQL 性能。SQL 语句的查询条件全部都使用常量的举例如下。

```
SQL>SELECT * FROM tab1 WHERE col1=1;
SQL>SELECT * FROM tab1 WHERE col1=2;
```

上述这两个语句因为存在不同的字符，所以在数据库中会被认为是两条语句，这两条语句都将会被硬解析。而如果将上述语句变为以下形式，那么该语句的查询条件会改变为使用变量，被称为绑定变量，SQL 语句如下。

```
SQL>SELECT * FROM tab1 where col1=:x;
```

当上述 SQL 语句被发送到数据库服务器端后，无论该语句出现多少次，数据库根据算法在内存中得到的地址都是相同的，因此只需要硬解析一次。如果该语句被执行几十万次，那么使用绑定变量的形式带来的性能提升就是相当可观的。下面举例说明绑定变量前后性能的提升情况。

【例 6-19】查看绑定变量前的查询情况。不使用绑定变量的方法，对例 6-2 中创建的表 t 的 id 列进行循环查询 10000 次，SQL 语句如下。

```
SQL>BEGIN
        FOR x in 1 .. 10000 LOOP
          EXECUTE IMMEDIATE 'SELECT * FROM t WHERE id ='||x;
        END LOOP;
    END;
```

使用 DM8 管理工具查看结果，由于每次查询都会显示出结果集，为避免发生拥挤现象，执行完成后取消部分结果集显示，其执行时间不受影响，10000 条语句的执行时间为 26 秒 618 毫秒。未绑定变量的多条查询结果如图 6-3 所示。

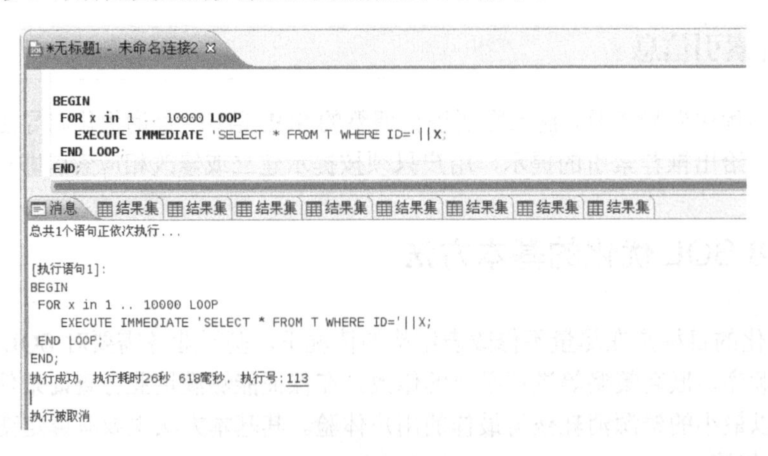

图 6-3 未绑定变量的多条查询结果

【例 6-20】查看绑定变量后的查询情况。使用绑定变量 *x*，对表 t 的 id 列进行循环查询 10000 次，SQL 语句如下。

```
SQL>BEGIN
        FOR x in 1 .. 10000 LOOP
          EXECUTE IMMEDIATE 'SELECT * FROM t WHERE id =:x' USING x;
        END LOOP;
    END;
```

结果同样使用 DM8 管理工具查看，为避免拥挤，上述查询在执行完成后会取消部分结果集显示，其执行时间不受影响，10000 条语句的执行时间为 16 秒 826 毫秒，绑定变量的多条查询结果如图 6-4 所示。

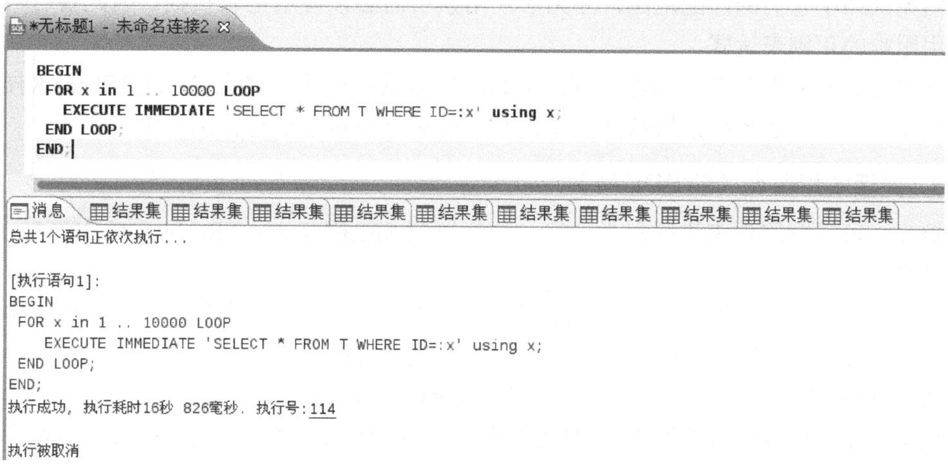

```
*无标题1 - 未命名连接2
BEGIN
 FOR x in 1 .. 10000 LOOP
   EXECUTE IMMEDIATE 'SELECT * FROM T WHERE ID=:x' using x;
 END LOOP;
END;

消息 结果集 结果集 结果集 结果集 结果集 结果集 结果集 结果集 结果集 结果集
总共1个语句正依次执行...

[执行语句1]:
BEGIN
 FOR x in 1 .. 10000 LOOP
   EXECUTE IMMEDIATE 'SELECT * FROM T WHERE ID=:x' using x;
 END LOOP;
END;
执行成功, 执行耗时16秒 826毫秒. 执行号:114

执行被取消
```

图 6-4　绑定变量的多条查询结果

对比例 6-19 和例 6-20 可以发现，对于查询次数 10000 次、数据列仅有两列的数据表的查询，绑定变量的执行效率与不绑定的变量的执行效率相比，缩减了近 10s。而且实验表明，数据量越大、查询次数越多，执行查询时绑定变量的优势就越明显。

6.6.2　开发有效的 SQL 语句

SQL 语言是一种相当灵活的结构化查询语言，用户可以利用多种不同形式的查询语句完成相同的查询功能。为了使执行效率达到最优，用户需要参考以下原则以开发出有效的 SQL 语句。

1. 避免使用 OR 子句

OR 子句在实际执行中会被转换为类似于 UNION 的查询。若某一个 OR 子句不能利用索引，则会使用全表扫描造成效率低下，因此应避免使用 OR 子句。

若 OR 子句都是对同一列进行过滤的，则用户可以考虑使用 IN VALUE LIST 的过滤形式。OR 子句对同一列进行过滤的举例如下。

```
SQL>SELECT ... WHERE CITY = 'SHANGHAI' OR CITY = 'WUHAN' OR CITY = 'BEIJING';
```

可将上述 SQL 语句调整为以下形式。

```
SQL>SELECT ... WHERE CITY IN( 'SHANGHAI','WUHAN','BEIJING');
```

2. 避免使用困难的正则表达式

在 SQL 语言中，LIKE 关键字支配通配符匹配，含通配符的表达式被称为正则表达式。有的正则表达式可以自动优化为非匹配的表达式。例如，a LIKE 'L%'可以优化为 a>='L' AND a <'M'，这样就可以利用 a 上的索引。即使没有索引，优化后的匹配速度也更快。例如，a LIKE 'LM_'可以转化为 a>='LM' AND a<'LN' AND a LIKE 'LM_'。虽然这个表达式仍然包含着通配符匹配，但大大缩小了匹配的范围。

所谓困难的正则表达式是指开头和结尾都为通配符的正则表达式，如'_L%'和'%L_'，优化器无法缩小它们的匹配范围，因无法使用索引而必须使用全表扫描。因此要尽可能避免使用困难的正则表达式。

如果表达式中仅仅开头为通配符，那么用户可以在列 a 上建立 REVERSE(a)这样一个函数索引，利用函数索引反转待匹配项，从而使用函数索引进行范围扫描。

3. 灵活使用伪表（SYSDUAL）

首先，可以利用伪表进行科学计算，执行语句 SELECT 3*4 FROM SYSDUAL，可以得到结果 12。

其次，在某些方面使用 SYSDUAL 可提高效率。例如，查询过程中要判断表 t1 中是否有满足 condition1 条件的记录存在，可执行以下 SQL 语句。

```
SQL>SELECT COUNT(*) INTO x FROM t1 WHERE condition1;
```

根据变量 x 的取值来判断表 t1 中是否有满足 condition1 条件的记录存在。但是当表 t1 非常大时该语句执行速度很慢，而且由于不知道 SELECT 返回值的个数，不能用 SELECT *代替。事实上这个查询可以利用以下伪表方式来完成。

```
SQL>SELECT 'A' INTO y FROM SYSDUAL WHERE EXISTS (SELECT 1 FROM t1 WHERE
condition1);
```

通过 y 值来判断，如 y 值等于'A'则 t1 中有记录。调整后的语句的执行速度明显比未调整的语句快。

另外，在 DM8 的语法里是可以省略 FROM 子句的，这时系统会自动补齐 FROM SYSDUAL。因此前面的科学计算例子可以简化为 SELECT 3*4。

4. 避免直接使用 SELECT *

除非用户确实要选择表中所有列，否则 SELECT *这种写法将让执行器背上沉重的负荷。因为每一列的数据不得不自下往上层层向上传递。不仅如此，如果用户查询的是列存储表，那么列存储带来的 I/O 优势将损耗殆尽。

任何时候，用户都要了解表结构和业务需求，小心地选择需要的列，并一一给出名称，避免直接使用 SELECT *。

5. 避免使用功能相似的重复索引

索引并非越多越好。抛开优化器面对众多索引逐一尝试所耗费的时间不谈，如果表上增加、删除、修改操作频繁，那么索引的维护将会成为大麻烦，尤其是函数索引的计算开销更不能忽略。

6．使用 COUNT(*)统计结果行数

如果对单表查询 COUNT(*)且没有过滤条件，那么 DM8 优化器会直接读取相关索引中存储的行数信息，加以回滚段中其他事务插入或删除元组的行数修正，迅速地给出最终结果而避免读取实际数据。相比之下，COUNT(列名)会对数据进行读操作，执行效率远低于 COUNT(*)。

即使查询中含有过滤条件，由于 DM8 特有的批处理方式，COUNT(*)的执行效率依旧高于其他写法。这是因为 COUNT(*)无须取得行的具体值而仅仅需要行数这一信息。

需要说明的是，COUNT(*)会将 NULL 值计算在内，而 COUNT(列名)是不包含 NULL 值的，因此用户要结合应用场景决定是否可以使用 COUNT(*)。

7．使用 EXPLAIN 来查看执行计划

在查询语句或者插入、删除、更新语句前增加 EXPLAIN 关键字，DM8 将显示其执行计划而无须实际执行它。查阅视图 V$SQL_NODE_NAME 中每个操作符的含义，用户可以方便且直观地了解数据是如何被处理及传递的。如果启用了统计信息收集，那么对照执行计划和对动态视图 V$SQL_NODE_HISTORY、V$SQL_NODE_NAME 的查询结果，用户就可以知道在实际执行中每个操作符执行的时间，进而找出性能瓶颈。

8．UNION 和 UNION ALL 的选择

UNION 和 UNION ALL 的区别是前者会过滤掉值完全相同的元组，为此 UNION 操作符需要建立 HASH 表缓存所有数据并去除重复，当 HASH 表的大小超过了 INI 参数指定的限制时还会做刷盘。

因此，如果应用场景并不关心重复元组或者不可能出现重复元组，那么 UNION ALL 无疑优于 UNION。

9．优化 GROUP BY ... HAVING

GROUP BY 最常见的实现有 HASH 分组（HAGR）和排序分组（SAGR）。HAGR 需要缓存中间结果；如果用户在 GROUP BY 的列上建立索引，那么优化器就可能使用该索引，这时的 GROUP BY 就会变为 SAGR。

HAVING 是分组后对结果集进行的过滤，如果过滤条件与集函数操作无关，那么用户可以考虑将过滤条件放在 WHERE 而不是 HAVING 中。虽然 DM8 优化器会判断并自动转换部分等效于 WHERE 的 HAVING 子句，但显式地给出最佳 SQL 语句会让优化器工作得更好。

10．使用优化器提示（HINT）

利用经验对优化器的计划选择进行调整，HINT 是 SQL 调整不可或缺的一步。将在 6.6.3 节讲述 HINT 的详细内容。

6.6.3　使用优化器提示（HINT）

DM8 查询优化器采用基于代价的方法。在估计代价时，主要以统计信息或者普遍的数

据分布为依据。在大多数情况下，估计的代价都是准确的。但在一些比较特殊的场合，如缺少统计信息、统计信息陈旧，或抽样数据不能很好地反映数据分布时，优化器选择的执行计划都不是“最优”的，甚至可能是很差的执行计划。

开发人员和用户对于数据分布是很清楚的，他们往往能知道 SQL 语句按照哪种方法执行会最快。在这种情况下，用户可以提供一种方法，指示优化器按照固定的方法去选择 SQL 的执行计划。

DM8 把这种人工干预优化器的方法称为 HINT，它使优化器根据用户的需要来生成指定的执行计划。如果优化器无法生成相应的执行计划，那么该 HINT 将会被忽略。

HINT 的常见格式如下。

```
SELECT /*+ HINT1 [HINT2]*/  列名 FROM 表名 WHERE_CLAUSE ;
UPDATE 表名 /*+ HINT1 [HINT2]*/ SET 列名 =变量 WHERE_CLAUSE ;
DELETE FROM表名  /*+ HINT1 [HINT2]*/ WHERE_CLAUSE ;
```

需要注意的是，如果 HINT 的语法书写错误或指定的值不正确，DM8 并不会报错，而是直接忽略 HINT 继续执行。

可通过动态视图 V$HINT_INI_INFO 查询 DM8 支持的 HINT。HINT 参数分为两类，HINT_TYPE 为“OPT”，表示分析阶段使用的参数；HINT_TYPE 为“EXEC”，表示运行阶段使用的参数，运行阶段使用的参数对于视图无效。

1. 索引提示

（1）使用索引。

DM8 提供 HINT 方法，可以在对表查询时使用指定的索引进行数据检索。

有两种语法格式，第一种语法格式如下。

```
表名 + INDEX + 索引名
```

第二种语法格式如下。

```
/*+ INDEX (表名[,] 索引名) {INDEX (表名[,] 索引名)} */
```

需要注意的是，一个语句中最多可以指定 8 个索引。在第二种语法格式中，如果查询中给出了表的别名，那么该语法格式中的表名必须使用别名。

【例 6-21】 假设表 t3 上 id 和 name 列上都存在着单列索引，SQL 语句如下。

```
--数据准备
SQL>DROP TABLE t3 CASCADE;
CREATE TABLE t3 (ID INTEGER,NAME VARCHAR(128));
CREATE INDEX IDX_T3_ID ON t3(ID);
CREATE INDEX IDX_T3_NAME ON t3(NAME);
BEGIN
  FOR i IN 1..10000 LOOP
    INSERT INTO t3 VALUES(i,'dameng'||i);
  END LOOP;
END;
```

在查询语句中指定索引，SQL 语句如下。

```
SELECT * FROM t1 WHERE ID > 2011 AND NAME < 'XXX';
```

如果 id 列上能过滤更多数据，那么建议指示用索引 IDX_T1_ID，SQL 语句如下。

```
SQL>SELECT * FROM T1 INDEX IDX_T1_ID WHERE ID > 2011 AND NAME < 'XXX';
```

也可以使用如下 SQL 语句。

```
SQL>SELECT /*+INDEX(T1, IDX_T1_ID) */ * FROM T1 WHERE ID > 2011 AND NAME < 'XXX';
```

当有多个索引时，要指定使执行计划最优的索引，SQL 语句如下。

```
SQL>SELECT * FROM T1 WHERE ID > 2011 AND NAME < 'XXX' ORDER BY NAME;
```

考虑到后面的 name 列的排序操作，建议指示使用 name 列的索引 IDX_T1_NAME，SQL 语句如下所示。因为这样可以在执行过程中省略排序操作（从执行计划中可以看出来），比使用 id 列索引的代价要小，SQL 语句如下。

```
SQL>SELECT * FROM T1 INDEX IDX_T1_NAME WHERE ID > 2011 AND NAME < 'XXX' ORDER
BY NAME;
```

也可以通过以下 SQL 语句使用索引 IDX_T1_NAME，SQL 语句如下。

```
SQL>SELECT /*+ INDEX(A IDX_T1_NAME)*/ * FROM T1 A WHERE ID > 2011 AND NAME <
'XXX' ORDER BY NAME;
```

（2）不使用索引。

DM8 提供 HINT 方法，在对表查询时不使用指定索引进行数据检索，语法格式如下。

```
/*+ NO_INDEX (表名[,] 索引名) { NO_INDEX (表名[,] 索引名)} */
```

可以指定多个索引，但这些索引都不能被使用。一个语句中最多指定 8 个索引。

2. 连接方法提示

DBA 可以通过指定两个表间的连接方法来检测不同连接方式的查询效率，指定的连接可能会由于无法实现或代价过高而被忽略。如果连接方法提示中的表名（别名）或索引名无效也会被自动忽略。

【例 6-22】 创建 t1 和 t2 两张表，并插入部分数据，SQL 语句如下。

```
--数据准备
SQL>DROP TABLE t1 CASCADE;
DROP TABLE t2 CASCADE;
CREATE TABLE t1 (id INTEGER,name VARCHAR(128));
CREATE TABLE t2 (id INTEGER,name VARCHAR(128));

BEGIN
  FOR i IN 1..1000 LOOP
    INSERT INTO t1 VALUES(i,'dameng'||i);
    INSERT INTO t2 VALUES(i+500,'damengsh'||i);
  END LOOP;
END;
```

（1）USE_HASH 函数。

【例 6-23】 强制在两个表间使用指定顺序的哈希连接，查看其执行计划，SQL 语句如下。

```
SQL> EXPLAIN SELECT /*+ USE_HASH(t1, t2) */ * FROM t1, t2 WHERE t1.id = t2.id;
1    #NSET2: [1, 9820, 104]
```

```
2      #PRJT2: [1, 9820, 104]; exp_num(4), is_atom(FALSE)
3        #HASH2 INNER JOIN: [1, 9820, 104];   KEY_NUM(1);
4          #CSCN2: [0, 1001, 52]; INDEX33555536(t1)
5          #CSCN2: [0, 1001, 52]; INDEX33555539(t2)
```

（2）NO_USE_HASH 函数。

【例 6-24】 强制在两个表间不能使用指定顺序的哈希连接，查看其执行计划，SQL 语句如下。

```
SQL> EXPLAIN SELECT /*+ NO_USE_HASH(t1, t2) */ * FROM t1, t2 WHERE t1.id = t2.id;
1    #NSET2: [1, 9820, 104]
2      #PRJT2: [1, 9820, 104]; exp_num(4), is_atom(FALSE)
3        #HASH2 INNER JOIN: [1, 9820, 104];   KEY_NUM(1);
4          #CSCN2: [0, 1001, 52]; INDEX33555539(t2)
5          #CSCN2: [0, 1001, 52]; INDEX33555536(t1)
```

NO_USE_HASH(t1, t2)表示不允许 t1 作为左表、t2 作为右表的哈希连接，但 t1 作为右表、t2 作为左表的哈希连接还是允许的。

（3）USE_NL 函数。

【例 6-25】 强制在两个表间使用嵌套循环连接，查看其执行计划，SQL 语句如下。

```
SQL> EXPLAIN SELECT /*+ USE_NL(a, b) */ * FROM t1 a, t2 b WHERE a.id = b.id;
1    #NSET2: [22482, 9820, 104]
2      #PRJT2: [22482, 9820, 104]; exp_num(4), is_atom(FALSE)
3        #SLCT2: [22482, 9820, 104]; A.ID = B.id
4          #NEST LOOP INNER JOIN2: [22482, 9820, 104];
5            #CSCN2: [0, 1001, 52]; INDEX33555536(t1 as A)
6            #CSCN2: [0, 1001, 52]; INDEX33555539(t2 as B)
```

（4）NO_USE_NL 函数。

【例 6-26】 强制在两个表间不能使用嵌套循环连接，查看其执行计划，SQL 语句如下。

```
SQL> EXPLAIN SELECT /*+ NO_USE_NL(a, b) */ * FROM t1 a, t2 b WHERE a.id = b.id;
1    #NSET2: [1, 9820, 104]
2      #PRJT2: [1, 9820, 104]; exp_num(4), is_atom(FALSE)
3        #HASH2 INNER JOIN: [1, 9820, 104];   KEY_NUM(1);
4          #CSCN2: [0, 1001, 52]; INDEX33555536(t1 as A)
5          #CSCN2: [0, 1001, 52]; INDEX33555539(t2 as B)
```

（5）USE_NL_WITH_INDEX 函数。

【例 6-27】 当连接情况为左表+右表索引时，强制在两个表间使用索引连接，先为表 t2 的 id 列创建索引，再查看其执行计划，SQL 语句如下。

```
--数据准备
SQL> CREATE INDEX IDX_T2_ID ON t2(id);
--执行EXPLAIN
SQL> EXPLAIN SELECT /*+ USE_NL_WITH_INDEX(t1, IDX_T2_ID) */ * FROM t1, t2 WHERE t1.id
= t2.id;
1    #NSET2: [6, 9800, 104]
```

```
2        #PRJT2: [6, 9800, 104]; exp_num(4), is_atom(FALSE)
3          #NEST LOOP INDEX JOIN2: [6, 9800, 104]
4            #CSCN2: [0, 1000, 52]; INDEX33555536(t1)
5            #BLKUP2: [6, 3, 0]; IDX_T2_ID(t2)
6              #SSEK2: [6, 3, 0]; scan_type(ASC), IDX_T2_ID(t2), scan_range[t1.id,t1.id]
```

（6）NO_USE_NL_WITH_INDEX 函数。

【例 6-28】当连接情况为左表+右表索引时，强制两个表间不能使用索引连接，查看其执行计划，SQL 语句如下。

```
SQL> EXPLAIN SELECT /*+ NO_USE_NL_WITH_INDEX(t1, IDX_t2_ID) */ * FROM t1, t2 WHERE
t1.id = t2.id;
1    #NSET2: [1, 9800, 104]
2      #PRJT2: [1, 9800, 104]; exp_num(4), is_atom(FALSE)
3        #HASH2 INNER JOIN: [1, 9800, 104];   KEY_NUM(1);
4          #CSCN2: [0, 1000, 52]; INDEX33555536(t1)
5          #CSCN2: [0, 1000, 52]; INDEX33555539(t2)
```

删除索引的 SQL 语句如下。

```
SQL> DROP INDEX IDX_T2_ID;
```

（7）USE_MERGE 函数。

【例 6-29】强制在两个表间使用归并连接。归并连接所用的两个列都必须是索引列，先为 t1 的 id 列和 t2 的 id 列创建索引，再查看其执行计划，SQL 语句如下。

```
--数据准备
SQL>CREATE INDEX IDX_T1_ID ON t1(id);
CREATE INDEX IDX_T2_ID ON t2(id);
STAT 100 ON t1(id);
STAT 100 ON t2(id);
SQL> EXPLAIN SELECT /*+ USE_MERGE(t1,t2) */ * FROM t1, t2 WHERE t1.id = t2.id AND t1.id < 1
AND t2.id < 1;
1    #NSET2: [0, 1, 104]
2      #PRJT2: [0, 1, 104]; exp_num(4), is_atom(FALSE)
3        #MERGE INNER JOIN3: [0, 1, 104];
4          #BLKUP2: [0, 1, 52]; IDX_T1_ID(t1)
5            #SSEK2: [0, 1, 52]; scan_type(ASC), IDX_T1_ID(t1), scan_range(null2,1)
6          #BLKUP2: [0, 1, 52]; IDX_T2_ID(t2)
7            #SSEK2: [0, 1, 52]; scan_type(ASC), IDX_T2_ID(t2), scan_range(null2,1)
```

当连接类型为外连接时，无法使用归并连接，此时即使调用 USE_MERGE 函数也不起作用。

（8）NO_USE_MERGE 函数。

【例 6-30】强制在两个表间不能使用归并连接，查看其执行计划，SQL 语句如下。

```
SQL> EXPLAIN SELECT /*+ NO_USE_MERGE(t1,t2) */ * FROM t1, t2 WHERE t1.id = t2.id AND
t1.id > 1 AND t2.id > 1;
1    #NSET2: [0, 1, 104]
```

```
2        #PRJT2: [0, 1, 104]; exp_num(4), is_atom(FALSE)
3          #SLCT2: [0, 1, 104]; t2.id < 1
4            #HASH2 INNER JOIN: [0, 1, 104];    KEY_NUM(1);
5              #SLCT2: [0, 1, 104]; t2.id < 1
6                #NEST LOOP INDEX JOIN2: [0, 1, 104]
7                  #ACTRL: [0, 1, 104];
8                    #BLKUP2: [0, 1, 52]; IDX_T1_ID(t1)
9                      #SSEK2: [0, 1, 52]; scan_type(ASC), IDX_T1_ID(t1), scan_range(null2,1)
10                   #BLKUP2: [0, 1, 0]; IDX_T2_ID(t2)
11                     #SSEK2: [0, 1, 0]; scan_type(ASC), IDX_T2_ID(t2), scan_range[t1.id,t1.id]
12                   #CSCN2: [0, 1000, 52]; INDEX33555550(t2)
```

删除索引的 SQL 语句如下。

```
SQL> DROP INDEX IDX_T1_ID;
SQL> DROP INDEX IDX_T2_ID;
```

（9）SEMI_GEN_CROSS 函数。

【例 6-31】优先采用半连接转换为等价的内连接，仅 OPTIMIZER_MODE=1 有效，查看其执行计划，SQL 语句如下。

```
SQL> EXPLAIN SELECT /*+ SEMI_GEN_CROSS   OPTIMIZER_MODE(1) */ COUNT(*) FROM t1 a
WHERE a.id IN (SELECT b.id FROM t1 b);
1   #NSET2: [3, 1, 8]
2     #PRJT2: [3, 1, 8]; exp_num(1), is_atom(FALSE)
3       #AAGR2: [3, 1, 8]; grp_num(0), sfun_num(1)
4         #HASH2 INNER JOIN: [2, 1000, 8];    KEY_NUM(1);
5           #PRJT2: [1, 1000, 4]; exp_num(1), is_atom(FALSE)
6             #DISTINCT: [1, 1000, 4]
7               #CSCN2: [0, 1000, 4]; INDEX33555531(t1 as b)
8               #CSCN2: [0, 1000, 4]; INDEX33555531(t1 as a)
```

（10）NO_SEMI_GEN_CROSS 函数。

【例 6-32】不采用半连接转换为等价的内连接，仅 OPTIMIZER_MODE=1 有效，查看其执行计划，SQL 语句如下。

```
SQL> EXPLAIN SELECT /*+ NO_SEMI_GEN_CROSS   OPTIMIZER_MODE(1) */ COUNT(*)
FROM t1 a WHERE a.id IN (SELECT b.id FROM t1 b);
1   #NSET2: [2, 1, 4]
2     #PRJT2: [2, 1, 4]; exp_num(1), is_atom(FALSE)
3       #AAGR2: [2, 1, 4]; grp_num(0), sfun_num(1)
4         #HASH LEFT SEMI JOIN2: [1, 1000, 4]; KEY_NUM(1);
5           #CSCN2: [0, 1000, 4]; INDEX33555531(t1 as a)
6           #CSCN2: [0, 1000, 4]; INDEX33555531(t1 as b)
```

（11）USE_CVT_VAR 函数。

【例 6-33】优先采用变量改写方式实现连接，适合驱动表数据量少而另一侧计划较复杂的场景，仅 OPTIMIZER_MODE=1 有效，查看其执行计划，SQL 语句如下。

```
SQL> EXPLAIN SELECT /*+ USE_CVT_VAR OPTIMIZER_MODE(1) */ COUNT(*) FROM t1 a
WHERE a.id = 1001 AND EXISTS (SELECT 1 FROM t1 b, t1 c WHERE b.id = c.id AND a.name= b.name);
1    #NSET2: [1, 1, 60]
2      #PRJT2: [1, 1, 60]; exp_num(1), is_atom(FALSE)
3        #AAGR2: [1, 1, 60]; grp_num(0), sfun_num(1)
4          #NEST LOOP SEMI JOIN2: [0, 1, 60];    join condition(a.name = b.name)[with var]
5            #SLCT2: [0, 1, 60]; a.id = 1001
6              #CSCN2: [0, 1000, 60]; INDEX33555531(t1 as a)
7            #HASH2 INNER JOIN: [1, 1, 56];    KEY_NUM(1);
8              #SLCT2: [0, 1, 52]; b.name = var1
9                #CSCN2: [0, 1000, 52]; INDEX33555531(t1 as b)
10               #CSCN2: [0, 1000, 4]; INDEX33555531(t1 as c)
```

（12）NO_USE_CVT_VAR 函数。

【例 6-34】不考虑使用变量改写方式实现连接，仅 OPTIMIZER_MODE=1 有效，查看其执行计划，SQL 语句如下。

```
SQL> EXPLAIN SELECT /*+ NO_USE_CVT_VAR OPTIMIZER_MODE(1) */ COUNT(*) FROM  t1
a WHERE a.id = 1001 AND EXISTS (SELECT 1 FROM t1 b, t1 c WHERE b.id = c.id AND a.name= b.name);
1    #NSET2: [3, 1, 60]
2      #PRJT2: [3, 1, 60]; exp_num(1), is_atom(FALSE)
3        #AAGR2: [3, 1, 60]; grp_num(0), sfun_num(1)
4          #HASH LEFT SEMI JOIN2: [2, 1, 60]; KEY_NUM(1);
5            #SLCT2: [0, 1, 60]; a.id = 1001
6              #CSCN2: [0, 1000, 60]; INDEX33555531(t1 as a)
7          #HASH2 INNER JOIN: [1, 1000, 56];    KEY_NUM(1);
8              #CSCN2: [0, 1000, 4]; INDEX33555531(t1 as c)
9              #CSCN2: [0, 1000, 52]; INDEX33555531(t1 as b)
```

（13）ENHANCED_MERGE_JOIN 函数。

【例 6-35】一般情况下，归并连接需要左右孩子节点的数据按照连接列有序排列，使用此优化器提示时，优化器将考虑通过插入排序操作符的方式实现归并连接，仅 OPTIMIZER_MODE=1 有效，查看其执行计划，SQL 语句如下。

```
SQL> EXPLAIN SELECT /*+ stat(t1 1M) stat(t2 1M) */COUNT(*) FROM t1, t2 WHERE t1.name=
t2.name AND t1.id=t2.id;
--在不加HINT的情况下查看其计划，使用了哈希连接
1    #NSET2: [442, 1, 104]
2      #PRJT2: [442, 1, 104]; exp_num(1), is_atom(FALSE)
3        #AAGR2: [442, 1, 104]; grp_num(0), sfun_num(1)
4          #HASH2 INNER JOIN: [442, 1000000000000, 104];    KEY_NUM(2);
5            #CSCN2: [115, 1000000, 52]; INDEX33762063(t1)
6            #CSCN2: [115, 1000000, 52]; INDEX33762064(t2)
-- 在加HINT后查看其执行计划，通过增加排序以实现归并连接
1    #NSET2: [436, 1, 104]
2      #PRJT2: [436, 1, 104]; exp_num(1), is_atom(FALSE)
```

```
3    #AAGR2: [436, 1, 104]; grp_num(0), sfun_num(1)
4      #MERGE INNER JOIN3: [436, 1000000000000, 104];
5        #SORT3: [122, 1000000, 52]; key_num(2), is_distinct(FALSE), top_flag(0)
6          #CSCN2: [115, 1000000, 52]; INDEX33762063(t1)
7        #SORT3: [122, 1000000, 52]; key_num(2), is_distinct(FALSE), top_flag(0)
8          #CSCN2: [115, 1000000, 52]; INDEX33762064(t2)
```

3．连接顺序提示

多表连接时优化器会考虑各种可能的排列组合顺序。使用 ORDER HINT 指定连接顺序可以缩小优化器试探的排列空间，进而得到接近 DBA 期望的查询计划。如果连接顺序和连接方法同时指定且二者间存在矛盾关系，那么优化器会以连接顺序提示为准，SQL 语句如下。

```
SQL>ORDER HINT;
```

语法格式如下。

```
/*+ ORDER (t1, t2 , t3, … tn ) */
```

【例 6-36】针对本节内容创建 4 个表 t1、t2、t3、t4。

```
SQL>CREATE TABLE t1(c1 INT,c2 VARCHAR);
SQL>CREATE TABLE t2(d1 INT,d2 VARCHAR);
SQL>CREATE TABLE t3(e1 INT,e2 VARCHAR);
SQL>CREATE TABLE t4(f1 INT,f2 VARCHAR);
```

对以下的查询语句进行操作。

```
SQL>SELECT * FROM t1, t2 , t3, t4 WHERE …
```

如果期望表的连接顺序是 t1、t2、t3，那么可以在查询语句中加入如下提示。

```
SQL>SELECT /*+ ORDER(t1, t2, t3 )*/* FROM t1, t2 , t3, t4 WHERE …
```

在指定上述连接顺序后，t4、t1、t2、t3 或 t1、t2、t4、t3 会被考虑；t3、t1、t2 或 t1、t3、t2 不被考虑。

【例 6-37】连接顺序也可以和连接方法同时指定，用于得到更特定的执行计划，查看其执行计划，SQL 语句如下。

```
SQL> EXPLAIN SELECT /*+ OPTIMIZER_MODE(1), ORDER(t1,t2,t3,t4) ,USE_HASH(t1,t2), USE_HASH(t2,t3), USE_HASH(t3,t4)*/* FROM t1,t2,t3,t4 WHERE t1.c1=t2.d1 AND t2.d2 = t3.e2 AND t3.e1 = t4.f1;
1    #NSET2: [2, 1, 208]
2      #PRJT2: [2, 1, 208]; exp_num(8), is_atom(FALSE)
3        #HASH2 INNER JOIN: [2, 1, 208];    KEY_NUM(1);
4          #HASH2 INNER JOIN: [1, 1, 156];    KEY_NUM(1);
5            #HASH2 INNER JOIN: [0, 1, 104];    KEY_NUM(1);
6              #CSCN2: [0, 1, 52]; INDEX33555490(t1)
7              #CSCN2: [0, 1, 52]; INDEX33555491(t2)
8              #CSCN2: [0, 1, 52]; INDEX33555492(t3)
9              #CSCN2: [0, 1, 52]; INDEX33555493(t4)
```

4．统计信息提示

优化器在计划优化阶段会自动获取基表的行数。但是对一些特殊类型的表行数估算并不准确，在 DBA 希望了解表大小对计划影响的时候，需要手动设置表的行数。

语法格式如下。

```
/*+ STAT (表名, 行数) */
```

统计信息提示只能针对基表设置，对视图和派生表等对象设置无效。若表对象存在别名则必须使用别名。行数只能使用整数，或者使用整数 K（千）、整数 M（百万）、整数 G（十亿）。行数提示设置后，统计信息的其他内容也会做相应的调整。

【例 6-38】手动设置统计信息提示，SQL 语句如下。

```
--数据准备
SQL>CREATE TABLE t_s(c1 INT);
INSERT INTO t_s SELECT level FROM DUAL CONNECT BY LEVEL<= 100;
COMMIT;
STAT 100 ON t_s(c1);
--执行计划
SQL> EXPLAIN SELECT /*+ STAT(t_s,1M) */ * FROM t_s WHERE c1 <= 10;
1    #NSET2: [107, 100000, 12]
2      #PRJT2: [107, 100000, 12]; exp_num(2), is_atom(FALSE)
3        #SLCT2: [107, 100000, 12]; t_s.c1 <= 10
4          #CSCN2: [107, 100000, 12]; INDEX33555897(t_s)
--不使用HINT时执行计划
1    #NSET2: [0, 10, 12]
2      #PRJT2: [0, 10, 12]; exp_num(2), is_atom(FALSE)
3        #SLCT2: [0, 10, 12]; t_s.c1 <= 10
4          #CSCN2: [0, 100, 12]; INDEX33555897(t_s)
```

附录 A
DM8 服务配置文件相关参数

A.1 dm.ini

每创建一个 DM8，就会自动生成一个 dm.ini 文件。dm.ini 是启动 DM8 所必需的配置文件，通过配置该文件可以设置 DM8 服务器的各种功能和性能选项，主要的配置内容如表 A-1 所示。

表 A-1 dm.ini 配置项

参数名	默认值	属性	说明
控制文件的相关参数（注意：本类参数不建议用户修改）			
CTL_PATH	安装时指定	手动	控制文件路径
CTL_BAK_PATH	安装时指定	手动	控制文件备份路径，默认路径为“SYSTEM_PATH/CTL_BAK”，在初始化库或没有配置该项时均指定为默认路径。 备份文件命名格式为“DM_年月日时分秒_毫秒.CTL”，备份文件在初始化库和每次修改 DM.CTL 控制文件后生成
CTL_BAK_NUM	10	手动	控制文件备份个数限制，有效值范围为 1～100，在此限制之外，会再多保留一个备份文件，在生成新的备份文件时，若当前已存在的备份文件个数大于指定值，则自动删除创建时间最早的备份文件，在当前已存在的备份文件个数小于或等于指定值的情况下，不会有删除操作，默认值为 10
SYSTEM_PATH	安装时指定	手动	系统库目录
CONFIG_PATH	安装时指定	手动	指定 DMSERVER 读取的配置文件（dmmal.ini、dmarch.ini、dmtimer.ini 等）的路径。默认使用 SYSTEM_PATH 路径。不允许指定 ASM 目录

（续表）

参数名	默认值	属性	说明
TEMP_PATH	安装时指定	手动	临时库文件路径
BAK_PATH	安装时指定	手动	备份路径
BAK_POLICY	0	手动	备份还原版本策略。取值为 0、1 或 2，默认值为 0。值为 0 表示同时支持 BAK1 版本和 BAK2 版本；值为 1 表示只能使用 BAK1 版本；值为 2 表示只支持 BAK2 版本。BAK1 版本为备份还原的老版本，BAK2 版本为备份还原的新版本
实例名			
INSTANCE_NAME	DMSERVER	手动	实例名（一般情况下，长度不超过 128 个字符；但是在数据守护、DM8 共享存储中，长度不超过 16 个字符）
内存相关参数			
MAX_OS_MEMORY	95	静态	DM8 服务器能使用的最大内存占操作系统物理内存与虚拟内存总和的百分比，有效值范围为 40～100。当取值为 100 时，服务器不进行内存的检查。 注意，对于 32 位版本的 DM8 服务器，虚拟内存最大为 2GB
MEMORY_POOL	200	静态	共享内存池大小，以 MB 为单位。共享内存池是由 DM8 管理的内存。在 32 位系统中有效值范围为 64～2000，在 64 位系统中有效值范围为 64～67108864
MEMORY_TARGET	0	静态	共享内存池能扩充到的最大容量，以 MB 为单位。在 32 位系统中有效值范围为 0～2000，在 64 位系统中有效值范围为 0～67108864，0 表示不限制
MEMORY_EXTENT_SIZE	1	静态	共享内存池每次扩充的大小，以 MB 为单位。有效值范围为 1～10240
MEMORY_LEAK_CHECK	0	动态，系统级	是否开启内存泄漏检测。0 表示未开启；1 表示已开启，此时系统将每一次内存分配都登记到动态视图 V$MEM_REGINFO 中，并在释放时解除登记
MEMORY_MAGIC_CHECK	0	静态	是否开启内存校验。0 表示未开启；1 表示已开启，通常用于调试版本，开启内存校验可以在内存错误引发更严重问题之前主动终止系统
MEMORY_BAK_POOL	4	静态	系统备份内存池大小，以 MB 为单位。系统备份内存池是由 DM8 管理的内存。有效值范围为 2～10000
HUGE_MEMORY_THRESHOLD	0	静态	设置由 HUGE_BUFFER 分配的最大的常规内存，以 KB 为单位。有效值范围为 0～1。0 表示不由 HUGE_BUFFER 分配
HUGE_MEMORY_PERCENTAGE	50	静态	表示 HUGE_BUFFER 中可用作常规内存分配的空间百分比，有效值范围为 0～100
HUGE_BUFFER	8	静态	HUGE 表使用的缓冲区大小，以 MB 为单位。有效值范围为 8～1048576
BUFFER	100	静态	系统缓冲区大小，以 MB 为单位。系统缓冲区大小的推荐值为可用物理内存的 60%～80%。有效值范围为 8～1048576
BUFFER_POOLS	19	静态	BUFFER 系统分区数，每个 BUFFER 系统分区的大小为 BUFFER/BUFFER_POOLS。有效值范围为 1～512

（续表）

参数名	默认值	属性	说明
FAST_POOL_PAGES	3000	静态	快速缓冲区页数。有效值范围为 0～99999。FAST_POOL_PAGES 的值最多不能超过缓冲区总页数的一半，若超过，则系统会自动调整为缓冲区总页数的一半
KEEP	8	静态	KEEP 缓冲区大小，以 MB 为单位。有效值范围为 8～1048576
RECYCLE	64	静态	RECYCLE 缓冲区大小，以 MB 为单位。有效值范围为 8～1048576
RECYCLE_POOLS	19	静态	RECYCLE 缓冲区分区数，每个 RECYCLE 分区的大小为 RECYCLE/RECYCLE_POOLS。有效值范围为 1～512
MULTI_PAGE_GET_NUM	16	静态	缓冲区一次最多读取的页面数。有效值范围为 1～128。 注意，当数据库加密和 SSD_BUF_SIZE>0 时不支持多页读取，此时 dm.ini 中此参数值无效
SORT_FLAG	0	动态，会话级	排序机制，0 表示原排序机制；1 表示新排序机制
SORT_BUF_SIZE	2	动态，会话级	原排序机制下排序缓冲区的最大值，以 MB 为单位。有效值范围为 1～2048
SORT_BUF_GLOBAL_SIZE	1000	动态，系统级	新排序机制下排序全局内存的使用上限，以 MB 为单位。有效值范围为 10～4294967294
SORT_BLK_SIZE	1	动态，会话级	新排序机制下每个排序分片空间的大小，以 MB 为单位。有效值范围为 1～50
HAGR_HASH_SIZE	100000	动态，会话级	HAGR 操作时，建立 HASH 表的桶个数。有效值范围为 10000～100000000
MAL_LEAK_CHECK	0	动态，系统级	是否打开 MAL 内存泄露检查。0 表示关闭；1 表示打开。 MAL_LEAK_CHECK 为 1 时，可通过查询 V$MAL_USING_LETTERS 检查 MAL 内存泄露
HJ_BUF_GLOBAL_SIZE	500	动态，系统级	HASH 连接操作符的数据总缓存大小（>=HJ_BUF_SIZE），为系统级参数，以 MB 为单位。有效值范围为 10～500000
HJ_BUF_SIZE	50	动态，会话级	单个 HASH 连接操作符的数据总缓存大小，以 MB 为单位。有效值范围为 2～100000
HJ_BLK_SIZE	1	动态，会话级	HASH 连接操作符每次分配缓存（BLK）大小，以 MB 为单位，必须小于 HJ_BUF_SIZE。有效值范围为 1～50
HAGR_BUF_GLOBAL_SIZE	500	动态，系统级	HAGR、DIST、集合操作、SPL2、NTTS2 及 HTAB 操作符的数据总缓存大小（>=HAGR_BUF_SIZE），为系统级参数，以 MB 为单位。有效值范围为 10～1000000
HAGR_BUF_SIZE	50	动态，会话级	单个 HAGR、DIST、集合操作、SPL2、NTTS2 及 HTAB 操作符的数据总缓存大小，以 MB 为单位。有效值范围为 2～500000。 如果 HAGR_BUF_SIZE 设置的值在有效值范围内且大于 HAGR_BUF_GLOBAL_SIZE，那么会在 HAGR_BUF_GLOBAL_SIZE/2 和 500000 两个值中选出较小的那个，作为新的 HAGR_BUF_SIZE 值
HAGR_BLK_SIZE	1	动态，会话级	HAGR、DIST、集合操作、SPL2、NTTS2 及 HTAB 操作符每次分配的缓存（BLK）大小，以 MB 为单位，必须小于 HAGR_BUF_SIZE。有效值范围为 1～50

（续表）

参 数 名	默 认 值	属 性	说 明
MTAB_MEM_SIZE	8	静态	MTAB 缓存 BDTA 占用内存空间的大小，以 KB 为单位。有效值范围为 1～1048576
FTAB_MEM_SIZE	0	静态	FTAB 缓存 BDTA 占用内存空间的大小，以 KB 为单位。有效值范围为为 0～64×1024。0 表示使用 MTAB，取值大于 0 时才使用 FTAB。当取值小于 32 时，FTAB_MEM_SIZE 均使用 32
MMT_SIZE	0	动态，会话级	是否启用 MMT。0 表示不启用；其他有效值表示启用，并确定单个映射文件大小。有效值范围为 0～64，以 MB 为单位
MMT_GLOBAL_SIZE	4000	动态，系统级	系统使用 MMT 的文件总大小，以 MB 为单位。有效值范围为 10～1000000，仅在 MMT_SIZE 大于 0 时有效
MMT_FLAG	1	动态，会话级	MMT 存储数据方式。1 表示按页存储；2 表示 BDTA 存储。仅在 MMT_SIZE 大于 0 时有效
DICT_BUF_SIZE	5	静态	字典缓冲区大小，以 MB 为单位。有效值范围为 1～2048。
HFS_CACHE_SIZE	160	动态，系统级	HUGE 表 I/U/D（Insert/Update/Delete）时 HDTA_BUFFER 缓存区大小，以 MB 为单位。有效值范围为 160～2000
VM_STACK_SIZE	256	静态	系统执行时虚拟机的堆栈大小，以 KB 为单位，堆栈的空间是从操作系统中申请的。有效值范围 64～256×1024
VM_POOL_SIZE	64	静态	系统执行时虚拟机内存池的大小，在系统执行过程中用到的内存大部分是从这里申请的，它的空间是从操作系统中直接申请的。有效值范围为 32～1024×1024
VM_POOL_TARGET	32768	静态	虚拟机内存池能扩充到的最大大小，以 MB 为单位。有效值范围为 0～10×1024×1024，0 表示不限制
SESS_POOL_SIZE	64	动态，系统级	会话缓冲区大小，以 KB 为单位。有效值范围为 16～1024×1024。若申请的内存大小超过实际能申请的内存大小，则系统将按 16KB 大小重新申请
SESS_POOL_TARGET	32768	动态，系统级	会话缓冲区能扩充到的最大大小，以 MB 为单位。有效值范围为 0～10×1024×1024，0 表示不限制
RT_HEAP_TARGET	8192	动态，系统级	会话上用于动态对象存储的 RT_HEAP 最大可扩展到的大小，以 KB 为单位。有效值范围为 8192～10×1024×1024
VM_MEM_HEAP	0	静态	VM 是否使用 HEAP 分配内存。1 表示使用，0 表示不使用
RFIL_RECV_BUF_SIZE	16	静态	控制服务器启动时，在进行 REDO 操作的过程中，REDO 日志文件恢复时缓冲区的大小，以 MB 为单位。有效值范围为 16～4000
N_MEM_POOLS	1	静态	内存池的数量，有效值范围为 1～128
COLDATA_POOL_SIZE	0	动态，系统级	COLDATA 池的大小，以 MB 为单位
HAGR_DISTINCT_HASH_TABLE_SIZE	10000	动态，会话级	分组 DISTINCT 操作中 HASH 表的大小（桶数）。有效值范围为 10000～100000000
CNNTB_HASH_TABLE_SIZE	100	动态，会话级	指定使用 CNNTB 操作符创建 HASH 表的大小。有效值范围为 100～100000000

（续表）

参数名	默认值	属性	说明
GLOBAL_RTREE_BUF_SIZE	100	动态，会话级	R 树的全局缓冲区大小，以 MB 为单位
SINGLE_RTREE_BUF_SIZE	10	动态，会话级	单个 R 树的缓冲区大小，以 MB 为单位
SORT_OPT_SIZE	1	静态	整型/浮点型数据排序优化辅助空间大小，对应待排序数组的最大值与最小值的差值，以 MB 为单位，有效值范围为 0～1024。取值 1MB 时对应待排序数组的最大值与最小值的差值为 262144，超过位值则不能使用优化
SSD_BUF_SIZE	0	静态	指定 SSD 缓冲区大小，以 MB 为单位。取值范围为 0～4294967294，0 表示关闭 SSD 缓冲区
SSD_FILE_PATH	需要时指定	静态	SSD 缓冲区文件所在的文件夹路径，管理员要保证其在 SSD 分区上
SSD_REF_BUF_SIZE	80	静态	SSD 缓冲专用 BUF 大小，SSD_BUF_SIZE 不为 0 时有效，以 MB 为单位。有效值范围为 20～4096
SSD_FLUSH_INTERVAL	10	静态	SSD 缓冲刷盘轮询间隔，以 ms 为单位。取值范围为 0～1000
SSD_FLUSH_STEPS	100	静态	SSD 缓冲刷盘向前页数，有效值范围为 10～100000
线程相关参数			
WORKER_THREADS	4	静态	工作线程的数目，有效值范围为 1～64
TASK_THREADS	4	静态	任务线程个数，有效值范围为 1～1000
UTHR_FLAG	0	手动	用户线程标记，1 表示启用；0 表示不启用。 启用用户线程时，并行查询失效，并行查询的相关参数不起作用
FAST_RW_LOCK	1	手动	快速读写锁标记，1 表示启用，0 表示不启用
SPIN_TIME	4000	静态	线程在不能进入临界区时自旋的次数，有效值范围为 0～4000
WORK_THRD_STACK_SIZE	1024	静态	工作线程的堆栈大小，以 KB 为单位。有效值范围为 1024～4096
WORKER_CPU_PERCENT	0	手动	工作线程占 CPU 的比重，仅在非 Windows 系统下有效，有效值范围为 0～100
NESTED_C_STYLE_COMMENT	0	动态，系统级	是否支持 C 语言风格的嵌套注释，0 表示不支持；1 表示支持
查询相关参数			
USE_PLN_POOL	1	静态	是否重用执行计划。0 表示禁止执行计划的重用；1 表示启用执行计划的重用功能；2 表示对不包含显式参数的语句进行常量参数化优化；3 表示即使包含显式参数的语句，也进行常量参数化优化
DYN_SQL_CAN_CACHE	1	动态，系统级	是否缓存动态语句的执行计划。0 表示不缓存；1 表示当 USE_PLN_POOL 不为 0 时，缓存动态语句的执行计划
RS_CAN_CACHE	0	静态	结果集缓存配置。0 表示禁止重用结果集；1 表示强制模式，此时默认缓存所有结果集，但可通过 RS_CACHE_TABLES 参数和语句 HINT 进行手动设置；2 表示手动模式，此时默认不缓存结果集，但可通过语句 HINT 对必要的结果集进行缓存

（续表）

参 数 名	默 认 值	属 性	说 明
RS_CACHE_TABLES	空串	手动	指定可以缓存结果集的基表的清单，当 RS_CAN_CACHE=1 时，只有查询涉及的所有基表全部在此参数指定范围内，该查询才会缓存结果集。当参数值为空串时，此参数失效
RS_CACHE_MIN_TIME	0	动态，系统级	结果集缓存的语句执行时间下限，只有实际执行时间不少于指定时间值的查询，其结果集才会被缓存，仅在 RS_CAN_CACHE=1 时有效。默认值为 0，表示不限制；有效值范围为 0～4294967294，以 ms 为单位
RS_BDTA_FLAG	0	静态	是否以 BDTA 形式返回结果集。0 表示以行为单位返回结果集；2 表示以 BDTA 形式返回结果集
RS_BDTA_BUF_SIZE	32	静态	配置消息长度，以 KB 为单位。有效值范围为 8～32768
RESULT_SET_LIMIT	10000	动态，会话级	一次请求可以生成的结果集最大个数。有效值范围为 1～65000
RESULT_SET_FOR_QUERY	0	动态，会话级	是否生成非查询结果集。0 表示生成；1 表示不生成
SESSION_RESULT_SET_LIMIT	10000	动态，系统级	会话上结果集个数的上限，有效值范围为 1～65000
BUILD_FORWARD_RS	0	静态	仅向前游标是否生成结果集。0 表示不生成；1 表示生成
MAX_OPT_N_TABLES	6	动态，会话级	优化器在处理连接时，一次能优化的最大表连接个数。有效值范围为 3～8
CNNTB_MAX_LEVEL	20000	动态，会话级	层次查询的最大支持层次。有效值范围为 1～100000
BATCH_PARAM_OPT	0	静态	是否启用批量参数优化，0 表示不启用；1 表示启用，默认值为 0。当值为 1 时，不返回操作影响的行数
CLT_CONST_TO_PARAM	0	静态	是否进行语句的常量参数化优化，0 表示不进行；1 表示进行
LIKE_OPT_FLAG	7	动态，会话级	LIKE 查询的优化开关。0 表示不优化；1 表示对于 LIKE 表达式首尾存在通配符的情况，优化为 POSITION()函数；对于 LIKE 表达式首部存在通配符，并且条件列存在 REVERSE()函数索引时，优化为 REVERSE()函数；2 表示对于 COL1 LIKE COL2||'%'的情况，优化为 POSITION()函数；4 表示对于 COL1 LIKE 'A'||'B%'的情况，优化为 COL1 LIKE 'AB%'。支持使用上述有效值的组合值，如 5 表示同时进行 1 和 4 的优化
FILTER_PUSH_DOWN	0	动态，会话级	对单表条件是否下放的不同处理方式。0 表示条件不下放；1 表示在层次查询中将 START WITH 条件进行下放；2 表示在新优化器下对外连接、半连接进行下放条件优化处理；4 表示在语义分析阶段考虑单表过滤条件的选择率，超过 0.5 则不下放，由后面进行的代价计算选择是否下放，参数值 4 仅在将参数值设为 6 时有效；8 表示尝试将包含非相关子查询的布尔表达式进行下放。支持使用上述有效值的组合值，如 6 表示同时进行 2 和 4 的优化
USE_MCLCT	2	动态，会话级	MPP/LPQ 模式下，是否将操作符 MGAT/LGAT 替换为 MCLCT/LCLCT。0 表示不替换；1 表示在 MPP 模式下将操作符 MGAT 替换为 MCLCT；2 表示在 MPP 模式下将操作符 MGAT 替换为 MCLCT，或在 LPQ 模式下将操作符 LGAT 替换为 LCLCT

（续表）

参数名	默认值	属性	说明
MPP_OP_JUMP	1	动态，会话级	MPP 系统中操作符的跳转开关，是否支持通信操作符的跳转功能。0 表示不支持；1 表示支持
PHF_NTTS_OPT	1	动态，会话级	MPP 系统中是否进行了 NTTS 计划的优化，打开时可能会减少计划中的 NTTS 操作符。0 表示不支持；1 表示支持
MPP_MOTION_SYNC	200	动态，会话级	通信操作符同步时认定的邮件堆积数，堆积数超过该值则要进行同步检查。有效值范围为 0～100000，0 表示不进行同步检查
USE_FTTS	0	动态，会话级	执行过程中产生的临时数据的存放格式。0 表示用临时表空间的数据页存放；1 表示用临时文件存放
UPD_DEL_OPT	2	动态，会话级	删除更新计划优化方式，取值为 0、1、2。 对于单节点计划，0 表示不优化，1、2 表示可优化 NTTS。 对于 MPP 计划，0 表示不优化；1 表示优化、删除、更新计划，不优化 NTTS；2 表示优化、删除、更新计划，同时优化 NTTS
ENABLE_DIST_IN_SUBQUERY_OPT	0	动态，系统级	IN 子查询的优化方式，0 表示不优化；1 表示对 IN 子查询进行去掉子查询的优化；2 表示将 IN 子查询中的等值连接转换为多个 IN；4 表示在 IN 子查询中移除与外表相同的内表。 支持使用上述有效值的组合值，如 5 表示同时进行 1 和 4 的优化
MAX_OPT_N_OR_BEXPS	7	动态，会话级	能参与优化的最大 OR 分支个数，超过该值时布尔表达式仅用于过滤使用。有效值范围为 7～64
USE_HAGR_FLAG	0	动态，会话级	当带有 DISTINCT 的集函数不能使用 SAGR 操作符时，是否使用 HAGR 操作符。0 表示不使用；1 表示使用
DTABLE_PULLUP_FLAG	1	动态，会话级	是否在语法分析阶段对派生表进行上拉优化处理。0 表示不优化；1 表示优化
VIEW_PULLUP_FLAG	0	动态，会话级	是否对视图进行上拉优化，把视图转换为其原始定义，消除视图。可取值 0、1、2。 0 表示不进行视图上拉优化；1 表示对不包含别名和同名列的视图进行上拉优化；2 表示对包含别名和同名列的视图进行上拉优化
VIEW_PULLUP_MAX_TAB	7	动态，会话级	对视图进行上拉优化支持的表的个数。有效值范围为 1～16
STR_NULL_OPS_COMPATIBLE	0	动态，会话级	当两个字符串相加时，若两个字符串中有一个为 NULL，是否将结果置为 NULL。0 表示否；1 表示是
GROUP_OPT_FLAG	0	动态，会话级	分组项优化参数开关。支持 HINT。0 表示不优化；1 表示在非 Mysql 兼容模式下（COMPATIBLE_MODE 不等于 4），支持查询项不是 GROUP BY 的表达式；2 表示外层分组项下放到内层派生表中提前分组优化。支持使用上述有效值的组合值，如 3 表示同时进行 1 和 2 的优化
HAGR_PARALLEL_OPT_FLAG	0	动态，会话级	MPP 并行模式下对 GROUP BY、分析函数等的优化开关。0 表示不优化；1 表示无 DISTINCT 时 HAGR 按照分组列分发；2 表示有 DISTINCT 时 HAGR 按照分组列分发；4 表示去除多余的通信操作符；8 同 4，但仅限于外连接操作；16 表示分析函数按照 PARTITIONBY 列分发；32 表示在 MPP+LPQ 下 AAGR 的优化处理。支持使用上述有效值的组合值，如 5 表示同时进行 1 和 4 的优化

（续表）

参数名	默认值	属性	说明
HAGR_DISTINCT_OPT_FLAG	0	动态，会话级	MPP 下是否对 HAGR+DISTINCT 进行优化。0 表示不优化；1 表示优化
REFED_EXISTS_OPT_FLAG	1	动态，会话级	是否把相关 EXISTS 优化为非相关 IN 查询。0 表示不优化；1 表示优化
REFED_OPS_SUBQUERY_OPT_FLAG	0	动态，会话级	是否将 OPALL/SOME/ANY 相关子查询转换为 EXISTS 相关子查询。0 表示不转换；1 表示转换
MAX_PHC_BE_NUM	512	动态，会话级	优化阶段存放临时布尔表达式的个数。有效值范围为 512～20480000
HASH_PLL_OPT_FLAG	0	动态、会话级	是否裁剪 HASH SEMI/INNER 连接右边的分区表。取值为 0 或 1。1 表示裁剪，0 表示不裁剪
PARTIAL_JOIN_EVALUATION_FLAG	1	动态，会话级	是否对去除重复值操作的下层连接进行转换优化。0 表示不优化；1 表示优化。此参数仅在参数 OPTIMIZER_MODE 为 1 时才有效
USE_FK_REMOVE_TABLES_FLAG	1	动态，会话级	是否启用外键约束消除冗余表。0 表示不启用；1 表示启用
USE_FJ_REMOVE_TABLE_FLAG	0	动态，会话级	是否启用过滤表消除表及自连接消除优化。0 表示不启用；1 表示启用；2 表示等值条件的左右两边是不同的表时才进行优化
SLCT_ERR_PROCESS_FLAG	1	动态，会话级	控制如何处理过滤时产生的错误。0 表示正常处理错误，返回错误码；1 表示忽略错误，视为数据不匹配
MPP_HASH_LR_RATE	10	动态，会话级	MPP 模式下，对于 HASH_JOIN 节点，可以根据左右孩子节点 CARD 代价的比值，调整 HASH_JOIN 节点的左右孩子节点的 MOTION 添加，从而影响执行计划。若 CARD 比值超过此值，则小数据量的一方会全部收集到主 EP 上。有效值范围为 1～4294967294
LPQ_HASH_LR_RATE	30	动态，会话级	LPQ 模式下，对于 HASH_JOIN 节点，可以根据左右孩子节点 CARD 代价的比值，调整 HASH_JOIN 的左右孩子节点的 MOTION 添加，从而影响执行计划。 若 CARD 比值超过此值，则小数据量的一方会全部收集到主 EP 来做。有效值范围为 1～4294967294
SEL_ITEM_HTAB_FLAG	0	动态，会话级	当查询项中有相关子查询时，是否做 HTAB 优化。0 表示不优化；1 表示优化
OR_CVT_HTAB_FLAG	1	动态，会话级	当查询条件 OR 中含有公共因子时，是否使用 HTAB 来进行优化。0 表示不使用；1 表示使用；2 表示增强 OR 表达式，转换为 HTAB 的条件检查，当存在嵌套连接时，不生成 HTAB，以避免缓存过多数据从而影响性能
CASE_WHEN_CVT_IFUN	1	动态，会话级	对 CASE WHEN 查询表达式的优化处理。0 表示不优化；1 表示将 CASE WHEN 查询表达式转换为 IF OPERATOR 函数；2 表示将 CASE WHEN 查询表达式转换为 IF OPERATOR 函数，且有限制地进行表达式重用；4 表示将 CASE WHEN 查询表达式在运算符中转换为 OR 进行处理。支持使用上述有效值的组合值，如 5 表示同时进行 1 和 4 的优化
OR_NBEXP_CVT_CASE_WHEN_FLAG	0	动态，会话级	是否将 OR 转化为 CASE WHEN THEN ELSE END 语句。0 表示不转换；1 表示转换

（续表）

参数名	默认值	属性	说明
NONCONST_OR_CVT_IN_LST_FLAG	0	动态，会话级	是否开启 INLIST 优化，将不含有常量的 OR 表达式转换成 INLIST。0 表示不开启，1 表示开启
OUTER_CVT_INNER_PULL_UP_COND_FLAG	1	动态，会话级	当外连接转化为内连接时，是否打开连接条件。0 表示不打开；1 表示打开
OPT_OR_FOR_HUGE_TABLE_FLAG	1	动态，会话级	是否使用 HFSEK 优化 HUGE 表中列的 OR 过滤条件。0 表示不使用；1 表示使用
ORDER_BY_NULLS_FLAG	0	动态，会话级	ASC 升序排序时，控制 NULL 值返回的位置。取值为 0 或 1。1 表示 NULL 值在最后返回，0 表示 NULL 值在最前面返回。在参数等于 1 的情况下，NULL 值的返回与 Oracle 保持一致。DESC 降序时该参数无效
SUBQ_CVT_SPL_FLAG	1	动态，会话级	控制相关子查询的优化方式。0 表示不优化；1 表示使用 SPL2 方式优化相关子查询；2 表示 DBLINK 相关子查询是否转换为函数，由参数 ENABLE_DBLINK_TO_INV 取值决定；4 表示将多列 IN 转换为 EXISTS；8 表示将引用列转换为变量 VAR；16 表示用临时函数替代查询项中的相关查询表达式。支持使用上述有效值的组合值，如 5 表示同时进行 1 和 4 的优化
ENABLE_RQ_TO_SPL	1	动态，会话级	是否将相关子查询转换为 SPL2 方式。0 表示不转换；1 表示转换
MULTI_IN_CVT_EXISTS	0	动态，会话级	是否将多列 IN 转换为等价的 EXISTS 过滤。0 表示不转换；1 表示转换
PRJT_REPLACE_NPAR	1	动态，会话级	是否将引用列转换为变量 VAR，并替换查询表达式中的引用列。0 表示不优化；1 表示优化
ENABLE_RQ_TO_INV	0	动态，会话级	是否将相关查询表达式转换为函数方式。0 表示不转换；1 表示转换
SUBQ_EXP_CVT_FLAG	0	动态，会话级	是否将带有聚集函数且没有 GROUP BY 的相关查询表达式优化为非相关查询表达式。0 表示使用普通的去相关性处理；1 表示将带有聚集函数且没有 GROUP BY 的相关查询表达式优化为非相关查询表达式；2 表示将子查询列均来自上层查询且子查询中不包含层次查询、ROWNUM、TOP 的相关子查询的 FROM 项改写为 SELECT TOP11 FROM 等形式的派生表，减少中间结果集。支持使用上述有效值的组合值，如 3 表示同时进行 1 和 2 的优化
USE_REFER_TAB_ONLY	0	动态，会话级	处理相关子查询时是仅将相关的表下放，或者连同上方的 SEMI/HASH JOIN 一起下放。0 表示一起下放；1 表示仅下放相关表
REFED_SUBQ_CROSS_FLAG	1	动态，会话级	是否将相关子查询与外层表优化为 CROSS JOIN。0 表示不优化；1 表示优化。 注意，这是 DM8 早期版本参数，不再推荐使用

（续表）

参 数 名	默 认 值	属　性	说　明
IN_LIST_AS_JOIN_KEY	0	动态，会话级	搜索多表连接方式时，对于索引连接（INDEX JOIN）的探测，NEXP_IN_LST 表达式类型可以作为多表连接的 KEY。 取值范围为 0 和 1。0 表示搜索多表连接方式时，对于索引连接（INDEX JOIN）的探测，NEXP_IN_LST 不可以作为多表连接的 KEY；1 表示搜索多表连接方式时，对于索引连接（INDEX JOIN）的探测，把 NEXP_IN_LST 当作普通等值 KEY 的处理方式来生成 INDEX JOIN 的连接 KEY
OUTER_JOIN_INDEX_OPT_FLAG	0	动态，会话级	外连接优化为索引连接的优化开关。1 表示优化；0 表示不优化
OUTER_JOIN_FLATING_FLAG	0	动态，会话级	优化外连接。0 表示不启用优化；1 表示启用优化。例如，使得连接 A LEFT(B CROSS C)ON A.C1=B.C1 优化为 A LEFT(B JOIN(DISTINCT A)ON A.C1=B.C1 CROSS C)ON A.C1=B.C1，相当于把 A 和 B 的过滤器平坦化到下层查询中，使得 B 获取的中间结果较小
TOP_ORDER_OPT_FLAG	0	动态，会话级	优化带有 TOP 和 ORDER BY 子句的查询，使得 SORT 操作符可以省略。优化的效果是尽量使 ORDER BY 的排序列对应的基表可以使用包含排序列的索引，从而可以移除 SORT 操作符，减少排序操作。若排序列不属于同一个基表，或者排序列不是基表列，则肯定是不可以优化的。 取值为 0 和 1。0 表示不启用该优化；1 表示启用该优化
TOP_DIS_HASH_FLAG	1	动态，会话级	是否通过禁用 HASH JOIN 的方式来优化 TOP 查询，取值为 0，1。 0 表示不优化；1 表示当 OPTIMIZER_MODE 为 0 时，TOP 下方的连接禁用 HASH JOIN；当 OPTIMIZER_MODE 为 1 时，TOP 下方最近的连接倾向于不使用 HASH JOIN；2 表示当 OPTIMIZER_MODE 为 0 时，TOP 下方的连接禁用 HASH JOIN；当 OPTIMIZER_MODE 为 1 时，TOP 下方所有的连接都倾向于不使用 HASH JOIN
ENABLE_RQ_TO_NONREF_SPL	0	动态，会话级	相关查询表达式转化为非相关查询表达式，目的在于相关查询表达式的执行处理由之前的平坦化方式转化为逐行处理方式，类似 Oracle 的每行处理机制。 0 表示不启用该优化；1 表示对查询项中出现的相关子查询表达式进行优化处理；2 表示对查询项和 WHERE 表达式中出现的相关子查询表达式进行优化处理
OPTIMIZER_MODE	1	动态，会话级	DM8 优化器的模式。0 表示旧优化器模式；1 表示新优化器模式
NEW_MOTION	1	动态，会话级	是否使用代价计算来决定使用的通信操作符。0 表示不使用；1 表示使用
LDIS_NEW_FOLD_FUN	0	动态，会话级	是否开启 LOCAL DISTRIBUTE 操作符，使用与 MPP DISTRIBUTE 操作符不同的函数来计算哈希值。0 表示不开启；1 表示开启

（续表）

参数名	默认值	属性	说明
DYNAMIC_CALC_NODES	0	动态，会话级	是否根据数据量设置 LOCAL DISTRIBUTE\MPP DISTRIBUTE 操作符，不同的并行度/节点数可取值 0、1。0 表示否；1 表示是
OPTIMIZER_MAX_PERM	7200	动态，会话级	控制探测计划过程中的最大排列数，若大于该阈值，则减少相应的排列，减少探测计划的时间，有效值范围为 1～4294967293
ENABLE_INDEX_FILTER	0	动态，会话级	是否进行索引过滤优化，可取值为 0、1、2。 0 表示不进行优化；1 表示使用索引过滤优化，如果过滤条件涉及的列包含在索引中，那么索引在进行 SSEK2 后就可以使用此过滤条件，可以减少中间结果集；2 表示在取值为 1 的基础上，将 IN 查询列表转换为 HASH RIGHT SEMI JOIN
OPTIMIZER_DYNAMIC_SAMPLING	0	动态，会话级	当统计信息不可用时是否启用动态统计信息。取值范围为 0～12。0 表示不启用；1～10 表示启用，采用率为 10%～100%；11 表示启用，由优化器确定采样率，采样率范围为 0.1%～99.9%；12 同 11，但收集的结果会持久化保存
NONREFED_SUBQUERY_AS_CONST	0	动态，会话级	是否将非相关子查询转化为常量处理。0 表示不进行优化，对非相关子查询使用连接方式处理；1 表示将非相关子查询转换为常量，作为过滤条件使用
HASH_CMP_OPT_FLAG	0	动态，会话级	是否启用静态哈希表的优化。0 表示不启用优化；1 表示分组中的 DISTINCT 开启此优化；2 表示对 HASH 连接启用该优化；4 表示对 HAGR 分组计算启用该优化；8 表示 DISTINCT 操作开启此优化。支持使用上述有效值的组合值，如 5 表示同时进行 1 和 4 的优化
OUTER_OPT_NLO_FLAG	0	动态，会话级	是否进行外连接和内连接的相关优化。0 表示不优化；1 表示满足条件时，将外连接转换为嵌套外连接进行优化；2 表示满足条件时，将内连接转换为嵌套连接+VAR 方式进行优化；4 表示打开外连接操作符 HLO/HRO，只返回不满足条件值的优化。 取值为 1、2，仅在 OPTIMIZER_MODE=0 时生效。支持使用上述有效值的组合值，如 5 表示同时进行 1 和 4 的优化
DISTINCT_USE_INDEX_SKIP	2	动态，会话级	DISTINCT 列是否使用索引跳跃扫描（单列索引或复合索引）。专门用于 SQL 语句中有 DISTINCT 的场景，是 DISTINCT 列的查询的一种优化方式，在索引上跳跃着扫描。可取值为 0、1、2，0 表示不使用；1 表示强制使用；2 表示根据代价选择是否使用。 该参数只在 OPTIMIZER_MODE=1 时有效
USE_INDEX_SKIP_SCAN	0	动态，会话级	是否使用复合索引跳跃扫描。专门用于 WHERE 子句等值条件的查询列中包含了复合索引的列，但该列又不是复合索引的前导列。和 INDEX_SKIP_SCAN_RATE 搭配使用。 取值为 0、1，0 表示不使用；1 表示根据代价选择是否使用，通过代价计算选择，倾向于选择前导列 DISTINCT 值少、搜索列 DISTINCT 值较多的索引；2 表示强制使用，只要能够找到可以使用跳跃扫描的索引，就强制使用

（续表）

参数名	默认值	属性	说明
INDEX_SKIP_SCAN_RATE	0.0025	动态，会话级	复合索引跳跃扫描的代价调节开关。当列的比值（DISTINCT 数/总行数）大于该值时，就不再使用索引跳跃扫描的方式。有效值范围为 0～1。和 USE_INDEX_SKIP_SCAN 搭配使用
SPEED_SEMI_JOIN_PLAN	1	动态，会话级	是否加速半连接的探测过程。0 表示不加速；1 表示加速计划探测；2 表示加速计划探测并执行
COMPLEX_VIEW_MERGING	0	动态，会话级	对于复杂视图（一般含有 GROUP 或者集函数等）会执行合并操作，使得 GROUP 分组操作在连接之后才执行。0 表示不启用；1 表示对不包含别名和同名列的视图进行合并；2 表示视图定义包含别名或同名列时也进行合并
OP_SUBQ_CVT_IN_FLAG	1	动态，会话级	当查询条件为“=(SUBQUERY)”时，是否考虑转换为等价的 IN(SUBQUERY)。0 表示不转换；1 表示转换
HLSM_FLAG	1	动态，会话级	控制多列非相关 NOT IN 的查询实现方式。取值为 1、2、3，1 表示当数据量较大、HASHBUF 放不下时，采用 MTAB 方式处理；2 表示当数据量较大、HASHBUF 放不下时，采用 B 树方式处理，使用细粒度扫描；3 表示当数据量较大、HASHBUF 放不下时，采用 B 树方式处理，使用粗粒度扫描
DEL_HP_OPT_FLAG	0	动态，会话级	控制分区表的操作优化。取值为 0 表示不优化；1 表示打开分区表 DELETE 优化；2 表示控制范围分区表创建的优化处理，转换为数据流方式实现；4 表示允许语句块中的间隔分区表自动扩展；8 表示开启对 TRUNCATE 分区表的优化处理；16 表示完全刷新时使用 DELETE 方式删除老数据。支持使用上述有效值的组合值，如 7 表示同时进行 1、2、4 的优化
OPTIMIZER_OR_NBEXP	0	动态，会话级	OR 表达式的优化方式。取值为 0 表示不优化；1 表示生成 UNION_FOR_OR 操作符时，优化为无 KEY 比较方式；2 表示 OR 表达式优先考虑整体处理方式；4 表示相关子查询的 OR 表达也优先考虑整体处理方式；8 表示 OR 布尔表达式的范围合并优化；16 表示同一列上同时存在常量范围过滤和 ISNULL 过滤时的优化，如 c1>5 OR c1 IS NULL。 支持使用上述有效值的组合值，如 7 表示同时进行 1、2、4 的优化
CNNTB_OPT_FLAG	0	动态，会话级	是否使用优化的层次查询执行机制。取值为 0 表示不使用；1 表示强制使用；2 表示优化器自动决定是否使用
ADAPTIVE_NPLN_FLAG	3	动态，会话级	是否启用自适应计划机制，仅 OPTIMIZER_MODE=1 时生效。取值为 0 表示不启用；1 表示对索引连接、嵌套含 VAR 连接等复杂连接启用自适应计划；2 表示 ORDER BY 在 HASH 连接时启用自适应计划；3 表示同时启用 1 和 2 的优化机制
MULTI_UPD_OPT_FLAG	0	动态，会话级	是否使用优化的多列更新。取值为 0 表示不使用，仍按照语句改写方式实现；1 表示利用多列 SPL 功能加以实现
MULTI_UPD_MAX_COL_NUM	128	动态，会话级	利用多列 SPL 功能实现多列更新（MULTI_UPD_OPT_FLAG 为 1）时可更新的最大列数，有效值范围为 2～10000

（续表）

参 数 名	默 认 值	属 性	说 明
ENHANCE_BIND_PEEKING	0	静态	是否使用自适应的绑定变量窥探开关。取值为 0 表示不使用；1 表示使用
NBEXP_OPT_FLAG	3	动态，会话级	控制布尔表达式的一些优化。取值为 0 表示不优化；1 表示根据展开后的项数控制 NOT 是否下放展开的优化；2 表示进行 AND 分支的 OR 布尔表达式的公因子上拉优化。支持使用上述有效值的组合值，如 3 表示同时进行 1、2 的优化
HAGR_HASH_ALGORITHM_FLAG	0	动态，会话级	HAGR 中的 HASH 算法选择标记。取值为 0 表示按照移位方式计算；1 表示按照异或方式计算
DIST_HASH_ALGORITHM_FLAG	0	动态，会话级	DISTINCT 中的 HASH 算法选择标记。取值为 0 表示按照移位方式计算；1 表示按照异或方式计算
UNPIVOT_ORDER_FLAG	0	动态，会话级	是否对 UNPIVOT 的结果按照公共列排序，公共列指表中未出现在 UNPIVOT 中的列。取值为 0 表示不排序；1 表示排序
VIEW_FILTER_MERGING	2	动态，会话级	是否对视图条件进行合并优化及如何优化。取值为 0 表示不优化；1 表示尽可能地进行视图条件合并；2 表示自动判断是否进行视图条件合并
OPT_MEM_CHECK	0	动态，会话级	内存紧张时，优化器是否缩减计划探测空间，仅 OPTIMIZER_MODE=0 时生效。取值为 0 表示不缩减计划探测空间；1 表示缩减计划探测空间
ENABLE_JOIN_FACTORIZATION	0	动态，会话级	是否启用连接分解，即 UNION ALL 分支间存在公共部分时是否进行公因子提取。取值为 0 表示不启用；1 表示启用
ERROR_COMPATIBLE_FLAG	0	动态、会话级	是否对子查询的同名列进行报错。取值为 0 或 1，0 表示报错，1 表示不报错
ENABLE_PARTITION_WISE_OPT	0	动态，会话级	是否利用水平分区表的分区信息进行排序、分组的计划优化，即在满足条件的情况下对每个子表单独排序、分组，或者进行子表间的归并排序。取值为 0 表示不启用；1 表示启用
EXPLAIN_SHOW_FACTOR	1	动态，会话级	显示执行计划的行数和嵌套层数的基数分别为 1000 和 100，实际显示的行数和嵌套层数为基数×EXPLAIN_SHOW_FACTOR。有效值范围为 1～100
HASH_PLL_OPT_FLAG	0	动态，会话级	当进行 HASH SEMI/INNER 连接时，若右表为分区表，是否对分区表进行裁剪。取值为 0 表示不裁剪；1 表示裁剪
PLACE_GROUP_BY_FLAG	0	动态，会话级	在含有集函数的查询中，是否允许先分组减少数据量后再进行连接。取值为 0 表示不允许；1 表示允许
ENABLE_NEST_LOOP_JOIN_CACHE	0	动态，会话级	是否考虑缓存嵌套循环连接中间结果以加速执行。取值为 0 或 1，0 表示不启用；1 表示启用
ENABLE_DBLINK_TO_INV	0	动态，会话级	DBLINK 相关子查询是否转换为函数。取值为 0 表示不转换；1 表示转换
ENABLE_BLOB_CMP_FLAG	0	动态，会话	是否支持大字段类型的比较。取值为 0 表示不支持；1 表示支持，此时 DISTINCT、ORDER BY、分析函数和集函数支持对大字段的处理

（续表）

参 数 名	默 认 值	属　性	说　明
ENABLE_CREATE_ BM_INDEX_FLAG	1	动态， 系统级	是否允许创建位图索引。 取值为 0 表示不允许创建位图索引，位图索引作为普通 B 树索引进行创建；1 表示允许创建位图索引
检查点相关参数			
CKPT_RLOG_SIZE	100	动态， 系统级	产生多大日志文件后做检查点，以 MB 为单位。有效值范围为 0～4294967294
CKPT_DIRTY_PAGES	10000	动态， 系统级	产生多少脏页后产生检查点，以页为单位。有效值范围为 0～4294967294
CKPT_INTERVAL	300	动态， 系统级	指定检查点的时间间隔，以 s 为单位。取值为 0 时表示不自动定时做检查点。有效值范围为 0～2147483647
CKPT_FLUSH_RATE	5.00	动态， 系统级	检查点刷盘比例。有效值范围为 0～100.00
CKPT_FLUSH_PAGES	1000	动态， 系统级	检查点刷盘的最小页数。有效值范围为 1000～100000
CKPT_WAIT_PAGES	128	动态， 系统级	检查点一次发起的最大写入页数，等待这些页写入磁盘完成、调整检查点信息后，再发起新的刷盘请求，避免过于集中地发起写磁盘请求，操作系统 I/O 压力过大，导致 I/O 性能下降。有效值范围为 1～1024
FORCE_FLUSH_ PAGES	8	动态， 系统级	调度线程启动刷脏页流程时，每个 BUFFER POOL 写入磁盘的脏页数。有效值范围为 0～1000
I/O 相关参数			
DIRECT_IO	0	静态	在非 Windows 系统下有效，取值为 0 表示使用 OS 文件系统缓存；1 表示不使用 OS 文件系统缓存，采用系统模拟的异步 I/O，异步 I/O 的线程数由 IO_THR_GROUP 控制；2 表示不使用 OS 文件系统缓存，采用系统提供的 NATIVEIO 机制，要求 Linux 内核在 2.6 以上。 注意，此参数应根据应用特征谨慎设置，一般默认为 0
IO_THR_GROUPS	2	静态	在非 Windows 系统下有效，表示 I/O 线程组的个数。有效值范围为 1～512
HIO_THR_GROUPS	2	静态	HUGE 缓冲区的 I/O 线程组数目。有效值范围为 1～512
FAST_EXTEND_ WITH_DS	Linux/AIX/ BSD 默认为 1， 其他默认 0	动态， 系统级	是否按实际磁盘占用大小扩展文件，在非 Windows 系统下有效。取值为 0 表示扩展文件为空洞文件；1 表示按 DISK SPACE 扩展文件，文件的逻辑大小与实际磁盘占用大小一致
FIL_CHECK_ INTERVAL	0	动态， 系统级	指定检查数据文件是否存在的时间间隔，单位为 s。有效值范围为 0～4294967294，0 表示不检查
数据库相关参数			
MAX_SESSIONS	100	静态	系统允许同时连接的最大数，同时还受到 License 的限制，取二者中较小的值。有效值范围为 1～65000
MAX_CONCURRENT _TRX	0	静态	表示系统支持同时运行事务数的最大值。有效值范围为 0～1500，0 表示不控制。 注意，这个参数仅在需要超大数量连接时才需要设置

（续表）

参 数 名	默 认 值	属 性	说 明
CONCURRENT_TRX_MODE	0	静态	限流模式。取值为 0 表示以事务为单位进行限流；1 表示以 SQL 为单位进行限流
TRX_VIEW_SIZE	512	静态	事务视图中本地事务 ID 的缓存初始化个数。取值范围为 16～65000
MAX_SESSION_STATEMENT	100	动态，系统级	单个会话上允许同时打开的语句句柄最大数，有效值范围为 64～20480
MAX_CONCURRENT_OLAP_QUERY	0	静态	OLAP 模式下能同时执行的复杂查询个数，超过限制后，复杂查询将在执行阶段进入等待。有效值范围为 0～100。0 表示不做限制。 注意，此处的复杂查询是指计划中存在行数超过参数 BIG_TABLE_THRESHHOLD×10000 的节点，含有哈希连接、哈希分组等耗内存操作符，且不涉及系统表
BIG_TABLE_THRESHHOLD	1000	动态，会话级	OLAP 环境下对复杂查询最大并发数（参数 MAX_CONCURRENT_OLAP_QUERY）进行限制时，认定是否为复杂查询中表的行数下限，以万为单位。有效值范围为 0～4294967294
MAX_EP_SITES	64	手动	MPP 环境下 EP 站点的最大数量，有效值范围为 2～1024
PORT_NUM	5236	静态	服务器通信端口号，有效值范围为 1024～65534
FAST_LOGIN	0	静态	是否在登录时记录登录历史信息。取值为 0 表示记录，1 表示不记录
DDL_AUTO_COMMIT	1	手动	指定 DDL 语句是否自动提交。取值为 1 表示自动提交；0 表示手动提交。当 COMPATIBLE_MODE=1 时，DDL_AUTO_COMMIT 的实际值均为 0
COMPRESS_MODE	0	动态，会话级	建表时是否进行默认压缩。取值为 0 表示不进行；1 表示进行
PK_WITH_CLUSTER	1	动态，会话级	在建表语句中指定主关键字时，是否默认指定为 CLUSTER。取值为 0 表示不指定；1 表示指定。 注意，该参数对列存储表和堆表无效
EXPR_N_LEVEL	200	动态，会话级	表达式最大嵌套层数。有效值范围为 30～1000
N_PARSE_LEVEL	100	动态，会话级	表示对象 PROC、VIEW、PKG、CLASS 的最大解析层次，若层次过深则报错返回。有效值范围为 30～1000
MAX_SQL_LEVEL	500	动态，系统级	指定 DM8 虚拟机允许的最大栈帧数。有效值范围为 100～1000。此参数值设置过大可能会导致内存暴涨，管理员须斟酌设置
BDTA_SIZE	1000	静态	BDTA 缓存的记录数。有效值范围为 1～10000
OLAP_FLAG	2	动态，会话级	是否启用联机分析处理。取值为 0 表示不启用；1 表示启用；2 表示不启用，同时倾向于使用索引范围扫描
JOIN_HASH_SIZE	500000	动态，会话级	执行 HASH JOIN 操作时，HASH 表的大小，以 Cell 个数为单位。有效值范围为 0～250000000
USE_DHASH_FLAG	0	动态，会话级	是否使用动态 HASH。取值为 0 表示不使用；1 表示使用
HFILES_OPENED	256	静态	设置可以同时打开的列存储表数据文件个数。有效值范围为 60～10000
FAST_COMMIT	0	动态，系统级	批量提交事务的个数，有效值范围为 0～100

（续表）

参 数 名	默 认 值	属　性	说　明
ISO_IGNORE	0	动态，会话级	是否忽略显示设置的事务隔离级别。取值为1表示忽略；0表示不忽略
TEMP_SIZE	10	静态	默认创建的临时表空间大小，以MB为单位。有效值范围为10～1048576
TEMP_SPACE_LIMIT	0	动态，系统级	临时表空间大小的上限，以MB为单位。取值为0表示不限制临时表空间大小。有效范围为0～4294967294。 注意，TEMP_SPACE_LIMIT一定要大于等于TEMP_SIZE
FILE_TRACE	0	静态	日志中是否记录文件操作。取值为0表示不记录；1表示记录
COMM_TRACE	1	动态，会话级	服务器日志是否记录通信中产生的警告信息。取值为0表示不记录；1表示记录
CACHE_POOL_SIZE	20	静态	SQL缓存区大小，以MB为单位。在32位系统下有效值范围为1～2048；在64位系统下有效值范围为1～67108864。以MB为单位
PLN_DICT_HASH_THRESHOLD	20	静态	仅当CACHE_POOL_SIZE参数值大于等于此参数值时，才开启缓存计划的字典关联登记。在32位系统下有效值范围为1～2048；在64位系统下有效值范围为1～67108864。以MB为单位
STAT_COLLECT_SIZE	10000	动态，会话级	收集统计信息时，样本的最小行数。有效值范围为0～10000000
STAT_ALL	0	动态，会话级	在估算分区表行数时，控制一些优化。取值为0表示不采样所有分区子表；1表示采样所有分区子表；2表示优先采用统计信息中的行数。 支持使用上述有效值的组合值，如3表示优先采用统计信息中的行数，若没有找到对应的统计信息，则去采样所有分区子表
PHC_MODE_ENFORCE	0	动态，会话级	控制连接的实现方式。取值为0表示优化器根据代价情况自由选择连接方式；1表示考虑使用NEST LOOP INNER JOIN；2表示考虑使用索引连接；4表示考虑使用哈希连接；8表示考虑使用归并连接。 支持使用上述有效值的组合值，如6表示优化器根据代价情况在索引连接和哈希连接间进行选择
ENABLE_HASH_JOIN	1	动态，会话级	是否允许使用哈希连接。取值为0表示不允许；1表示允许
ENABLE_INDEX_JOIN	1	动态，会话级	是否允许使用索引连接。取值为0表示不允许；1表示允许
ENABLE_MERGE_JOIN	1	动态，会话级	是否允许使用归并连接。取值为0表示不允许；1表示允许
MPP_INDEX_JOIN_OPT_FLAG	0	动态，会话级	MPP环境下，是否可以使用索引左外连接。取值为0表示不使用；1表示使用
MPP_NLI_OPT_FLAG	0	动态，会话级	MPP环境下嵌套连接的优化方式。取值为0表示在嵌套连接操作的左右孩子节点添加MPP GATHER，汇总到主EP执行，父节点添加MPP SCATTER；3表示在嵌套连接操作的左右孩子节点都添加MPP GATHER和MPP SCATTER

（续表）

参 数 名	默 认 值	属 性	说 明
MAX_PARALLEL_DEGREE	1	动态，会话级	用来设置默认并行任务的个数。取值范围为1～128。默认值为1，表示无并行任务。当PARALLEL_POLICY值为1时，该参数值才有效
PARALLEL_POLICY	0	静态	用来设置并行策略。取值为0、1和2，默认值为0。取值为0表示不支持并行；1表示自动并行模式；2表示手动并行模式
PARALLEL_THRD_NUM	10	静态	用来设置并行工作线程个数。有效值范围为1～1024
PARALLEL_MODE_COMMON_DEGREE	1	动态，会话级	并发模式程度。此值越大，扫描代价越大，越倾向于使用索引连接而不是哈希连接，须酌情使用。有效值范围为1～1024
PUSH_SUBQ	0	动态，会话级	是否下放子查询使先做。取值为0表示相关子查询不下放，非相关子查询在不存在单表过滤条件时下放；1表示在不存在单表过滤条件时下放；2表示始终考虑下放
OPTIMIZER_AGGR_GROUPBY_ELIM	1	动态，会话级	当对派生视图进行分组查询，且分组项是派生视图分组项的子集时，是否考虑将两层分组合并。取值为0表示不优化；1表示将两层分组进行合并
UPD_TAB_INFO	0	静态	系统启动时是否更新表信息（如行数）。取值为1表示启用更新；0表示不更新
ENABLE_IN_VALUE_LIST_OPT	6	动态，会话级	是否允许IN LIST表达式优化。取值为0表示不优化；1表示将IN LIST表达式在语义分析阶段优化为CONSTV处理；2表示在查询计划确定后，把IN LIST表达式转化为CONSTV；4表示允许INLIST参与等值传递；8表示从INVALUE中构造出范围条件（仅限于HUGE表）。 支持使用上述有效值的组合值，如3表示同时进行1和2的优化
ENHANCED_BEXP_TRANS_GEN	1	动态，会话级	是否允许非等值布尔表达式和外连接ON条件中的传递闭包。取值为0表示不允许；1表示允许
ENABLE_DIST_VIEW_UPDATE	0	动态，系统级	是否支持更新含有DISTINCT的视图。取值为1表示允许；0表示不允许，当COMPATIBLE_MODE=1时，ENABLE_DIST_VIEW_UPDATE的实际值均为1
STAR_TRANSFORMATION_ENABLED	0	动态，会话级	是否允许改写星形模型查询以使用位图连接索引。取值为0表示不允许；1表示允许，但仅在OLAP_FLAG为1时有效
MONITOR_INDEX_FLAG	0	动态，会话级	是否对索引进行监控。取值为0表示关闭自动监控，可使用ALTER INDEX语句启用索引监控；1表示打开自动监控，对用户定义的二级索引进行监控；2表示禁止索引监控
RAISE_CASE_NOT_FOUND	0	动态，系统级	CASE语句NOT FOUND是否抛出异常。取值为0表示不抛出；1表示抛出
FIRST_ROWS	100	动态，系统级	结果集的一个消息中返回的最大行数，有效值范围为1～1000
LIST_TABLE	0	动态，会话级	默认情况下，创建的表是否为堆表。取值为0表示否；1表示是
ENABLE_SPACELIMIT_CHECK	1	静态	是否启用检查SPACE LIMIT。取值为1表示启用；0表示不启用

（续表）

参 数 名	默 认 值	属 性	说 明
BUILD_VERTICAL_PK_BTREE	0	手动	HUGE 表上创建的主键是否需要创建物理 B 树。取值为 0 表示不创建；1 表示创建
BDTA_PACKAGE_COMPRESS	0	动态，会话级	是否启动 BDTA 压缩传递功能。取值为 1 表示压缩；0 表示不压缩
HFINS_PARALLEL_FLAG	0	动态，系统级	是否启动 HUGE 表查询插入优化。取值为 0 表示不启动；1 表示对非 HUGE 分区表进行优化；2 表示对 HUGE 分区表也进行优化
HFINS_MAX_THRD_NUM	100	动态，系统级	HUGE 表查询插入优化时并行的最大线程数，有效值范围为 4～200
LINK_CONN_KEEP_TIME	15	静态	DBLINK 空闲连接保持时间，以分钟为单位。取值为 0 时表示不主动释放空闲 DBLINK 连接
DETERMIN_CACHE_SIZE	5	动态，会话级	确定性函数值缓冲区大小，以 MB 为单位
NTYPE_MAX_OBJ_NUM	1000000	动态，系统级	复合数据类型中包含的对象或字符串的总个数，以及查询中包含变量的总个数，有效值范围为 2000～100000000
CTAB_SEL_WITH_CONS	0	动态，系统级	查询建表时，是否对原始表上的约束进行复制。取值为 1 表示是，0 表示否
HLDR_BUF_SIZE	8	动态，系统级	进行 HUGE 表导入时，缓冲区的大小，以 MB 为单位。有效值范围为 4～1024
HLDR_BUF_TOTAL_SIZE	4294967294	动态，系统级	HLDR 资源控制，系统中所有 HLDR 使用的 HLDR_BUF 空间的总量，以 MB 为单位。有效值范围为 100～4294967294
HLDR_REPAIR_FLAG	0	动态，系统级	使用 DMFLDR 装载数据时如发生错误，对错误的处理方式。取值为 0 表示完全回滚方式，数据将回到装载前的状态；1 表示修复方式，系统将数据修复到最后一个完整装载的数据区。 注意，若此参数为 1，则 DMFLDR 装载数据时不能支持事务型 HUGE 表二级索引的维护
HLDR_FORCE_COLUMN_STORAGE	1	动态，系统级	装载最后一个数据区时是否强制列存。取值为 1 表示是；0 表示否
HLDR_FORCE_COLUMN_STORAGE_PERCENT	80	动态，系统级	装载 HUGE 表时最后一个数据区强制列存的最低数据百分比。有效值范围为 50～100
HLDR_HOLD_RATE	1.5	动态，系统级	HLDR 最多保持重用 HLDR_BUF 的个数与目标表列数的比例。有效值范围为 1～65535
HLDR_MAX_RATE	2	动态，系统级	HLDR 同时使用的 HLDR_BUF 的最大个数与目标表列数的比例。有效值范围为 2～65535
HUGE_ACID	0	动态，系统级	是否支持 HUGE 表中的增删改操作与查询操作的并发，取值为 0、1、2。 取值为 0 表示不支持 HUGE 表中增删改操作与查询操作的并发；1 表示支持 HUGE 表中增删改操作与查询操作的并发，HFLKUP 操作符检查数据区是否上锁时使用二分查找；2 表示支持 HUGE 表中增删改操作与查询操作的并发，HFLKUP 操作符检查数据区是否上锁时使用遍历查找

（续表）

参 数 名	默 认 值	属 性	说 明
HUGE_STAT_MODE	2	动态，会话级	设置默认情况下是否计算WITH DELTA的HUGE表各列的统计信息，取值为0、1、2。取值为0表示不计算统计信息；1表示实时计算统计信息；2表示异步计算统计信息
HFS_CHECK_SUM	1	静态	是否为HUGE表数据区进行和校验。取值为0表示否；1表示是
HBUF_DATA_MODE	0	静态	HUGE表数据缓冲区中缓存数据的格式，取值为0、1，默认值为0。取值为0表示格式与数据文件中的数据块格式一致；1表示当数据块是压缩加密时，缓存解密解压后的数据
DBLINK_OPT_FLAG	29	动态，会话级	控制对 DBLINK 的优化。取值为 0 表示不进行优化；1 表示允许DBLINK整体优化，采用原始方式；2表示DBLINK局部优化，采用老方式；4表示DBLINK局部优化，采用新方式；8表示在异构数据库情况下进行兼容性检查，根据表达式类型检查是否支持在异构数据库中执行，若不支持，则不对此表达式进行收集；16表示采用新方式局部优化时，考虑视图、派生表、子查询、查询表达式是否可以整体优化。支持使用上述有效值的组合值，如17表示同时进行1、16的优化
SEC_INDEX_PARALLEL_INSERT_FLAG	0	动态，系统级	二级索引是否使用并行插入优化标记。取值为0表示不使用；1表示使用
FILL_COL_DESC_FLAG	0	动态，系统级	服务器返回给客户端的结果集是否含有列描述信息。取值为0表示否；1表示是
BTR_SPLIT_MODE	0	动态，系统级	B树叶子节点的分裂方式。取值为0表示对半分裂；1表示在插入点进行分裂
BLOB_OUTROW_REC_STOR	5	动态，系统级	大数据行外记录式存储配置参数。如果使用记录式存储，那么在一个数据页中可以存放多个大数据。有效值范围为0～10，取值为0表示不使用记录式存储；其他设置指定记录式存储的分组数，可提高并发效率
TS_RESERVED_EXTENTS	64	静态	系统为每个表空间提前预留的簇个数，减少系统在执行过程中申请不到空间的情况。有效值范围为2～1024。 注意，在DMDSC环境下，该参数所有站点需要保持一致
TS_SAFE_FREE_EXTENTS	512	静态	系统认为安全的FREEE XTENTS空间，有效值范围为128～65534。 注意，在DMDSC环境下，该参数所有站点需要保持一致
TS_MAX_ID	8192	静态	限制系统支持的最大表空间ID，有效值范围为5～65517，与系统实际最大ID比较取较大值。 如果设置为90，但是系统最大ID已经为100了，那么最后结果是100。 注意，在DMDSC环境下，该参数所有站点需要保持一致
TS_FIL_MAX_ID	255	限制每个表空间所支持的最大文件个数，有效值范围为2～255	注意，在DMDSC环境下，该参数所有站点需要保持一致

（续表）

参 数 名	默 认 值	属 性	说 明
DECIMAL_FIX_STORAGE	0	动态，会话级	是否将长度为 1～18 的 DECIMAL/DEC 类型转换为定长方式存储。取值为 0 表示不转换；1 表示转换。 若转换为定长存储，则 DECIMAL(P,S)的转换规则为：当 0<P<10 时，存储为 4 字节整型值；当 10≤P<19 时，存储为 8 字节整型值
SQL_SAFE_UPDATE_ROWS	0	动态，系统级	SQL 安全更新控制参数。取值为 0 表示关闭 SQL 安全更新；1～4294967294 表示启用 SQL 安全更新，SQL 语句每次允许影响行数的最大值为指定的参数值
ENABLE_HUGE_SECIND	0	动态，系统级	是否支持事务型 HUGE 表二级索引的维护。取值为 0 表示不支持；1 表示支持
LOB_MAX_INROW_LEN	900	动态，系统级	指定数据库 LOB 字段的行内数据存放大小的上限，以 B 为单位。有效值范围为 900～8000
RS_PRE_FETCH	1	动态，系统级	查询操作结果集返回时是否进行预填充，仅适用于 FORWORD_ONLY 游标的结果集。取值为 0 表示不预填充；1 表示预填充，即在一批数据返回客户端后会自动预取下一批数据
PWR_FLUSH_PAGES	10000	动态，系统级	控制生成特殊 PWR 记录的频率，每写入一次 PWR_FLUSH_PAGES 页到磁盘，即生成一条特殊的 PWR 记录，标记之前的 PWR 记录是有效的。有效值范围为 0～4294967294
REDO_UNTIL_LSN	空串	手动	系统故障重启时，REDO 日志的最大 LSN 值。 使用这个参数时要十分慎重，一般只在数据库文件系统损坏、系统无法正常启动的情况下使用，通过指定这个参数，将数据库恢复到稍早时间点，让数据库可以正常启动，以便抢救部分数据。 注意，使用这个参数后，会截断指定 LSN 之后的所有日志。另外，系统启动后，一定不要忘记将参数值重新修改为默认值
IGNORE_FILE_SYS_CHECK	0	静态	系统重启时，是否检查 SYSTEM/ROLL/MAIN 表空间文件系统；取值为 0，1；取值为 0 表示检查文件系统，1 表示不检查文件系统。在实际使用空间比较大的情况下，可以考虑关闭文件系统检查，提高系统启动速度
FILE_SCAN_PERCENT	100.0	动态，系统级	查询视图 V$DATAFILE 时控制抽样比例，最多抽样 10000 页；在 50 页以下的不抽样。有效值范围为 0～100.0，0 等同 100.0
STARTUP_CHECKPOINT	0	静态	系统启动时重做后是否强制做完全检查点。取值为 0 表示不强制；1 表示强制
CHECK_SVR_VERSION	1	静态	当数据库记录的执行码版本比当前 SERVER 版本高时，是否报错。取值为 0 表示不报错；1 表示报错，服务器不能启动成功
BAK_USE_AP	1	动态，系统级	备份还原实现策略。取值为 1 表示 DMAP 辅助进程方式，要求必须启动 DMAP 服务，可支持第三方备份。DMAP 插件执行，改造了备份还原任务子系统，允许指定并行度，大幅提升了备份还原的效率，特别是加密、压缩的处理效率。2 表示无辅助进程方式，不依赖 DMAP，由主进程 DM SERVER 自身执行备份还原，但不支持第三方备份

（续表）

参数名	默认值	属性	说明
TRXID_UNCOVERED	0	动态，会话级	是否禁止二级索引覆盖。取值为 0 表示否，使用二级索引覆盖，当更新不涉及二级索引时，查询到的最大 TRXID 可能比聚集索引的最大 TRXID 小；1 表示是
预先装载表相关参数			
LOAD_TABLE	空串	手动	在服务器启动时预先装载的普通表的完整表名，即“模式名.表名”，多个表之间用逗号分隔，最多可指定 10 个表
LOAD_HTABLE	空串	手动	在服务器启动时预先装载的 HUGE 表的完整表名，即“模式名.表名”，多个表之间用逗号分隔
客户端缓存			
CLT_CACHE_TABLES	空串	手动	指定可以在客户端缓存的表。表名必须带有模式名前缀，如果表名或模式名中包含特殊字符，需要使用双引号包含。如果指定多个缓存表，需要以逗号分隔。服务器最多支持指定 100 个可缓存表。为避免参数值太长导致 dm.ini 文件分析困难，允许在 dm.ini 文件中设置多行 CLT_CACHE_TABLES 参数
REDO 日志相关参数			
RLOG_CRC	0	静态	是否为日志页生成 CRC 校验码并进行校验。取值为 0 表示否；1 表示是
RLOG_BUF_SIZE	512	静态	单个日志缓冲区大小（以日志页个数为单位），取值只能为 2 的次幂值，最小值为 1，最大值为 20480
RLOG_POOL_SIZE	128	静态	最大日志缓冲区大小（以 MB 为单位）。有效值范围为 1～1024
RLOG_PARALLEL_ENABLE	0	静态	是否启动并行日志。取值为 1 表示启用；0 表示不启用
RLOG_IGNORE_TABLE_SET	1	动态，系统级	是否开启记录物理逻辑日志功能。取值为 1 表示开启，0 表示不开启
RLOG_APPEND_LOGIC	0	动态，系统级	是否启用在日志中记录逻辑操作的功能，取值为 0、1、2、3。 取值为 0 表示不启用；取值为 1、2、3 表示启用。取值为 1 表示如果有主键列，记录 UPDATE 操作和 DELETE 操作时的主键列信息，若没有主键列则包含所有列信息；2 表示无论是否有主键列，记录 UPDATE 操作和 DELETE 操作时的所有列信息；3 表示记录 UPDATE 时包含更新列的信息及 ROWID，记录 DELETE 时只有 ROWID
RLOG_APPEND_SYSTAB_LOGIC	0	动态，系统级	是否启用在日志中记录系统表逻辑操作的功能，启用 RLOG_APPEND_LOGIC 后有效，取值为 0、1。取值为 0 表示不启用；1 表示启用
RLOG_RESERVE_SIZE	40960	动态，系统级	INSERT/DELETE/UPDATE 等操作预留的日志空间大小（以日志页个数为单位）。有效值范围为 2048～262144。 注意，若 RLOG_RESERVED_SIZE 设置不足可能使得日志空间不够，则在 RLOG_CHECK_SPACE 为 1 时可能会导致服务器主动退出，以保证日志文件不被破坏

（续表）

参 数 名	默 认 值	属　性	说　明
RLOG_CHECK_SPACE	1	动态，系统级	是否检查日志空间，取值为 0、1。取值为 1 表示在日志刷盘时，检查日志空间是否足够，若不够，则生成错误日志并强制退出，以确保数据文件不被破坏。0 表示如果系统配置为不预留日志空间，则 RLOG_CHECK_SPACE 要强制设置为 0，即不检查日志空间
RLOG_SAFE_SPACE	128	静态	安全的可用日志空间大小，以 MB 为单位。有效值范围为 0～1024。当系统的可用日志空间小于这个值时，自动触发检查点释放日志空间
RLOG_SAFE_PERCENT	25	静态	安全的可用日志空间比例（FREE_SPACE/TOTAL_SPACE*100）。有效值范围为 0～100。当系统的可用日志空间*100/系统日志总空间小于这个值时，自动触发检查点释放日志空间
RLOG_SEND_APPLY_MON	64	静态	数据守护中，对于主库，用于指定将最近 *N* 次主库统计到每个备库的归档发送时间；对于备库，用于指定最近 *N* 次备库重演日志的时间，*N* 为此参数设置的值。有效值范围为 1～1024
REDO_PRE_LOAD	128	静态	重做联机日志文件或者利用归档日志文件恢复时每次预加载的文件大小，以 MB 为单位，有效值范围为 0～8192。若取值为 0，则不执行预加载优化
REDO_PWR_OPT	1	静态	系统故障重启时，是否启动 PWR 优化。取值为 0、1，默认值为 1，表示不再重做已经写入磁盘数据页的 REDO 日志，提高故障重启速度；取值为 0 表示取消优化，严格按照 REDO 日志生成顺序依次重做 REDO 日志
REDO_IGNORE_DB_VERSION	0	静态	启动 REDO 日志时，是否检查版本信息。取值为 0 表示忽略版本检查，直接使用新版本重做 REDO 日志；1 表示正常检查版本，不兼容的库会报错，需要使用对应版本启动并正常关闭后，再用新版本执行码启动
ELOG_REPORT_LINK_SQL	0	动态，会话级	是否将 DBLINK 执行的 SQL 记录到服务器日志文件中。取值为 0 表示不记录；1 表示记录
REDOS_BUF_SIZE	1024	静态	备库日志堆积的内存限制，堆积的日志 BUF 占用的内存超过此限制则延迟响应，等待重演释放部分内存后再响应。以 MB 为单位，有效值范围为 0～65536，0 表示无内存限制
REDOS_BUF_NUM	4096	静态	备库日志 BUF 允许堆积的数目限制，超过限制则延迟主库响应，等待堆积数减少后再响应。以个为单位，有效值范围为 0～99999
REDOS_MAX_DELAY	1800	静态	备库重演日志 BUF 的时间限制，超过此限制则认为重演异常，服务器自动宕机，防止日志堆积、主库不能及时响应用户请求。以 s 为单位，取值范围为 0～7200。0 表示无重做时间限制
REDOS_PRE_LOAD	32	静态	备库重演日志时预加载的日志 BUF 个数，备库在等待当前日志 BUF 重演完成之前，根据此参数指定的个数，提前解析后面 *N* 个重演日志任务并预加载数据页到缓存中，以加快备库的重演速度，避免备库出现大量的日志堆积。 取值范围为 0～99999，默认值为 32，取值为 0 表示不会有预加载动作

（续表）

参 数 名	默 认 值	属 性	说 明
事务相关参数			
ISOLATION_LEVEL	1	静态	系统默认隔离级别。取值为 1 表示读提交；3 表示可串行化
DDL_WAIT_TIME	10	动态，会话级	DDL 操作的锁超时时间，以 s 为单位。有效值范围为 0～60
BLDR_WAIT_TIME	10	动态，会话级	批量装载时锁超时时间，以 s 为单位。有效值范围为 0～604800
MPP_WAIT_TIME	10	动态，会话级	设置 MPP 环境下默认的封锁等待超时，以 s 为单位，有效值范围为 0～600
FAST_RELEASE_SLOCK	1	动态，系统级	是否启用快速释放 S 锁。取值为 1 表示启用；0 表示不启用
SESS_CHECK_INTERVAL	3	动态，会话级	循环检测会话状态的时间间隔，以 s 为单位。有效值范围为 1～60
LOCK_TID_MODE	1	动态，系统级	SELECT FOR UPDATE 封锁方式。取值为 0 表示结果集记录小于 100 行，直接封锁 TID，否则升级为表锁；1 表示不升级表锁，一律使用 TID 锁
LOCK_TID_UPGRADE	1	动态，系统级	DELETE/UPDATE 记录触发的 TID 锁，优先使用 S 封锁，只有在多个事务同时更新同一行记录的场景下，才能升级为 X 锁。取值为 0 表示事务启动时，用自己的事务号生成的 TID 锁，以 X 封锁；1 表示所有 TID 锁以 X 方式封锁
NOWAIT_WHEN_UNIQUE_CONFLICT	0	静态	插入数据时，如果和未提交数据有 UNIQUE 约束的冲突，是否等待未提交事务结束。取值为 0 表示等待，直至未提交事务结束；1 表示不等待，立即返回错误
UNDO_EXTENT_NUM	16	静态	系统启动时，为每个工作线程分配的回滚簇个数。有效值范围为 1～256
MAX_DE_TIMEOUT	10	动态，会话级	C、Java 外部函数的执行超时时间，以 s 为单位。有效值范围为 1～3600
TRANSACTIONS	75	静态	指定一个会话中可以并发的自治事务数量。有效值范围为 1～1000
MVCC_RETRY_TIMES	5	静态	指定发生 MVCC 冲突时的最大重试次数。有效值范围为 1～4294967294。 注意，在 MPP 环境下此参数无效，发生 MVCC 冲突时将直接报错
ENABLE_FLASHBACK	0	动态，系统级	是否启用闪回查询。取值为 0 表示不启用；1 表示启用
UNDO_RETENTION	90	动态，系统级	事务提交后回滚页保持时间，以 s 为单位。有效值范围为 0～86400。注意，类型为 DOUBLE，可支持以 ms 为单位
PARALLEL_PURGE_FLAG	0	静态	是否启用并行事务清理。取值为 0 表示不启用；1 表示启用
PURGE_WAIT_TIME	100	动态，系统级	检测到系统清理动作滞后（待清理事务提交时间−当前系统时间>UNDO_RETENTION）的情况下，系统的等待时间（ms）。有效范围为 0～60000，0 表示不等待

（续表）

参数名	默认值	属性	说明
PSEG_PAGE_OPT	1	动态，系统级	回滚页 PURGE 时优化。取值为 0 表示不使用；1 表示使用
PSEG_RECV	1	动态，系统级	系统故障重启时，对活动事务和已提交事务的处理方式。取值为 0 表示跳过回滚活动事务和 PURGE 已经提交事务的步骤。在回滚表空间出现异常、损坏、系统无法正常启动时，可将 PSEG_RECV 设置为 0，让系统启动；但存在一定风险，未提交事务的修改将无法回滚，以免破坏事务的原子性；另外，已提交未 PURGE 的事务，将导致部分存储空间无法回收；1 表示回滚活动事务并 PURGE 已经提交事务；2 表示延迟 PURGE 已提交事务，延迟回滚活动事务
ENABLE_IGNORE_PURGE_REC	0	动态，会话级	返回 EC_RN_NREC_PURGED（-7120）错误（回滚记录版本太旧，无法获取用户记录）时的处理策略；取值为 0 表示报错；1 表示忽略这一条记录，继续执行
ROLL_ON_ERR	0	动态，系统级	服务器执行出错时的回滚策略选择。取值为 0 表示回滚当前语句；1 表示回滚整个事务
XA_TRX_IDLE_TIME	60	动态，系统级	允许游离的 XA 事务活动的时间，以 s 为单位。有效值范围为 30～300
ENABLE_TMP_TAB_ROLLBACK	1	动态，系统级	临时表操作是否生成回滚记录。取值为 0 表示不生成；1 表示生成。注意，取值为 0 时，临时表的 DML 操作无法回滚
安全相关参数			
PWD_POLICY	2	动态，系统级	设置系统默认口令策略。取值为 0 表示无策略；1 表示禁止与用户名相同；2 表示口令长度不小于 9；4 表示至少包含一个大写字母（A～Z）；8 表示至少包含一个数字（0～9）；16 表示至少包含一个标点符号（英文输入法状态下，除“和空格外的所有符号；若为其他数字，则表示配置值的和，如 3＝1+2，表示同时启用第 1 项和第 2 项策略。当 COMPATIBLE_MODE=1 时，PWD_POLICY 的实际值均为 0
ENABLE_ENCRYPT	1	静态	通信加密所采用的方式。取值为 0 表示不加密；1 表示 SSL 加密，此时若没有配置好 SSL 环境，则通信仍旧不加密；2 表示 SSL 认证，不加密，此时若服务器 SSL 环境没有配置，则服务器无法正常启动，若客户端 SSL 环境没有配置，则无法连接服务器
ENABLE_UDP	0	静态	是否支持 UDP。取值为 0 表示不支持；1 表示单发单收；2 表示多发多收。默认值使用 TCP
UDP_MAX_IDLE	15	静态	UDP 最大等待时间，以 s 为单位，超过则认为连接断开。取值范围为 5～60
UDP_BTU_COUNT	8	静态	UDP 最大不等待连续发送消息块数，当不连续差值大于该值时则等待发送。取值范围为 4～32
AUDIT_FILE_FULL_MODE	1	静态	审计文件满后的处理方式。取值为 1 表示删除文件；2 表示不删除文件，也不添加审计记录
AUDIT_MAX_FILE_SIZE	100	动态，系统级	审计文件的最大大小，以 MB 为单位。有效值范围为 1～4096
ENABLE_OBJ_REUSE	0	静态	是否支持客体重用。取值为 0 表示不支持；1 表示支持。注意，该参数的设置仅在安全版中有效

（续表）

参 数 名	默 认 值	属 性	说 明
ENABLE_REMOTE_OSAUTH	0	静态	是否支持远程操作系统认证。取值为 0 表示不支持；1 表示支持。注意，该参数设置仅在安全版中有效
MSG_COMPRESS_TYPE	2	静态	客户端的通信消息是否压缩。取值为 0 表示不压缩；1 表示压缩；2 表示系统自动决定每条消息是否压缩
ENABLE_STRICT_CHECK	0	静态	是否检查存储过程中 EXECUTE IMMEDIATE 语句的权限。取值为 1 表示检查；0 表示不检查
MAC_LABEL_OPTION	1	动态，系统级	用于控制 SP_MAC_LABEL_FROM_CHAR 过程的使用范围。 取值为 0 表示只有 SSO 可以调用；1 表示所有用户都可以调用；2 表示所有用户都可以调用，但是非 SSO 用户不会主动创建新的 LABEL
LDAP_HOST	空串	手动	LDAP 服务器 IP
COMM_ENCRYPT_NAME	空串	静态	消息加密算法名。若为空则不进行通信加密；若给的加密算法名错误，则使用加密算法 DES_CFB。DM8 支持的加密算法名可以通过查询动态视图 V$CIPHERS 获取
COMM_VALIDATE	1	动态，系统级	是否对消息进行校验。取值为 0 表示不检验；1 表示检验
ENABLE_EXTERNAL_CALL	0	静态	是否允许创建或执行外部函数。取值为 0 表示不允许；1 表示允许
EXTERNAL_JFUN_PORT	0	动态，系统级	执行 Java 外部函数时使用的 DMAgent 的端口号。取值范围为 128～65535 或者 0。其中 0 表示 Java 外部函数使用 AP 方式而不是 DMAgent 方式
ENABLE_PL_SYNONYM	0	动态，系统级	是否可以通过全局同义词执行非系统用户创建的包或者存储过程。取值为 1 表示是，0 表示否。在取值为 0 的情况下，在解析过程/包名时，若借助了同义词，则除非这些对象由系统内部创建，或者其创建者必须为系统用户，否则一律报错
ENABLE_DDL_ANY_PRIV	0	动态，系统级	是否可以授予和回收 DDL 相关的 ANY 系统权限。取值为 1 表示可以，0 表示不可以
FORCE_CERTIFICATE_ENCRYPTION	0	静态	非加密通信的情况下是否开启用户名密码强制证书解密。取值为 1 表示开启，0 表示不开启。私钥证书 DM_LOGIN.PRIKEY 需要提前复制到 dm.ini 文件参数 SYSTEM_PATH 指定的目录下
REGEXP_MATCH_PATTERN	0	动态，会话级	指定正则表达式的匹配模式。取值为 0 表示支持非贪婪匹配；1 表示仅支持贪婪匹配
兼容性相关参数			
BACKSLASH_ESCAPE	0	动态，会话级	语法分析对字符串中的反斜杠是否需要进行转义处理。取值为 0 表示否；1 表示是
STR_LIKE_IGNORE_MATCH_END_SPACE	1	动态，会话级	LIKE 运算中是否忽略匹配串的结尾 0。取值为 0 表示不忽略；1 表示忽略
CLOB_LIKE_MAX_LEN	31	静态	LIKE 语句中 CLOB 类型的最大长度，以 KB 为单位，有效值范围为 8～102400
EXCLUDE_DB_NAME	空串	静态	服务器可以忽略的数据库名列表，各数据库名以逗号隔开，数据库名不需要加引号

（续表）

参 数 名	默 认 值	属 性	说 明
MS_PARSE_PERMIT	0	静态	是否支持 MSSQL SERVER 的语法。 取值为 0 表示不支持；1 表示支持；2 表示在 MS_PARSE_PERMIT=1 的基础上，兼容 MSSQL SERVER 的查询项中支持“标识符=列名”或“@变量名=列名”的用法。 注意，当 COMPATIBLE_MODE=3 时，MS_PARSE_PERMIT 的实际值为 1
COMPATIBLE_MODE	0	静态	是否兼容其他数据库模式。取值为 0 表示不兼容；1 表示兼容 SQL92 标准；2 表示部分兼容 Oracle；3 表示部分兼容 MSSQL SERVER；4 表示部分兼容 MYSQL；5 表示兼容 DM6；6 表示部分兼容 TERADATA
DATETIME_FMT_MODE	0	动态，系统级	是否兼容 Oracle 日期格式。取值为 0 表示不兼容；1 表示兼容
DOUBLE_MODE	0	静态	计算 DOUBLE 类型的散列值时，是否只使用 6 个字节。取值为 0 表示否；1 表示是
CASE_COMPATIBLE_MODE	1	动态，系统级	涉及不同数据类型的 CASE 运算，是否需要兼容 Oracle 的处理策略。取值为 0 表示不兼容；1 表示兼容
EXCLUDE_RESERVED_WORDS	空串	静态	语法解析时，需要去除的保留字列表，保留字之间以逗号分隔
COUNT_64BIT	1	动态，会话级	COUNT 集函数的值是否设置为 BIG INT。取值为 0 表示否；1 表示是
CALC_AS_DECIMAL	0	静态	默认取值为 0，表示对于整数类型的除法、整数与字符或 BINARY 串的所有四则运算，将其结果都处理成整数类型。 取值为 1 表示整数类型的除法全部转换为 DEC(0,0)处理。2 表示将整数与字符或 BINARY 串的所有四则运算都转换为 DEC(0,0)处理。 注意，该参数只有在 USE_PLN_POOL 为 0 或 1 时有效。当 USE_PLN_POOL 为 2 或 3 时，按照 CALC_AS_DECIMAL=2 处理
CMP_AS_DECIMAL	0	静态	取值为 0 表示默认值，表示不对字符串与整型的比较结果类型做任何修改；1 表示在比较字符串与整型时，统一转换为 BIG INT 进行比较，若转换溢出时，则转换为 DEC 进行比较；2 表示字符串与整型的比较，强制转换为 DEC 进行比较
CAST_VARCHAR_MODE	1	动态，系统级	在字符串向整型转换时，是否将溢出值转为特殊伪值。取值为 0 表示否；1 表示是
PL_SQLCODE_COMPATIBLE	0	静态	默认值为 0；若值为 1，则在 PL 的异常处理中，SQLCODE 的错误码值需要尽量与 Oracle 一致
LEGACY_SEQUENCE	0	动态，系统级	序列兼容参数。取值为 0 表示与 Oracle 兼容；1 表示与旧版本 DM 兼容，不推荐使用
DM6_TODATE_FMT	0	静态	TO_DATE 中的 HH 格式小时制。取值为 0 表示 12 小时制；1 表示 24 小时制（与 DM6 兼容）
PK_MAP_TO_DIS	0	动态，系统级	专门用于 MPP 环境中，在建表语句中指定了 PK 列，在没有指定分布方式时，是否自动将 PK 列作为 HASH 分布列，将整个表转为 HASH 分布。取值为 1 表示是；0 表示否

（续表）

参数名	默认值	属性	说明
DROP_CASCADE_VIEW	0	动态，会话级	在删除表或者视图的时候级联删除视图。取值为 0 表示只删除表或者视图；1 表示删除表或者视图时删除关联的视图，当 COMPATIBLE_MODE=1 时，DROP_CASCADE_VIEW 的实际值为 1
用户请求跟踪相关参数			
SQL_TRACE_MASK	1	动态，系统级	LOG 记录的语句类型掩码是一个格式化的字符串，表示一个 32 位整数上哪一位将被置为 1，被置为 1 的位表示该类型的语句要记录，格式为位号:位号:位号。例如 3:5:7 表示第 3、第 5、第 7 位上的值被置为 1。每一位的含义见以下说明（2～17 的前提是：SQL 标记位 24 也要置为 1）。 1 表示全部记录（全部记录并不包含原始语句）；2 表示全部 DML 类型语句；3 表示全部 DDL 类型语句；4 表示 UPDATE 类型语句（更新）；5 表示 DELETE 类型语句（删除）；6 表示 INSERT 类型语句（插入）；7 表示 SELECT 类型语句（查询）；8 表示 COMMIT 类型语句（提交）；9 表示 ROLLBACK 类型语句（回滚）；10 表示 CALL 类型语句（过程调用）；11 表示 BACKUP 类型语句（备份）；12 表示 RESTORE 类型语句（恢复）；13 表示创建对象操作（CREATEDDL）；14 表示修改对象操作（ALTERDDL）；15 表示删除对象操作（DROPDDL）；16 表示授权操作（GRANTDDL）；17 表示回收操作（REVOKEDDL）；22 表示绑定参数；23 表示存在错误的语句（语法错误、语义分析错误等）；24 表示是否需要记录执行语句；25 表示是否需要打印计划和语句执行的时间；26 表示是否需要记录执行语句的时间；27 表示原始语句（服务器从客户端收到的未加分析的语句）；28 表示是否记录参数信息，包括参数的序号、数据类型和值；29 表示是否记录事务相关事件
SVR_LOG_FILE_NUM	0	动态，系统级	记录日志文件的全部数量，当日志文件的数量达到这个设定值以后，再生成新的文件时，会删除最早的日志文件，日志文件的命令格式为 LOG_COMMIT_时间.LOG。当这个参数配置为 0 时，按传统的日志文件记录，也就是 LOG_COMMIT01.LOG 和 LOG_COMMIT02.LOG 相互切换记录。有效值范围为 0～1024
SVR_LOG	0	动态，系统级	是否打开 SQL 日志功能。取值为 0 表示关闭；1 表示打开；2 表示按文件中记录数量切换日志文件，日志记录为详细模式；3 表示不切换日志文件，日志记录为简单模式，只记录时间和原始语句
SVR_LOG_NAME	SLOG_ALL	动态，系统级	使用 sqllog.ini 文件中预设的模式的名称
SVR_LOG_SWITCH_COUNT	100000	动态，系统级	一个日志文件中的 SQL 记录条数达到多少条之后系统会自动将日志切换到另一个文件中。有效值范围为 1000～10000000
SVR_LOG_ASYNC_FLUSH	0	动态，系统级	是否打开异步 SQL 日志功能，取值为 0 表示关闭；1 表示打开
SVR_LOG_MIN_EXEC_TIME	0	动态，系统级	在详细模式下，记录的最小语句执行时间，以 ms 为单位。执行时间小于该值的语句不记录在日志文件中。有效值范围为 0～4294967294
SVR_LOG_FILE_PATH	..\LOG	动态，系统级	日志文件所在的文件夹路径

（续表）

参 数 名	默 认 值	属 性	说 明
系统跟踪相关参数			
GDB_THREAD_INFO	0	静态	系统强制 HALT 时，是否打印线程堆栈信息到日志文件中。取值为 0 表示不打印；1 表示打印
TRACE_PATH	SYSTEM_PATH	手动	存放系统 TRACE 文件的路径。不允许指定 ASM 路径。默认的 TRACE_PATH 是 SYSTEM_PATH；若 SYSTEM_PATH 保存在 ASM 上，则../CONFIG_PATH/TRACE 作为 TRACE_PATH
SVR_OUTPUT	0	动态，系统级	PRINT 指令是否在服务器端打印，打印信息会记录到 LOG 目录下的 DMSERVERSERIVCE.LOG 文件中。取值为 1 表示是，0 表示否
MONITOR 监控相关参数			
ENABLE_MONITOR	1	动态，系统级	用于打开或者关闭系统的监控功能。取值为 1 表示打开；0 表示关闭。
MONITOR_TIME	1	动态，系统级	用于打开或者关闭时间监控。该监控项必须在 ENABLE_MONITOR 打开的情况下生效。取值为 1 表示打开；0 表示关闭
MONITOR_SYNC_EVENT	0	动态，系统级	用于打开或者关闭同步事件的监控。该监控项必须在 ENABLE_MONITOR 打开的情况下生效。取值为 1 表示打开；0 表示关闭。该参数涉及的动态视图为 V$SYSTEM_EVENT、V$SESSION_EVENT
MONITOR_SQL_EXEC	0	动态，系统级	操作符、虚拟机栈帧、执行计划节点的监控开关。该监控项必须在 ENABLE_MONITOR 打开的情况下生效。取值为 0 表示关闭监控；1 表示打开监控；2 表示打开监控，但在 1 的基础上，又增加了对表达式运行时操作符的统计。该参数涉及的动态视图为 V$STKFRM、V$SQL_PLAN_NODE、V$SQL_NODE_HISTORY
MEMORY_MONITOR	0	静态	是否进行内存泄露监控。取值为 0 表示不进行；1 表示进行
ENABLE_FREQROOTS	0	静态	指定 FAST_POOL 的管理方式。取值为 0 表示静态，系统启动时一次性载入内容，之后不再变化；1 表示动态，根据 MAX_FREQ_ROOTS 和 MIN_FREQ_CNT 参数值动态调整 FAST_POOL 的内容；2 表示静态+动态模式，先在系统启动时载入内容，之后运行时根据 MAX_FREQ_ROOTS 和 MIN_FREQ_CNT 参数值动态调整
MAX_FREQ_ROOTS	200000	静态	收集常用 B 树地址的最大数量，仅在 ENABLE_FREQROOTS 不为 0 时有效，有效值范围为 0～10000000
MIN_FREQ_CNT	100000	静态	最常使用 B 树地址的阈值，仅在 ENABLE_FREQROOTS 不为 0 时有效，有效值范围为 0～10000000
LARGE_MEM_THRESHOLD	1000	动态、系统级	大内存监控阈值。以 KB 为单位，有效值范围为 0～10000000。其中取值为 0～100 表示关闭统计，取值在 100 以上才统计。 一条 SQL 语句使用的内存值超过这个值，就认为是使用了大内存，此时开启大内存监控。使用了大内存的 SQL 语句记录在 V$LARGE_MEM_SQLS、V$SYSTEM_LARGE_MEM_SQLS 视图中
ENABLE_MONITOR_DMSQL	1	动态，会话级	启用动态监控 SQL 执行时间功能标记，取值为 0 表示不启用；1 表示监控。只监控多条复杂 SQL，例如包含引用包、嵌套子过程、子方法、动态 SQL 的 SQL 语句。监控的过程记录在 V$DMSQL_EXEC_TIME 视图中

（续表）

参 数 名	默 认 值	属 性	说 明
数据守护相关参数			
DW_UDP_PORT	0	手动	守护进程的 UDP 端口号，需要和 dmwatch.ini 中的同名配置项保持一致。有效值范围为 1024～65534，取值为 0 表示没有配置 UDP 通信方式的守护进程，不允许和 DW_PORT 同时配置
INST_UDP_PORT	0	手动	实例接收守护进程消息的 UDP 端口号，需要和 dmwatch.ini 中的同名配置项保持一致。有效值范围为 1024～65534，取值为 0 表示没有配置 UDP 通信方式的守护进程，不允许和 DW_PORT 同时配置
DW_ERROR_TIME	60	动态，系统级	服务器认定守护进程未启动的时间，有效值范围为 0～1800，以 s 为单位，默认取值为 60s。 若服务器距离上次收到守护进程消息的时间间隔在设定的时间范围内，则认为守护进程处于活动状态，此时，不允许手动执行修改服务器模式、状态的 SQL 语句；若超过设定时间仍没有收到守护进程消息，则认为守护进程未启动，此时，允许手动执行这类 SQL 语句
DW_PORT	0	手动	服务器和守护进程之间的 TCP 通信端口。服务器通过监听此端口，接收守护进程的 TCP 连接请求。有效值范围为 1024～65534，取值为 0 表示没有配置 TCP 通信方式的守护进程，不允许和 DW_UDP_PORT/INST_UDP_PORT 同时配置
ALTER_MODE_STATUS	1	动态，系统级	是否允许手动修改服务器的模式和状态。取值为 1 表示允许；0 表示不允许。注意，数据守护环境下建议配置为 0，实例处于主机或备机模式后，不允许用户直接通过 SQL 语句修改服务器的模式和状态
ENABLE_OFFLINE_TS	1	动态，系统级	是否允许 OFFLINE 表空间。取值为 0 表示不允许；1 表示允许；2 表示备库不允许。注意，数据守护环境下建议配置为 2
SESS_FREE_IN_SUSPEND	60	动态，系统级	远程归档失败会导致系统挂起，为了防止应用的连接一直挂起而不切换到新主库，设置该参数，表示归档失败挂起后隔一段时间自动断开所有连接。有效值范围为 0～1800，以 s 为单位，0 表示不断开
SUSPEND_WORKER_TIMEOUT	600	动态，系统级	在一些 ALTER DATABASE 等操作过程中，需要先暂停所有工作线程，若超过此设置时间，仍有部分工作线程在执行中，则会报错，并终止当前操作。有效值范围为 60～3600，以 s 为单位
SUSPENDING_FORBIDDEN	0	手动	是否禁止挂起工作线程。取值为 0 表示不禁止；1 表示禁止
全文索引相关参数			
CTI_HASH_SIZE	100000	动态，会话级	使用全文索引查询时，用于设置关键字匹配的哈希表大小。有效值范围为 1000～10000000
CTI_HASH_BUF_SIZE	50	动态，会话级	使用全文索引查询时，用于设置哈希缓存内存大小，以 MB 为单位。有效值范围为 1～4000
USE_FORALL_ATTR	0	动态，会话级	是否使用 FOR ALL 语句的游标属性。取值为 0 表示不使用；1 表示使用
ALTER_TABLE_OPT	0	动态，会话级	是否对加列、修改列、删除列操作进行优化。取值为 0 表示全部不优化；1 表示全部优化；2 表示开启“快速加列”优化功能，对于删除列和修改列与 1 等效

（续表）

参 数 名	默 认 值	属 性	说 明
DCP 相关参数			
ENABLE_DCP_MODE	0	静态	服务器是否作为 DCP 集群代理运行。取值为 0 表示否；1 表示是
DCP_PORT_NUM	5237	静态	DCP 管理端口号
DCP_CONN_POOL_SIZE	1000	动态，系统级	DCP 连接池大小，有效值范围为 1～100000
配置文件相关参数			
MAL_INI	0	静态	是否启用 MAL 系统。取值为 0 表示不启用；1 表示启用
ARCH_INI	0	动态，系统级	是否启用归档。取值为 0 表示不启用；1 表示启用
REP_INI	0	静态	是否启用复制。取值为 0 表示不启用；1 表示启用
LLOG_INI	0	静态	是否启用逻辑日志。取值为 0 表示不启用；1 表示数据复制使用
TIMER_INI	0	静态	是否启用定时器。取值为 0 表示不启用；1 表示启用
MPP_INI	0	静态	是否启用 MPP 系统。取值为 0 表示不启用；1 表示启用
其他			
IDLE_MEM_THRESHOLD	50	动态，系统级	可用物理内存的报警阈值，以 MB 为单位。有效值范围为 10～6000
IDLE_DISK_THRESHOLD	1000	动态，系统级	磁盘可用空间的报警阈值，以 MB 为单位。有效值范围为 50～50000
IDLE_SESS_THRESHOLD	5	动态，系统级	有限的会话数阈值。有效值范围为 1～10
ENABLE_PRISVC	0	静态	是否启用服务优先级的功能。取值为 0 表示不启用；1 表示启用
ENABLE_INJECT_HINT	0	动态，会话级	是否启用 SQL 指定 HINT 的功能。取值为 0 表示不启用；1 表示启用
FETCH_PACKAGE_SIZE	512	动态，系统级	指定 FETCH 操作时使用的消息包大小，以 KB 为单位，有效值范围为 32～65536。在修改该参数时仅影响新创建的会话
DSC 相关参数			
DSC_N_CTLS	10000	静态	LBS/GBS 控制页数目。有效值范围为 10000～4294967294
DSC_N_POOLS	1	静态	LBS/GBS 池数目。有效值范围为 1～1024
DSC_ENABLE_MONITOR	1	动态，系统级	是否启用 DMDSC 请求时间监控。取值为 0 表示不启用；1 表示启用。监控的内容参见 V$DSC_REQUEST_STATISTIC 和 V$DSC_REQUEST_PAGE_STATISTIC
DSC_ENABLE_MONITOR	1	静态	DSC 环境下的 REMOTEREAD 优化模式。取值为 0 表示不优化；1 表示发出日志刷盘请求后不等待，立即响应，请求节点获取数据页前等待；2 表示发出日志刷盘请求后不等待，立即响应，请求节点日志写文件前等待
HA_INST_CHECK_IP	需要在 HA 场景下指定	手动	HA 实例启动检测 IP，是指 HA 系统中另外一台机器的 IP 地址，考虑到多网卡情况，最多允许配置 5 个 IP。若需要配置多个 IP，则编辑多个配置项即可，如 HA_INST_CHECK_IP=192.168.0.8；HA_INST_CHECK_IP=192.168.0.9

（续表）

参 数 名	默 认 值	属 性	说 明
HA_INST_CHECK_PORT	65534	手动	HA 实例监听端口，数据库实例启动后，监听此端口的连接请求，并使用此端口号连接 HA_INST_CHECK_IP，判断另外一个 HA 实例是否已经启动。 只允许配置一个监听端口，所有 HA_INST_CHECK_IP 使用同一个端口进行检测，有效值范围为 1024～65534

当 dm.ini 文件中的某参数值设置为非法值时，若设置值与参数类型不兼容，则参数实际取值为默认值；若设置值小于参数取值范围的最小值，则实际取值为最小值；若设置值大于参数取值范围的最大值，则实际取值为最大值。

参数按属性划分可分为 3 类：静态参数、动态参数和手动参数。

静态参数可以被动态修改，修改后重启服务器才能生效。

动态参数可以被动态修改，修改后即时生效。动态参数又分为会话级参数和系统级参数两种。会话级参数被修改后，新参数值只会影响新创建的会话，之前创建的会话不受影响；系统级参数的修改则会影响所有的会话。

手动参数不能被动态修改，必须手动修改 dm.ini 参数文件，然后重启才能生效。

动态修改指 DBA 用户在数据库服务器运行期间，通过调用系统过程 SP_SET_PARA_VALUE()、SP_SET_PARA_DOUBLE_VALUE()和 SP_SET_PARA_STRING_VALUE()，对参数值进行的修改。

A.2 dmmal.ini

dmmal.ini 是 MAL 系统的配置文件。dmmal.ini 的配置项如表 A-2 所示。需要用到 MAL 环境的实例，所有站点的 dmmal.ini 要保证严格一致。

表 A-2 dmmal.ini 的配置项

配 置 项	配置项含义	字 段	字段意义
MAL_CHECK_INTERVAL	检测线程检测间隔，默认为 30s，取值范围为 0～1800，若配置为 0，则表示不进行链路检测	无	无
MAL_CONN_FAIL_INTERVAL	检测线程认定链路断开的时间，默认为 10s，取值范围为 2～1800	无	无
MAL_LEAK_CHECK	是否打开 MAL 内存泄露检查。取值为 0 表示关闭，1 表示打开，默认取值为 0	无	无
MAL_LOGIN_TIMEOUT	在 MPP/DBLINK 等实例间登录时的超时检测间隔为 3～1800，以 s 为单位，默认为 15s	无	无

（续表）

配　置　项	配置项含义	字　段	字段意义
MAL_BUF_SIZE	单个 MAL 缓存大小限制，以 MB 为单位。若此 MAL 的缓存邮件超过此大小，则会将邮件存储到文件中。有效值范围为 0～500000，默认为 100	无	无
MAL_SYS_BUF_SIZE	MAL 系统总内存大小限制，以 MB 为单位。有效值范围为 0～500000，默认为 0，表示 MAL 系统无总内存限制	无	无
MAL_VPOOL_SIZE	MAL 系统使用的内存初始化大小，以 MB 为单位。有效值范围为 1～500000，默认为 10，此值一般要设置得比 MAL_BUF_SIZE 大一些	无	无
MAL_COMPRESS_LEVEL	MAL 消息压缩等级，取值范围为 0～10。取值为 0 表示不进行消息压缩，取值 1～9 表示采用 LZ 算法，从 1 到 9 表示压缩速度依次递减，压缩率依次递增。10 表示采用 QUICK LZ 算法，压缩速度高于 LZ 算法，压缩率相对低	无	无
MAL_TEMP_PATH	指定临时文件的 H 录。当邮件使用的内存超过 MAL_BUF_SIZE 或者 MAL_SYS_BUF_SIZE 时，将新产生的邮件保存到临时文件中。若默认，则将新产生的邮件保存到 temp.dbf 文件中	无	无
[MAL_INST1]	实例配置	MAL_INST_NAME	实例名。MAL 系统中的各数据库实例不允许同名
		MAL_HOST	实例主库
		MAL_PORT	监听端口
		MAL_INST_PORT	数据库实例服务器的端口，对于每个实例，一定要和对应 dm.ini 中的 PORT_NUM 保持一致（在 MPP 环境下及读写分离的即时归档主备系统下一定要配置）
		MAL_INST_HOST	连接数据库服务器使用的 IP 地址（在 MPP 环境下及读写分离的即时归档主备系统下一定要配置）

（续表）

配　置　项	配置项含义	字　　段	字段意义
[MAL_INST1]	实例配置	MAL_DW_PORT	服务器对应的守护进程使用的 TCP 端口，用于守护进程之间，以及守护进程和监视器之间的 TCP 通信（控制文件方式的数据守护环境下需要配置）
		MAL_LINK_MAGIC	MAL 链路网段标识，有效值范围为 0～65535，默认值为 0。设置此参数时，同一网段内的节点设置的值相同，不同网段内的节点设置的值必须不同

注意，dmmal.ini 和 dm.ini 中都可配置 MAL_LEAK_CHECK，启动时以 dmmal.ini 中的配置为准，若 dmmal.ini 中没有配置，则以 dm.ini 中的配置为准，若两个文件中都没有配置，则默认为 0。此参数在 dm.ini 中可动态更改。

A.3　dmarch.ini

dmarch.ini 用于本地归档和远程归档。dmarch.ini 的配置项如表 A-3 所示。

表 A-3　dmarch.ini 的配置项

配　置　项	配置项含义	字　　段	字段意义
		ARCH_WAIT_APPLY	是否需要等待备库做完日志。取值为 1 表示需要，0 表示不需要，默认取值为 1
[ARCHIVE_LOCAL1]	本地归档配置	ARCH_TYPE	归档类型
		ARCH_DEST	归档路径
		ARCH_FILE_SIZE	单个归档文件的大小，以 MB 为单位，取值范围为 64～2048，默认取值为 1024MB，即 1GB
		ARCH_SPACE_LIMIT	归档文件的空间限制，以 MB 为单位，取值范围为 1024～4294967294，取值为 0 表示无空间限制
ARCHIVE_REALTIME	实时归档配置	ARCH_TYPE	归档类型
		ARCH_DEST	归档目标实例名
ARCHIVE_ASYNC	异步归档	ARCH_TYPE	归档类型
		ARCH_DEST	归档目标实例名
		ARCH_TIMER_NAME	定时器名称
ARCHIVE_TIMELY	即时归档	ARCH_TYPE	归档类型
		ARCH_DEST	归档目标实例名

（续表）

配　置　项	配置项含义	字　段	字段意义
REMOTE	远程归档配置	ARCH_TYPE	归档类型
		ARCH_DEST	归档目标实例名
		ARCH_FILE_SIZE	单个归档文件的大小，以 MB 为单位，有效值范围为 64～2048，默认取值为 1024MB，即 1GB
		ARCH_SPACE_LIMIT	归档文件的空间限制，以 MB 为单位，有效值范围为 1024～4294967294，取值为 0 表示无空间限制
		ARCH_INCOMING_PATH	对应远程归档存放在本节点的实际路径

归档类型 ARCH_TYPE 有以下 3 种。

（1）本地归档 LOCAL（一台主库最多配 8 个）。

（2）远程实时归档 REALTIME（一台主库最多配 8 个）、远程异步归档 ASYNC（一台主库最多配 8 个）。

（3）即时归档 TIMELY（一台主库最多配 8 个）、远程归档 REMOTE（一台主库最多配 8 个）。

相关说明如下。

（1）配置名[ARCHIVE_*]表示归档名，在配置文件中必须唯一。

（2）不能存在相同实例名的不同归档。

（3）不能存在 DEST 相同的不同归档实例。

（4）ARCH_TIMER_NAME 为定制的定时器名称，定时器配置见 dmtimer.ini 文件。

（5）ARCH_SPACE_LIMIT 表示归档文件的磁盘空间限制，若归档文件总大小超过这个值，则在生成新归档文件前会删除最旧的一个归档文件。

A.4　dm_svc.conf

安装 DM 时会生成一个配置文件 dm_svc.conf，不同平台所在的 H 录有所不同，如下。

（1）32 位的 DM 安装在 Win32 操作系统下，此文件位于%SystemRoot%\system32H 录。

（2）64 位的 DM 安装在 Win64 操作系统下，此文件位于%SystemRoot%\system32H 录。

（3）32 位的 DM 安装在 Win64 操作系统下，此文件位于%SystemRoot%\SysWOW64H 录。

（4）在 Linux 系统下，此文件位于/etcH 录。

dm_svc.conf 文件中包含 DM 各接口及客户端需要配置的一些参数，具体的配置项如表 A-4 所示。

表 A-4　dm_svc.conf 的配置项介绍

配　置　项	默　认　值	简　　述
服务名	无	连接服务名，参数值格式为 IP[:PORT],IP[:PORT],......
TIME_ZONE	操作系统时区	指明客户端的默认时区，有效值范围为-779～840MB，如 60 对应+1:00 时区

（续表）

配 置 项	默 认 值	简 述
LANGUAGE	操作系统语言	当前数据库服务器使用的语言，会影响帮助信息和错误提示信息。支持的选项为 CN（表示中文）和 EN（表示英文）。也可以不指定，若不指定，则系统会读取操作系统信息获得语言信息，建议有需要才指定
CHAR_CODE	操作系统编码格式	客户端使用的编码格式，会影响帮助信息和错误提示信息，要与客户端使用的编码格式一致。支持的选项为 PG_UTF8（表示 UTF-8 编码）、PG_GBK/PG_GB18030（两者都表示 GBK 编码）、PG_BIG5（表示 BIG5 编码）、PG_ISO_8859_9（表示 ISO 88599 编码）、PG_EUC_JP（表示 EUC_JP 编码）、PG_EUC_KR（表示 EUC_KR 编码）、PG_KOI8R（表示 KOI8R 编码）、PG_ISO_8859_1（表示 ISO_8859_1 编码）。可以不指定，若不指定，则系统会读取操作系统信息获得编码信息，建议有需要才指定
COMPRESS_MSG	0	是否启用消息压缩。取值为 0 表示不启用；1 表示启用
LOGIN_ENCRYPT	1	是否进行通信加密。取值为 0 表示不加密；1 表示加密
DIRECT	Y	是否使用快速装载。取值为 Y 表示使用；N 表示不使用
DEC2DOUB	0	指明在 DPI、DMODBC、DCI、DMPHP 和 DMPRO*C 中，是否将 DEC 类型转换为 DOUBLE 类型。取值为 0 表示不转换；1 表示转换
KEYWORDS	无	标识用户关键字，所有在列表中的字符串，若以单词的形式出现在 SQL 语句中，则这个单词会被加上双引号。该参数主要用来解决用户需要使用 DM8 中的保留字作为对象名的状况
ENABLE_RS_CACHE	0	是否进行客户端结果集缓存。取值为 0 表示不进行；1 表示进行
RS_CACHE_SIZE	10	设置结果集缓冲区大小，以 MB 为单位。有效值范围为 1～65535，如果设置的值太大，可能导致空间分配失败，进而使缓存失效
RS_REFRESH_FREQ	10	结果集缓存检查更新的频率，以 s 为单位，有效值范围为 0～10000，若设置为 0，则不需要检查更新
CONNECT_TIMEOUT	5000	连接超时时间，单位为 ms。0 表示无限制
LOGIN_MODE	0	指定优先登录的服务器模式。取值为 0 表示在主库不存在的情况下可连接备库；1 表示只连接主库；2 表示只连接备库；3 表示优先连接 STANDBY 模式的库，MASTER 模式次之，最后选择 NORMAL 模式；4 表示优先连接 NORMAL 模式的库，MASTER 模式次之，最后选择 STANDBY 模式
SWITCH_TIME	3	在服务器之间切换的次数，有效值范围为 1～9223372036854775807
SWITCH_INTERVAL	200	在服务器之间切换的时间间隔，以 ms 为单位，有效值范围为 1～9223372036854775807
RW_SEPARATE	0	是否启用读写分离。取值为 0 表示不启用；1 表示启用
RW_PERCENT	25	读写分离分发比例，有效值范围为 0～100
FORCE_CERTIFICATE_ENCRYPTION	0	非加密通信的情况下是否开启用户名密码强制证书加密。取值为 1 表示开启，0 表示不开启

（续表）

配 置 项	默 认 值	简 述
.NETPROVIDER 配置项		
TRACE	NONE	是否启用.NETPROVIDER 的 TRACE 功能。取值为 NONE 表示不启用；DEBUG 表示打印到控制台；NORMAL 表示打印到执行 H 录下的 PROVIERTRACE.TXT 文件中；TRACE 表示打印到执行 H 录下的 PROVIERTRACE.TXT 文件中，比 NORMAL 内容要更详细；THREAD 表示每个线程的 TRACE 分别打印到执行 H 录下的 PROVIERTRACE 线程号.TXT 文件中

dm_svc.conf 配置文件的内容分为全局配置区和服务配置区。全局配置区在前，可配置表 A-4 中所有的配置项，服务配置区在后，以[服务名]开头，可配置除服务名外的所有配置项。服务配置区中的配置优先级高于全局配置区。

dm_svc.conf 配置举例如下。

```
# 全局配置区
O2000=(192.168.0.1:5000,192.168.0.2:5236)
O3000=(192.168.0.1:5236,192.168.0.3:4350) TIME_ZONE=(+480)   #表示+8:00 时区
LOGIN_ENCRYPT=(0) DIRECT=(Y)

# 服务配置区
[O2000]
TIME_ZONE=(+540) #表示+9:00 时区
LOGIN_MODE=(2) SWITCH_TIME=(3)
SWITCH_INTERVAL=(10)
```

需要说明的是，若对 dm_svc.conf 的配置项进行了修改，则需要重启客户端程序，修改的配置才能生效。

A.5 sqllog.ini

sqllog.ini 用于 SQL 日志的配置。当把 sqllog.ini 文件中的参数 SVR_LOG 置为 1 时，才会打开 SQL 日志。如果在服务器启动过程中修改了 sqllog.ini 文件，那么修改之后的文件只要调用过程 SP_REFRESH_SVR_LOG_CONFIG()就会生效。sqllog.ini 的配置项如表 A-5 所示。

表 A-5 sqllog.ini 的配置项

参 数 名	默 认 值	属 性	说 明
SQL_TRACE_MASK	1	动态，系统级	LOG 记录的语句类型掩码，是一个格式化的字符串，表示一个 32 位整数上哪一位将被置为 1，则被置为 1 的位所表示的类型的语句要被记录，格式为位号:位号:位号。例如，3:5:7 表示第 3、第 5、第 7 位上的值被置为 1。每位的含义说明（2～17 前提是 SQL 标记位 24 也要置为 1）如下。

（续表）

参 数 名	默 认 值	属 性	说 明
SQL_TRACE_MASK	1	动态，系统级	1 表示全部记录（全部记录包含 22～30）。 2 表示全部 DML 类型语句。 3 表示全部 DDL 类型语句。 4 表示 UPDATE 类型语句（更新）。 5 表示 DELETE 类型语句（删除）。 6 表示 INSERT 类型语句（插入）。 7 表示 SELECT 类型语句（查询）。 8 表示 COMMIT 类型语句（提交）。 9 表示 ROLLBACK 类型语句（回滚）。 10 表示 CALL 类型语句（过程调用）。 11 表示 BACKUP 类型语句（备份）。 12 表示 RESTORE 类型语句（恢复）。 13 表示创建对象操作（CREATE DDL）。 14 表示修改对象操作（ALTER DDL）。 15 表示删除对象操作（DROP DDL）。 16 表示授权操作（GRANT DDL）。 17 表示回收操作（REVOKE DDL）。 22 表示记录绑定参数。 23 表示记录存在错误的语句（语法错误，语义分析错误等）。 24 表示记录执行语句。 25 表示打印计划和语句执行的时间。 26 表示记录执行语句的时间。 27 表示记录原始语句（服务器从客户端收到的未加分析的语句）。 28 表示记录参数信息，包括参数的序号、数据类型和值。 29 表示记录事务相关事件。 30 表示记录 XA 事务
FILE_NUM	0	动态，系统级	记录的日志文件的数量，当日志文件达到该设定值后，在生成新的文件时，会删除最早的那个日志文件，日志文件的命令格式为 DMSQL_实例名_日期_时间.LOG。当这个参数配置为 0 时，会生成两个日志相互切换该记录。有效值范围为 0～1024。例如，当 FILE_NUM=0、实例名为 PDM 时，根据当时的日期时间，生成的日志名称为 DMSQL_PDM_20180719_163701.LOG、DMSQL_PDM_20180719_163702.LOG
SWITCH_MODE	0	手动	表示 SQL 日志文件切换的模式。取值为 0 表示不切换；1 表示按文件中的记录数切换；2 表示按文件大小切换；3 表示按时间间隔切换。不同切换模式（SWITCH_MODE）下，表示的含义不同。按文件中的记录数切换时，表示一个日志文件中的 SQL 记录条数达到一定数量之后系统会自动将日志切换到另一个文件中。有效值范围为 1000～10000000。按文件大小切换时，表示一个日志文件达到该大小后，系统自动将日志切换到另一个文件中，以 MB 为单位。有效值范围为 1～2000

（续表）

参数名	默认值	属性	说明
SWITCH_LIMIT	100000	动态，系统级	按时间间隔切换时，在每个指定的时间间隔，按文件新建时间进行文件切换，以 min 为单位。有效值范围为 1～30000
ASYNC_FLUSH	0	动态，系统级	是否打开异步 SQL 日志功能。取值为 0 表示关闭；1 表示打开
MIN_EXEC_TIME	0	动态，系统级	详细模式下，记录的最小语句执行时间，以 ms 为单位。执行时间小于该值的语句不记录在日志文件中。有效值范围为 0～4294967294
FILE_PATH	..\LOG	动态，系统级	日志文件所在的文件夹路径
BUF_TOTAL_SIZE	10240	动态，系统级	SQL 日志缓冲区占用空间的上限，以 KB 为单位。有效值范围为 1024～1024000
BUF_SIZE	1024	动态，系统级	一块 SQL 日志缓冲区的空间大小，以 KB 为单位。有效值范围为 50～409600
BUF_KEEP_CNT	6	动态，系统级	系统保留的 SQL 日志缓冲区的个数，有效值范围为 1～100
PART_STOR	0	手动	SQL 日志分区存储，表示 SQL 日志进行分区存储的划分条件。0 表示不划分；1 表示根据不同用户分布存储
ITEMS	0	手动	配置 SQL 日志记录中要被记录的列。该参数是一个格式化的字符串，表示一个记录中的哪些项目要被记录，格式为列号:列号:列号。例如，3:5:7 表示第 3、第 5、第 7 列要被记录。 参数对应的含义如下。 0 表示记录所有的列。 1 表示记录 TIME 执行的时间。 2 表示记录 SEQNO 服务器的站点号。 3 表示记录 SESS 操作的 SESS 地址。 4 表示记录 USER 执行的用户。 5 表示记录 TRXID 事务 ID。 6 表示记录 STMT 语句地址。 7 表示记录 APPNAME 客户端工具。 8 表示记录 IP 客户端 IP。 9 表示记录 STMT_TYPE 语句类型。 10 表示记录 INFO 记录内容。 11 表示记录 RESULT 运行结果，包括运行用时和影响行数（可能没有）
USER_MODE	0	手动	按用户过滤 SQL 日志时采用的过滤模式，取值为 0 表示关闭用户过滤；1 表示白名单模式，只记录列出的用户操作的 SQL 日志；2 表示黑名单模式，列出的用户不记录 SQL 日志
USERS	空串	手动	打开 SVR_LOG_USER_MODE 时指定的用户列表。格式为用户名:用户名:用户名

注意，只有把 sqllog.ini 文件中的参数 SVR_LOG 置为 1，且 SVR_LOG_NAME 为 SLOG_ALL 时，sqllog.ini 中名称为 SLOG_ALL 的配置块才会生效。若 SVR_LOG 为 1，但不存在 sqllog.ini 或 sqllog.ini 配置错误，则仍使用 dm.ini 中的用户请求跟踪相关参数。

A.6 dmrep.ini

dmrep.ini 用于配置复制实例，dmrep.ini 的配置项如表 A-6 所示。

表 A-6　dmrep.ini 的配置项

配　置　项	配置项含义	字　　段	字段意义
[REP_RPS_INST_NAME]	该复制节点所属的复制服务器的实例名		
[REP_MASTER_INFO]	作为主服务器的相关信息，其中一条记录就是一个复制关系	REP_ID	复制关系的 ID；同时也是逻辑日志的 ID，由复制服务器生成
[REP_SLAVE_INFO]	作为从服务器的相关信息，其中一条记录就是一个复制关系	REP_ID	复制关系的 ID
		MASTER_INSTNAME	复制关系的主服务器的实例名
		ADD_TICK	复制关系创建的时间，用于检验复制关系的正确性
[REP_SLAVE_TAB_MAP]	作为从服务器时，记录的复制映射的信息，其中一条记录就是一个复制映射	REP_ID	映射所属的复制的 ID
		SRC_TAB_ID	复制源对象表的 ID
		DST_TAB_ID	复制目标对象表的 ID
		READONLY_MODE	取值为 1 表示只读模式，0 表示非只读模式
[REP_SLAVE_SRC_COL_INFO]	作为从服务器时，记录的复制映射中使用的复制源对象的列信息	REP_ID	所属映射所在的复制关系的 ID
		SRC_TAB_ID	所属映射的复制源对象的表 ID
		COL_ID	列 ID
		SQL_PL_TYPE	列类型
		LEN	长度
		PREC	精度

A.7　dmllog.ini

dmllog.ini 用于配置逻辑日志，dmllog.ini 的配置项如表 A-7 所示。

表 A-7　dmllog.ini 的配置项

配　置　项	配置项含义	字　　段	字段意义
[LLOG_INFO]	逻辑日志的整体信息	ID	逻辑日志 ID，若参与复制，则与复制关系 ID 相同；取值为-1 表示全局逻辑日志
		LLOG_PATH	逻辑日志本地归档路径
		LOCAL_ARCH_SPACE_LIMIT(G)	本地归档文件的空间限制，以 GB 为单位，取值为-1 表示无限制
		REMOTE_ARCH_FLAG	逻辑日志远程归档是否有效标识。取值为 0 表示远程归档无效；1 表示远程归档有效

（续表）

配　置　项	配置项含义	字　　段	字段意义
[LLOG_INFO]	逻辑日志的整体信息	REMOTE_ARCH_INSTNAME	远程归档的归档实例名，若参与复制，则为从服务器的实例名
		REMOTE_ARCH_TYPE	远程归档的类型，包括同步或异步
		REMOTE_ARCH_TIMER	远程归档使用的定时器，同步时无意义
[LLOG_TAB_MAP]	逻辑日志记录的对象的信息	LLOG_ID	逻辑日志的 ID
		SCH_ID	逻辑日志记录的模式 ID
		TAB_ID	逻辑日志记录的表 ID

A.8　dmtimer.ini

dmtimer.ini 用于配置定时器，用于在数据守护中记录异步备库的定时器信息或在数据复制中记录异步复制的定时器信息。dmtimer.ini 的配置项如表 A-8 所示。

表 A-8　dmtimer.ini 的配置项

配　置　项	配置项含义	字　　段	字段意义
[TIMER_NAME1]	定时器信息	TYPE	定时器调度类型包括以下 9 种。 取值为 1 表示执行一次。 取值为 2 表示按日执行。 取值为 3 表示按周执行。 取值为 4 表示按月执行的第几天。 取值为 5 表示按月执行的第一周。 取值为 6 表示按月执行的第二周。 取值为 7 表示按月执行的第三周。 取值为 8 表示按月执行的第四周。 取值为 9 表示按月执行的最后一周
		FREQ_MONTH_WEEK_INTERVAL	间隔月数或周数
		FREQ_SUB_INTERVAL	间隔天数
		FREQ_MINUTE_INTERVAL	间隔分钟数
		START_TIME	开始时间
		END_TIME	结束时间
		DURING_START_DATE	开始时间点
		DURING_END_DATE	结束时间点
		NO_END_DATE_FLAG	是否结束标记
		DESCRIBE	定时器描述
		IS_VALID	有效标记

附录 B DM8 系统数据字典

B.1 与 Oracle 兼容的数据字典

与 Oracle 兼容的数据字典如表 B-1 所示。

表 B-1 与 Oracle 兼容的数据字典

数据字典名称	数据字典内容
DBA_ROLES	显示系统中所有的角色
DBA_TAB_PRIVS	显示系统中所有用户的数据库对象权限信息
USER_TAB_PRIVS	显示当前用户作为对象拥有者、授权者或被授权者的数据库对象权限。结构同 DBA_TAB_PRIVS
ALL_TAB_PRIVS	显示当前用户可见的、数据库对象的权限。结构同 DBA_TAB_PRIVS
DBA_SYS_PRIVS	显示系统中所有传授给用户和角色的权限
USER_SYS_PRIVS	传授给当前用户的系统权限
DBA_USERS	显示系统中所有的用户
ALL_USERS	当前用户可见的所有用户。ALL_USERS 的信息均来自 DBA_USERS
USER_USERS	当前用户
DBA_ROLE_PRIVS	系统中的所有角色权限
USER_ROLE_PRIVS	传授给当前用户的角色
ALL_CONSTRAINTS	当前用户拥有的所有约束信息
DBA_CONSTRAINTS	系统中所有的约束信息，结构同 ALL_CONSTRAINTS
USER_CONSTRAINTS	当前用户拥有的表上定义的约束，结构同 ALL_CONSTRAINTS
DBA_TABLES	用户能够看到的所有表

（续表）

数据字典名称	数据字典内容
ALL_TABLES	当前用户能够访问的表，结构同 DBA_TABLES
USER_TABLES	当前用户拥有的表，结构同 DBA_TABLES（除了 OWNER 列）
USER_ALL_TABLES	当前用户拥有的表
ALL_ALL_TABLES	当前用户能够访问的表
USER_TAB_COLS	当前用户拥有的表、视图或聚簇的列
DBA_TAB_COLUMNS	显示数据库中所有表、视图或聚簇的列
ALL_TAB_COLUMNS	显示当前用户能够访问的表、视图或聚簇的列。表结构同 DBA_TAB_COLUMNS
USER_TAB_COLUMNS	显示当前用户拥有的表、视图或聚簇的列
DBA_CONS_COLUMNS	显示当前数据库中所有的约束涉及列
ALL_CONS_COLUMNS	显示当前用户有权限访问的约束涉及列
USER_CONS_COLUMNS	显示当前用户所拥有的约束涉及列。结构同 ALL_CONS_COLUMNS
DBA_INDEXES	显示数据库中所有的索引
ALL_INDEXES	当前用户有权访问的索引，结构同 DBA_INDEXES
USER_INDEXES	当前用户拥有的索引，结构同 DBA_INDEXES（除了 OWNER 列）
DBA_VIEWS	显示数据库中所有的视图
ALL_VIEWS	当前用户能够访问的所有视图，结构同 DBA_VIEWS
USER_VIEWS	当前用户所拥有的所有视图，结构同 DBA_VIEWS（除了 OWNER 列）
DBA_TRIGGERS	显示当前数据库的全部触发器
ALL_TRIGGERS	显示当前用户有权限访问的触发器。若有 CREATE ANY TRIGGER 权限，则等同于 DBA_TRIGGERS
USER_TRIGGERS	显示当前用户拥有的触发器
DBA_OBJECTS	显示数据库中所有的对象
USER_OBJECTS	当前用户拥有的对象。结构同 DBA_OBJECTS（除了 OWNER 列）
ALL_OBJECTS	当前用户可访问的对象。结构同 DBA_OBJECTS
USER_COL_COMMENTS	当前用户拥有的所有表和视图上的列注释
DBA_COL_COMMENTS	当前数据库中的所有表和视图上的列注释
ALL_COL_COMMENTS	当前用户可访问的所有表和视图上的列注释
USER_TAB_COMMENTS	当前用户拥有的所有表和视图上的注释
DBA_TAB_COMMENTS	当前数据库中的所有表和视图上的注释
ALL_TAB_COMMENTS	当前用户可访问的所有表和视图上的注释
USER_PART_TABLES	显示当前用户所有的分区表信息，视图结构与 ALL_PART_TABLES 相同，区别是少了 OWNER 字段
DBA_PART_TABLES	显示整个数据库所有的分区表信息，视图结构与 ALL_PART_TABLES 相同
ALL_PART_TABLES	显示当前用户有权访问的所有的分区表信息
USER_TAB_PARTITIONS	显示当前用户拥有的分区表的详细分区信息，视图结构与 ALL_TAB_PARTITIONS 相同，区别是少了 TABLE_OWNER 字段

（续表）

数据字典名称	数据字典内容
DBA_TAB_PARTITIONS	显示整个数据库所有的分区表的详细分区信息，视图结构与 ALL_TAB_PARTITIONS 相同
ALL_TAB_PARTITIONS	当前用户可以访问的所有分区表的详细分区信息
DBA_SOURCE	当前用户可访问的数据库中的包、包体、存储函数、触发器、TYPE 对象和源码，结构同 DBA_SOURCE
USER_SOURCE	当前用户拥有的包、包体、存储函数、触发器、TYPE 对象和源码，结构同 DBA_SOURCE（除了 OWNER 列）
DBA_TRIGGER_COLS	触发器中使用的列，DM 暂不支持，查询为空集
ALL_TRIGGER_COLS	当前用户有权访问的触发器的列。结构同 DBA_TRIGGER_COLS
USER_TRIGGER_COLS	当前用户拥有的触发器或表上定义的在触发器中使用的列，结构同 DBA_TRIGGER_COLS
DBA_DB_LINKS	数据库中所有的 DB_LINK
ALL_DB_LINKS	当前用户可访问的 DB_LINK，结构同 DBA_DB_LINKS
USER_DB_LINKS	当前用户拥有的 DB LINK，结构同 DBA_DB_LINKS（除了 OWNER 列）
DBA_SEQUENCES	数据库中所有的序列
ALL_SEQUENCES	当前用户可访问的序列。结构同 DBA_SEQUENCES
USER_SEQUENCES	当前用户拥有的序列，结构同 DBA_SEQUENCES（除了 SEQUENCE_OWNER 列）
DBA_SYNONYMS	数据库中所有的同义词。当前用户可访问的同义词，结构同 DBA_SYNONYMS
USER_SYNONYMS	当前用户拥有的同义词，结构同 DBA_SYNONYM，没有 OWNER 列
DBA_TABLESPACES	数据库中所有的表空间
USER_TABLESPACES	当前用户可访问的表空间，结构同 DBA_TABLESPACES
DBA_COL_PRIVS	数据库中的所有列对象
ALL_COL_PRIVS	当前用户作为所有者、授权者或被授权者及被授权给 PUBLIC 的所有列对象
USER_COL_PRIVS	当前用户作为所有者、授权者或被授权者的所有列对象，结构同 DBA_COL_PRIVS
DBA_IND_COLUMNS	系统中所有的索引列
ALL_IND_COLUMNS	当前用户可访问的索引列，结构同 DBA_IND_COLUMNS
USER_IND_COLUMNS	当前用户拥有的索引列。表及索引均属于当前用户
SYS.SESSION_PRIVS	显示用户当前可访问的权限
SYS.SESSION_ROLES	显示当前可授权给用户的角色
USER_MVIEWS	当前用户拥有的物化视图
DBA_DATA_FILES	显示数据文件信息
SYS.SYSAUTH$	显示所有对象被授予的权限
DBA_SEGMENTS	显示数据库中所有段的存储信息
USER_SEGMENTS	显示数据库中当前用户的段的存储信息。结构同 DBA_SEGMENTS，只是少了 OWNER、HEADER_FILE、HEADER_BLOCK、RELATIVE_FNO 四列
DBA_DEPENDENCIES	只有具备 DBA 角色的用户才可以查询的对象的依赖关系

（续表）

数据字典名称	数据字典内容
ALL_DEPENDENCIES	当前用户有权限访问的所有对象的依赖关系
USER_DEPENDENCIES	查看当前用户所属模式下的对象依赖关系
USER_IND_PARTITIONS	查看当前用户所属模式的一级分区表索引信息
USER_IND_SUBPARTITIONS	查看当前用户所属模式的多级分区表索引信息
ALL_PART_KEY_COLUMNS	查看数据库中一级水平分区表的分区列信息
USER_PART_KEY_COLUMNS	查看当前用户所属模式的一级水平分区表的分区列信息
ALL_SUBPART_KEY_COLUMNS	查看数据库中多级分区表的分区列信息
USER_SUBPART_KEY_COLUMNS	查看当前用户所属模式的多级水平分区表的分区列信息
ALL_TAB_COLS	查看当前用户可见的表、视图的列信息
DBA_TAB_COLS	查看数据库中所有表、视图的列信息。与 ALL_TAB_COLS 的列相同
DBA_PART_KEY_COLUMNS	查看数据库中所有一级水平分区表的分区列信息
ALL_SOURCE_AE	当前用户可见的存储对象的定义信息。包括 TYPE、PROC（过程或函数）、PACKAGE、PACKAGE BODY、CLASS（类头或类体）
DBA_SOURCE_AE	数据库中所有存储对象的定义信息。包括 TYPE、PROC（过程或函数）、PACKAGE、PACKAGE BODY、CLASS（类头或类体）
USER_SOURCE_AE	当前用户下的存储对象的定义信息。包括 TYPE、PROC（过程或函数）、PACKAGE、PACKAGE BODY、CLASS（类头或类体）
ALL_DIRECTORIES	当前用户可以访问的所有目录信息
DBA_DIRECTORIES	当前系统中所有目录的信息，只有拥有 DBA 权限的用户可以查看，结构同 ALL_DIRECTORIES
USER_TYPES	当前用户下的类类型与自定义类型信息
DBA_FREE_SPACE	系统中所有表空间中的空簇信息
USER_FREE_SPACE	系统中当前用户可以访问的表空间中的空簇信息
DBA_PROCEDURES	数据库中所有的函数、过程信息
ALL_PROCEDURES	当前用户可以访问的函数、过程信息。表结构同 DBA_PROCEDURES
USER_PROCEDURES	属于用户的函数、过程信息。表结构与 DBA_PROCEDURES 基本相同，但没有 OWNER 列
DBA_JSON_COLUMNS	显示数据库中所有的 JSON 数据信息
USER_JSON_COLUMNS	显示当前用户拥有的 JSON 数据信息。该视图比 DBA_JSON_ COLUMNS 视图少了 OWNER 列
ALL_JSON_COLUMNS	显示当前用户有权访问的 JSON 数据信息。该视图列与 DBA_JSON_COLUMNS 相同
ALL_ENCRYPTED_COLUMNS	显示当前用户可见的表中加密列的加密算法信息
DBA_ENCRYPTED_COLUMNS	显示数据库中所有表中加密列的加密算法信息。视图结构同 ALL_ENCRYPTED_COLUMNS
USER_ENCRYPTED_COLUMNS	显示当前用户下的表中加密列的加密算法信息。视图结构与 ALL_ENCRYPTED_COLUMNS 基本相同（除了 OWNER 列）
DBA_POLICY_GROUPS	显示 DBMS_RLS 所有策略组
ALL_POLICY_GROUPS	当前用户可见的 DBMS_RLS 策略组。结构同 DBA_POLICY_GROUPS

（续表）

数据字典名称	数据字典内容
USER_POLICY_GROUPS	当前用户拥有的 DBMS_RLS 策略组。结构同 DBA_POLICY_GROUPS（除了 OBJECT_OWNER 列）
DBA_POLICY_CONTEXTS	显示 DBMS_RLS 所有上下文策略
ALL_POLICY_CONTEXTS	当前用户可见的 DBMS_RLS 上下文策略。结构同 DBA_POLICY_ CONTEXTS
USER_POLICY_CONTEXTS	当前用户拥有的 DBMS_RLS 上下文策略。结构同 DBA_POLICY_ CONTEXTS（除了 OBJECT_OWNER 列）
DBA_POLICIES	显示 DBMS_RLS 所有策略
ALL_POLICIES	当前用户可见的 DBMS_RLS 策略。结构同 DBA_POLICIES
USER_POLICIES	当前用户拥有的 DBMS_RLS 策略。结构同 DBA_POLICIES（除了 OBJECT_OWNER 列）
DBA_JOBS_RUNNING	显示实例中所有正在执行的作业
ALL_TABLES_DIS_INFO	显示系统中所有用户表的表类型、分布类型、分布列等信息

B.2 DM8 常用数据字典

DM8 常用数据字典如表 B-2 所示。

表 B-2 DM8 常用数据字典

数据字典名称	数据字典内容
SYSOBJECTS	记录系统中所有对象的信息
SYSINDEXES	记录系统中所有索引定义的信息
SYSCOLUMNS	记录系统中所有列定义的信息
SYSCONS	记录系统中所有约束的信息
SYSSTATS	记录系统中的统计信息
SYSDUAL	为不带表名的查询而设，用户一般不需要查看
SYSTEXTS	存放字典对象的文本信息
SYSGRANTS	记录系统中的权限信息
SYSAUDIT	记录系统中的审计设置
SYSAUDITRULES	记录系统中审计规则的信息
SYSHPARTTABLEINFO	记录系统中分区表的信息
SYSMACPLYS	记录策略定义
SYSMACLVLS	记录策略的等级
SYSMACCOMPS	记录策略的范围
SYSMACGRPS	记录策略所在组的信息
SYSMACLABELS	记录策略的标记信息
SYSMACTABPLY	记录表策略信息
SYSMACUSRPLY	记录用户的策略信息
SYSMACOBJ	记录扩展客体的标记信息

（续表）

数据字典名称	数据字典内容
SYSCOLCYT	记录列的加密信息
SYSACCHISTORIES	记录登录失败的历史信息
SYSPWDCHGS	记录密码的修改信息
SYSCONTEXTINDEXES	记录全文索引的信息
SYSTABLECOMMENTS	记录表或视图的注释信息
SYSCOLUMNCOMMENTS	记录列的注释信息
SYSUSERS	记录系统中的用户信息
SYSOBJINFOS	记录对象的依赖信息
SYSRESOURCES	记录用户使用系统资源的限制信息
SYSCOLINFOS	记录列的附加信息，如是否为虚拟列
SYSUSERINI	记录定制的 INI 文件中的参数
SYSDEPENDENCIES	记录对象间的依赖关系
SYSINJECTHINT	记录已指定的 SQL 语句和对应的 HINT
SYSMSTATS	记录多维统计信息的内容

附录 C DM8 常用动态性能视图

C.1 系统信息相关性能视图

系统信息相关性能视图如表 C-1 所示。

表 C-1 系统信息相关性能视图

性能视图名称	性能视图内容
V$SYSTEMINFO	系统信息视图
V$CMD_HISTORY	通过本视图可以观察系统中一些命令的历史信息。其中 cmd 指的是 SESS_ALLOC、SESS_FREE、CKPT、TIMER_TRIG、SERERR_TRIG、LOG_REP、MAL_LETTER、CMD_LOGIN 等
V$RUNTIME_ERR_HISTORY	监控运行时的错误历史。异常分为 3 种：第一种是系统异常，用户没有捕获，由 vm_raise_runtime_error 产生；第二种是用户异常，用户捕获错误，并抛出自定义异常，由 nthrow_exec 产生；第三种是语法异常，语法未通过，由 nsvr_build_npar_cop_out 产生

C.2 进程和线程相关性能视图

进程和线程相关性能视图如表 C-2 所示。

表 C-2 进程和线程相关性能视图

性能视图名称	性能视图内容
V$PROCESS	显示当前进程信息
V$LATCHES	显示正在等待的线程信息

（续表）

性能视图名称	性能视图内容
V$WTHRD_HISTORY	通过本视图可以观察系统从启动以来，所有活动过线程的相关历史信息。其中 CHG_TYPE 有 REUSE_OK（本 SESSION 重用成功）、REUSE_FAIL（重用失败）、TO_IDLE（不重用，直接变 IDLE）等类型

C.3　数据库信息性能视图

数据库信息相关性能视图如表 C-3 所示。

表 C-3　数据库信息相关性能视图

性能视图名称	性能视图内容
V$LICENSE	用来查询当前系统的 LICENSE 信息
V$VERSION	显示版本信息，包括服务器版本号与 DB 版本号
V$DATAFILE	显示数据文件信息
V$DATABASE	显示数据库信息
V$IID	显示下一个创建的数据库对象的 ID。该视图提供用户可以查询下一个创建对象的 ID 值，可以方便用户查询自己所要建立对象的信息
V$INSTANCE	显示实例信息
V$RESERVED_WORDS	保留字统计表，记录保留字的分类信息。RES_FIXED=N 的关键字，通过 INI 文件参数 EXCLUDE_RESERVED_WORDS 设置之后会失效，此视图不会再记录
V$ERR_INFO	显示系统中的错误码信息
V$HINT_INI_INFO	显示支持的 HINT 参数信息。数据库对象包括表空间、序列、包、索引和函数等
V$TABLESPACE	显示表空间信息，不包括回滚表空间信息
V$HUGE_TABLESPACE	显示 HUGE 表空间信息
V$HUGE_TABLESPACE_PATH	显示 HUGE 表空间路径信息
V$SEQCACHE	显示当前系统中缓存的序列信息
V$PKGPROCS	显示包中的方法信息
V$PKGPROCPARAMS	显示包中方法的参数信息
V$DB_CACHE	数据字典缓存表，用于记录数据字典的实时信息
V$DB_OBJECT_CACHE	数据字典对象缓存表，用于记录数据字典中每个对象的信息
V$OBJECT_USAGE	记录索引监控信息
V$IFUN	显示数据库提供的所有函数
V$IFUN_ARG	显示数据库提供的所有函数的参数
V$SYSSTAT	显示系统统计信息
V$JOBS_RUNNING	显示系统中正在执行的作业信息

C.4　数据库配置参数相关性能视图

数据库配置参数相关性能视图如表 C-4 所示。

表 C-4 数据库配置参数相关性能视图

性能视图名称	性能视图内容
V$PARAMETER	显示 INI 文件参数和 dminit 建库参数的类型及参数值信息（当前会话值、系统值及 dm.ini 文件中的值）
V$DM_INI	所有 INI 文件参数和 dminit 建库参数信息
V$DM_ARCH_INI	归档参数信息
V$DM_MAL_INI	MAL 参数信息
V$DM_REP_RPS_INST_NAME_INI	数据复制服务器参数信息
V$DM_REP_MASTER_INFO_INI	数据复制主库参数信息
V$DM_REP_SLAVE_INFO_INI	数据复制从机参数信息
V$DM_REP_SLAVE_TAB_MAP_INI	数据复制从机表对应关系参数信息
V$DM_REP_SLAVE_SRC_COL_INFO_INI	数据复制从机列对应关系参数信息
V$DM_LLOG_INFO_INI	逻辑日志的参数信息
V$DM_LLOG_TAB_MAP_INI	逻辑日志与表对应的参数信息
V$DM_TIMER_INI	定时器参数信息
V$OBSOLETE_PARAMETER	已作废的 INI 文件信息
V$OPTION	安装数据库时的参数设置

C.5 会话信息相关性能视图

会话信息相关性能视图如表 C-5 所示。

表 C-5 会话信息相关性能视图

性能视图名称	性能视图内容
V$CONNECT	显示活动连接的所有信息
V$SESSIONS	显示会话的具体信息，如执行的 SQL 语句、主库名、当前会话状态、用户名等
V$SESSION_SYS	显示系统中会话的一些状态统计信息
V$OPEN_STMT	连接语句句柄表，用于记录会话上语句句柄的信息
V$SESSION_HISTORY	显示会话历史的记录信息，如主库名、用户名等，与 V$SESSIONS 的区别在于会话历史记录只记录了会话中的一部分信息，对于一些动态改变的信息没有记录，如执行的 SQL 语句等
V$CONTEXT	显示当前会话中所有上下文的名字空间、属性和值
V$SESSION_STAT	记录每个会话上的相关统计信息
V$NLS_PARAMETERS	显示当前会话的日期时间格式和日期时间语言
V$SQL_HISTORY	当 INI 文件参数 ENABLE_MONITOR=1 时，显示执行 SQL 语句的历史记录信息；可以便于保存用户经常使用的记录
V$SQL_NODE_HISTORY	通过该视图既可以查询 SQL 执行节点信息，包括 SQL 节点的类型、进入次数和使用时间等；又可以查询所有执行的 SQL 节点执行情况，如哪些使用最频繁、耗时多少等。当 INI 文件参数 ENABLE_MONITOR 和 MONITOR_SQL_EXEC 都开启时，才会记录 SQL 执行节点信息。如果需要时间统计信息，那么还需要打开 MONITOR_TIME

（续表）

性能视图名称	性能视图内容
V$SQL_NODE_NAME	显示所有的 SQL 节点描述信息，包括 SQL 节点类型、名字和详细描述
V$COSTPARA	显示 SQL 计划的代价信息
V$LONG_EXEC_SQLS	当 INI 文件参数 ENABLE_MONITOR=1、MONITOR_TIME=1 时，显示系统最近 1000 条执行时间超过预定值的 SQL 语句。默认预定值为 1000ms。可通过 SP_SET_LONG_TIME 系统函数修改，通过 SF_GET_ LONG_TIME 系统函数查看当前值
V$SYSTEM_LONG_EXEC_SQLS	当 INI 参数 ENABLE_MONITOR=1、MONITOR_TIME=1 时，显示系统自启动以来执行时间最长的 20 条 SQL 语句，不包括执行时间低于预定值的语句
V$VMS	显示虚拟机信息
V$STKFRM	显示虚拟机栈桢信息。该参数必须在 INI 文件参数 ENABLE_MONITOR 和 MONITOR_SQL_EXEC 都开启时才显示信息
V$STMTS	显示当前活动会话中最近语句的相关信息
V$SQL_PLAN_NODE	当 INI 文件参数 ENABLE_MONITOR 和 MONITOR_SQL_EXEC 都开启时，显示执行计划的节点信息
V$SQL_SUBPLAN	显示子计划信息
V$SQL_PLAN_DCTREF	显示所有执行计划相关的详细字典对象信息
V$MTAB_USED_HISTORY	显示系统自启动以来使用 MTAB 空间最多的 50 个操作符信息
V$SORT_HISTORY	当 INI 文件参数 ENABLE_MONITOR=1 都打开时，显示系统自启动以来使用排序页数最多的 50 个操作符信息
V$HASH_MERGE_USED_HISTORY	HASH MERGE 连接操作符使用的缓存信息
V$PLSQL_DDL_HISTORY	记录 DMSQL 程序中执行的 DDL 语句，主要监控 Truncate Table 和 Execute Immediate DDL 语句的情况
V$PRE_RETURN_HISTORY	记录大量数据返回结果集的历史信息（查询大量数据的产生）
V$DMSQL_EXEC_TIME	记录动态监控的 SQL 语句执行时间。当 ENABLE_MONITOR_ DMSQL=1 时才会记录监控的 SQL 语句
V$VIRTUAL_MACHINE	显示活动的虚拟机信息

C.6　资源管理信息相关性能视图

资源管理信息相关性能视图如表 C-6 所示。

表 C-6　资源管理信息相关性能视图

性能视图名称	性能视图内容
V$DICT_CACHE_ITEM	显示字典缓存中的字典对象信息
V$DICT_CACHE	显示字典缓存信息
V$BUFFERPOOL	页面缓冲区动态性能表，用来记录页面缓冲区结构的信息
V$BUFFER_LRU_FIRST	显示所有缓冲区 LRU 链首页信息
V$BUFFER_UPD_FIRST	显示所有缓冲区 UPDATE 链首页信息
V$BUFFER_LRU_LAST	显示所有缓冲区 LRU 链末页信息

（续表）

性能视图名称	性能视图内容
V$BUFFER_UPD_LAST	显示所有缓冲区 UPDATE 链末页信息
V$CACHEITEM	显示缓冲区中缓冲项的相关信息。在 INI 文件参数 USE_PLN_POOL !=0 时才统计
V$CACHERS	显示结果集缓冲区的相关信息。在 INI 文件参数 USE_PLN_POOL !=0 时才统计
V$CACHESQL	显示 SQL 缓冲区中 SQL 语句的信息。在 INI 文件参数 USE_PLN_POOL !=0 时才统计
V$SQLTEXT	显示缓冲区中的 SQL 语句信息
V$SQL_PLAN	显示缓冲区中的执行计划信息。在 INI 文件参数 USE_PLN_POOL !=0 时才统计
V$MEM_POOL	显示所有的内存池信息
V$MEM_REGINFO	显示系统当前已分配但并未释放的内存信息，当 MEMORY_LEAK_CHECK 为 1 时才会在此动态视图注册信息
V$GSA	显示全局 SORT 内存缓冲区的使用情况
V$MEM_HEAP	显示系统当前内存堆的信息，仅当系统启动、MEMORY_LEAK_CHECK 为 1 时有效
V$LARGE_MEM_SQLS	最近 1000 条使用大内存的 SQL 语句。一条 SQL 语句使用的内存值超过 INI 文件参数 LARGE_MEM_THRESHOLD，就认为使用了大内存
V$SYSTEM_LARGE_MEM_SQLS	系统中使用大内存最多的 20 条 SQL 语句。字段定义与 V$LARGE_ MEM_SQLS 相同
V$SCP_CACHE	显示缓冲区信息
V$DB_SYSPRIV_CACHE	系统权限缓存信息
V$DB_OBJPRIV_CACHE	对象权限缓存信息
V$SQL_STAT	语句级资源监控内容。记录当前正在执行的 SQL 语句的资源开销。需要 ENABLE_MONITOR=1 时才开始监控。其中，5～58 列中的监控项可以通过 SP_SET_SQL_STAT_THRESHOLD()设置监控阈值，超过阈值才开始监控。具体使用参见《DM8_SQL 语言使用手册》
V$SQL_STAT_HISTORY	语句级资源监控内容，记录历史 SQL 语句执行的资源开销。需要 ENABLE_MONITOR=1 时才开始监控。视图的格式和 V$SQL_STAT 一样，单机最大行数为 10000
V$HLDR_TABLE	记录当前系统中所有 HLDR 使用 HLDR_BUF 的情况

C.7 段簇页信息相关性能视图

段簇页信息相关性能视图如表 C-7 所示。

表 C-7 段簇页信息相关性能视图

性能视图名称	性能视图内容
V$SEGMENT_INFOS	显示所有的段信息
V$SEGMENTINFO	索引叶子段信息视图。查询该视图时，一定要带 WHERE 条件，并且必须是等值条件

（续表）

性能视图名称	性能视图内容
V$BTREE_INNER_PAGES V$BTREE_LEAF_PAGES	索引的叶子段/内节点段的页信息视图。查询该视图时，一定要带 WHERE 条件，并且必须是等值条件。如 SELECT * FROM V$BTREE_LEAF_PAGES WHERE INDEX_ID=ID
V$BTREE_LIST_PAGES	LIST 索引的叶子段的页信息视图。查询该视图时，一定要带 WHERE 条件，并且必须是等值条件。如 SELECT * FROM V$BTREE_LIST_PAGES WHERE INDEX_ID=ID
V$TABLE_LOB_PAGES	表中大字段的页信息视图。查询该视图时，一定要带 WHERE 条件，并且必须是等值条件。如 SELECT * FROM V$TABLE_LOB_PAGES WHERE TABLE_ID=ID
V$RESOURCE_LIMIT	显示表、用户的空间限制信息
V$SEGMENT_PAGES	段中数据页的信息视图。查询该视图时，一定要用 WHERE 条件指定 GROUP_ID 和 SEG_ID，并且必须是等值条件。如 SELECT * FROM V$SEGMENT_ PAGES WHERE GROUP_ID=1 AND SEG_ID=200
V$PSEG_SYS	显示当前的回滚段信息
V$PSEG_ITEMS	显示回滚系统中当前回滚项信息
V$PSEG_COMMIT_TRX	显示回滚项中已提交但未 PURGE 的事务信息
V$PSEG_PAGE_INFO	显示当前的回滚页信息
V$PURGE	显示当前的 PURGE 回滚段信息
V$PURGE_PSEG_OBJ	显示 PURGE 系统中，待 PURGE 的所有 PSEG 对象信息
V$PURGE_PSEG_TAB	显示待 PURGE 的表信息

C.8　日志管理信息相关性能视图

日志管理信息相关性能视图如表 C-8 所示。

表 C-8　日志管理信息相关性能视图

性能视图名称	性能视图内容
V$RLOG	显示日志的总体信息。通过该视图可以了解系统当前日志事务号 LSN 的情况、归档日志情况、检查点的执行情况等
V$RLOGBUF	显示日志 BUFFER 信息。通过该视图可以查询日志 BUFFER 的使用情况，如 BUFFER 状态、总大小、已使用大小，这样可以用来避免如 BUFFER 剩余空间过小产生的失败等
V$RLOGFILE	显示日志文件的具体信息。包括文件号、完整路径、文件的状态、文件大小等
V$ARCHIVED_LOG	显示当前实例的所有归档日志文件信息。此动态视图与 Oracle 兼容，对于 DM 暂不支持的列，查询时均显示 NULL
V$LOGMNR_LOGS	显示当前会话添加的需要分析的归档日志文件。此动态视图与 Oracle 兼容，对于 DM 暂不支持的列，查询时均显示 NULL
V$LOGMNR_PARAMETERS	显示当前会话 START_LOGMNR 启动日志文件分析的参数。此动态视图与 Oracle 兼容，对于 DM 暂不支持的列，查询时均显示 NULL

（续表）

性能视图名称	性能视图内容
V$LOGMNR_CONTENTS	显示当前会话日志分析的内容。此动态视图与 Oracle 兼容，对于 DM 暂不支持的列，查询时均显示 NULL
V$ARCH_QUEUE	显示当前归档任务队列信息

C.9 事务和检查点信息相关性能视图

事务和检查点信息相关性能视图如表 C-9 所示。

表 C-9 事务和检查点信息相关性能视图

性能视图名称	性能视图内容
V$TRX	显示所有活动事务的信息。通过该视图可以查看所有系统中所有的事务及相关信息，如锁信息等
V$TRXWAIT	显示事务等待信息
V$TRX_VIEW	显示当前事务可见的所有活动事务视图信息。根据达梦数据库的多版本规则，通过该视图可以查询系统中自己所见的事务信息；可以通过与视图 V$TRX 的连接查询它所见事务的具体信息
V$RECV_ROLLBACK_TRX	显示数据库启动时回滚的所有事务信息
V$LOCK	显示活动的事务锁信息
V$DEADLOCK_HISTORY	记录死锁的历史信息
V$FLASHBACK_TRX_INFO	显示闪回信息
V$CKPT_HISTORY	显示检查点历史信息
V$CKPT	显示系统检查点信息

C.10 事件信息相关性能视图

事件信息相关性能视图如表 C-10 所示。

表 C-10 事件信息相关性能视图

性能视图名称	性能视图内容
V$WAIT_HISTORY	通过该视图可以查询等待事件的具体信息，如等待的线程 ID、会话 ID 等。可以查看具体等待事件的信息，若某个事务等待时间过长，则可以查询到具体事务信息及所在的线程和所牵涉的对象，分析原因进行优化等操作
V$EVENT_NAME	显示当前系统支持的等待事件的类型汇总信息
V$SYSTEM_EVENT	显示自系统启动以来所有等待事件的详细信息
V$SESSION_EVENT	显示当前会话等待事件的所有信息
V$SESSION_WAIT_HISTORY	显示会话等待事件的历史信息
V$DANGER_EVENT	数据库重要事件和行为信息视图

（续表）

性能视图名称	性能视图内容
V$TASK_QUEUE	任务队列信息
V$TRACE_QUEUE	事件跟踪任务队列信息

C.11 DSC 相关性能视图

DSC 相关性能视图如表 C-11 所示。

表 C-11 DSC 相关性能视图

性能视图名称	性能视图内容
V$DSC_EP_INFO	显示实例信息
V$DSC_GBS_POOL	显示 GBS 控制结构的信息
V$DSC_GBS_POOLS_DETAIL	显示分片的 GBS_POOL 详细信息
V$DSC_GBS_CTL	显示 GBS 控制块信息。多个 POOL，依次扫描
V$DSC_GBS_CTL_DETAIL	显示 GBS 控制块的详细信息。多个 POOL，依次扫描
V$DSC_GBS_CTL_LRU_FIRST	显示 GBS 控制块 LRU 链表首页信息。多个 POOL，依次扫描
V$DSC_GBS_CTL_LRU_FIRST_DETAIL	显示 GBS 控制块 LRU 链表首页详细信息。多个 POOL，依次扫描
V$DSC_GBS_CTL_LRU_LAST	显示 GBS 控制块 LRU 链表尾页信息。多个 POOL，依次扫描
V$DSC_GBS_CTL_LRU_LAST_DETAIL	显示 GBS 控制块 LRU 链表尾页详细信息。多个 POOL，依次扫描
V$DSC_GBS_REQUEST_CTL	显示等待 GBS 控制块的请求信息。多个 POOL，依次扫描
V$DSC_LBS_POOL	显示 LBS 控制结构的信息
V$DSC_LBS_POOLS_DETAIL	显示分片的 LBS_POOL 详细信息。多个 POOL，依次扫描
V$DSC_LBS_CTL	显示 LBS 控制块信息。多个 POOL，依次扫描
V$DSC_LBS_CTL_LRU_FIRST	显示 LBS 的 LRU_FIRST 控制块信息。多个 POOL，依次扫描
V$DSC_LBS_CTL_LRU_LAST	显示 LBS 的 LRU_LAST 控制块信息。多个 POOL，依次扫描
V$DSC_LBS_CTL_DETAIL	显示 LBS 控制块详细信息。多个 POOL，依次扫描
V$DSC_LBS_CTL_LRU_FIRST_DETAIL	显示 LBS 的 LRU_FIRST 控制块详细信息。多个 POOL，依次扫描
V$DSC_LBS_CTL_LRU_LAST_DETAIL	显示 LBS 的 LRU_LAST 控制块详细信息。多个 POOL，依次扫描
V$DSC_GTV_SYS	显示 GTV 控制结构的信息
V$DSC_GTV_TINFO	显示 TINFO 控制结构的信息
V$DSC_GTV_ACTIVE_TRX	显示全局活动事务信息
V$DSC_LOCK	显示全局活动的事务锁信息
V$DSC_TRX	显示所有活动事务的信息。通过该视图可以查看所有系统中的所有事务及相关信息，如锁信息等
V$DSC_TRXWAIT	显示事务等待信息
V$DSC_TRX_VIEW	显示当前事务可见的所有活动事务视图信息。根据达梦数据库的多版本规则，通过该视图可以查询系统中自己所见的事务信息；可以通过与视图 V$DSC_TRX 的连接查询它所见事务的具体信息
V$ASMATTR	如果使用 ASM 文件系统，可通过此视图查看 ASM 文件系统的相关属性

（续表）

性能视图名称	性能视图内容
V$ASMGROUP	如果使用 ASM 文件系统，可通过此视图查看 ASM 磁盘组信息
V$ASMDISK	如果使用 ASM 文件系统，可通过此视图查看所有的 ASM 磁盘信息
V$ASMFILE	如果使用 ASM 文件系统，可通过此视图查看所有的 ASM 文件信息
V$DCR_INFO	查看 DCR 配置的全局信息
V$DCR_GROUP	查看 DCR 配置的组信息
V$DCR_EP	查看 DCR 配置的节点信息
V$DSC_REQUEST_STATISTIC	统计 DSC 环境内 TYPE 类型的请求时间
V$DSC_REQUEST_PAGE_STATISTIC	统计 LBS_XX 类型最耗时的前 100 页地址信息
V$DSC_CRASH_OVER_INFO	显示 DSC 环境各节点中数据页最小的 FIRST_MODIFIED_LSN，以及故障节点 FILE_LSN。若活动节点 BUFFER 中不存在更新页，则 MIN_FIRST_MODIFIED_LSN 为 NULL；节点故障后，只有在所有 OK 节点 MIN_FIRST_MODIFIED_LSN 都大于或等于故障节点 FILE_LSN 之后，才允许故障节点重加入；满足所有 OK 节点 MIN_FIRST_MODIFIED_LSN 都大于 CRASH_LSN 之后，CRASH_LSN 会清零

C.12　数据守护相关性能视图

数据守护相关性能视图如表 C-12 所示。

表 C-12　数据守护相关性能视图

性能视图名称	性能视图内容
V$DMWATCHER	查询当前登录实例对应的守护进程信息，注意一个守护进程可以同时守护多个组的实例，因此查询结果中部分字段（N_GROUP、SWITCH_COUNT）为守护进程的全局信息，并不是当前登录实例自身的守护信息。另外，在 MPP 主备环境下，全局登录方式返回的是所有 MPP 站点上查询返回的守护进程信息，可以根据 INST_NAME 实例名字段来区分
V$RECOVER_STATUS	该视图需要在主库上查询，用于查询备库的恢复进度，若已恢复完成，则查询结果为空。注意，这里显示的是主库向备库发送日志的进度，由于备库重做日志也需要时间，在最后一批日志发送完成后，KBYTES_TO_RECOVER 为 0，RECOVER_PERCENT 为 100%，表示主库已经完成所有日志的发送，需要等待备库将最后一批日志重做完成，此时主库的守护进程可能仍然处于 RECOVERY 状态，待备库重做完成后，主库的守护进程会自动切换 OPEN 状态。其中，RECOVER_PERCENT = (KBYTES_TOTAL − KBYTES_TO_Recover)/ KBYTES_TOTAL
V$KEEP_BUF	该视图需要在备库上查询，用于查询备库上的 KEEP_BUF 信息。专门用于实时主备和 MPP 主备。读写分离集群下备库没有 KEEP_BUF 机制，该视图查询结果为空
V$RAPPLY_SYS	该视图需要在备库上查询，用于查询备库重做日志时的一些系统信息
V$RAPPLY_LOG_TASK	该视图需要在备库上查询，用于查询备库当前重做任务的日志信息

（续表）

性能视图名称	性能视图内容
V$ARCH_FILE	查询本地归档日志信息
V$ARCH_STATUS	查询归档状态信息
V$MAL_LINK_STATUS	查询本地实例到远程实例的 MAL 链路连接状态
V$UTSK_INFO	查询守护进程向服务器发送请求的执行情况。注意，在 RUNNING 字段值为 TRUE 时，DSEQ、CODE 和 SEND_LSN 的值才有意义，另外 SEND_LSN 和 RECOVER_BREAK 在主库上查询也才有意义，并且需要主库的守护进程处于 RECOVERY 状态

C.13 其他性能视图

其他性能视图如表 C-13 所示。

表 C-13 其他性能视图

性能视图名称	性能视图内容
MAL 系统相关性能视图表	
V$MAL_SYS	MAL 系统信息视图。若是数据守护环境，则只显示主库的 MAL 系统信息
V$MAL_INFO	MAL 上的邮箱信息视图
V$MAL_LETTER_INFO	MAL 上的信件信息视图
V$MAL_USING_LETTERS	服务器中正在使用或者使用过但是没有释放的邮件信息，用于检查 MAL 系统潜在的内存泄露，INI 文件参数 MAL_LEAK_CHECK 为 1 时有效
数据库链接相关性能视图表	
V$DBLINK	动态使用的数据库链接信息视图
MPP 相关性能视图表	
V$MPP_CFG_SYS	MPP 系统配置信息视图
V$MPP_CFG_ITEM	MPP 站点配置信息视图
V$MAL_SITE_INFO	MAL 站点信息视图。MPP 模式下，自动收集 MPP 各个站点的信息
DCP 相关性能视图表	
V$DCPINSTS	仅当 INI 文件参数 ENABLE_DCP_MODE 为 1 时才能查询此动态视图，显示 DCP 对应 MPP 集群的所有节点信息
V$DCP_CONNPOOL	仅当 INI 文件参数 ENABLE_DCP_MODE 为 1 时才能查询此动态视图，显示 DCP 缓冲区的信息
V$INSTANCE_LOG_HISTORY	用于查询服务器实例运行期间生成的最近 1 万条事件日志
系统包相关性能视图表	
V$CACHEPKG	显示当前系统中的包的使用信息
V$DBMS_LOCKS	显示当前系统中申请的 DBMS_LOCK 包封锁情况
V$DB_PIPES	记录使用 DBMS_PIPE 包创建的管道的相关信息
捕获相关性能视图表	
V$CAPTURE	显示捕获信息

（续表）

性能视图名称	性能视图内容
MAL 系统相关性能视图表	
审计与加密相关性能视图表	
V$AUDITRECORDS	显示审计记录，用来查询当前系统默认路径下的审计文件信息。此动态性能视图只有在审计开关打开时才有内容，且只有审计用户可以查询
V$CIPHERS	显示系统加密算法信息
V$EXTERNAL_CIPHERS	显示系统中所有的第三方加密算法信息

附录 D DM8 执行计划常用操作符

操作符名称	说　明
AAGR2	简单聚集；若没有分组（GROUP BY），则总的就一个组，直接计算聚集函数
ACTRL	控制备用计划转换
AFUN	分析函数计算
ASCN	将数组当作表来扫描
ASSERT	约束检查
BLKUP2	定位查找
BMAND	位图索引的与运算
BMCNT	位图索引的行数计算
BMCVT	位图索引的 ROWID 转换
BMMG	位图索引归并
BMOR	位图索引的或运算
BMSEK	位图索引的范围查找
CONST VALUE LIST	常量列表
CONSTC	用于复合索引跳跃扫描
CSCN2	聚集索引扫描
CSEK2	聚集索引数据定位
CTNS	用于实现全文索引的 CONTAINS
DELETE	删除数据
DELETE_REMOTE	DBLINK 删除操作
DISTINCT	去重
DSCN	动态视图表扫描
DSSEK	DISTINCT 列上索引跳跃扫描（单列索引或复合索引）
ESCN	外部表扫描
EXCEPT	集合的差运算，且取差集后删除重复项
EXCEPT ALL	集合的差运算，且取差集后不删除重复项

（续表）

操作符名称	说　明
FAGR2	快速聚集，若没有 WHERE 条件，且取 COUNT(*)，或者基于索引取 MAX/MIN 值，则可以快速取得集函数的值
FILL BTR	填充 B 树
FTTS	MPP/LPQ 模式下，对临时表的优化
GSEK	空间索引查询
HAGR2	HASH 分组，并计算聚集函数
HASH FULL JOIN2	HASH 全外连接
HASH LEFT JOIN2	HASH 左外连接
HASH LEFT SEMI JOIN2	HASH 左半连接
HASH LEFT SEMI MULTIPLE JOIN	多列 NOT IN
HASH RIGHT JOIN2	HASH 右外连接
HASH RIGHT SEMI JOIN2	HASH 右半连接
FTTS	MPP/LPQ 模式下，对临时表的优化
GSEK	空间索引查询
HAGR2	HASH 分组，并计算聚集函数
HASH FULL JOIN2	HASH 全外连接
HASH LEFT JOIN2	HASH 左外连接
HASH LEFT SEMI JOIN2	HASH 左半连接
HASH LEFT SEMI MULTIPLE JOIN	多列 NOT IN
HASH RIGHT JOIN2	HASH 右外连接
HASH RIGHT SEMI JOIN2	HASH 右半连接
HASH RIGHT SEMI JOIN32	用于 OP SOME/ANY/ALL 的 HASH 右半连接
HASH2 INNER JOIN	HASH 内连接
HEAP TABLE	临时结果表
HEAP TABLE SCAN	临时结果表扫描
HFD	删除事务型 HUGE 表数据
HFDEL2	删除非事务型 HUGE 表数据
HFDEL_EP	MPP 模式下，从 EP 删除非事务型 HUGE 表数据
HFD_EP	MPP 模式下，从 EP 删除事务型 HUGE 表数据
HFI	事务型 HUGE 表插入记录
HFI2	MPP 模式下，优化的事务型 HUGE 表插入记录
HFINS2	非事务型 HUGE 表插入记录
HFINS3	MPP 模式下，优化的非事务型 HUGE 表插入记录
HFINS4	非 MPP 模式下，针对非事务型 HUGE 水平分区主表的插入优化，需要参数 HFINS_PARALLEL_FLAG=2
HFINS_EP	MPP 模式下，从 EP 插入非事务型 HUGE 表数据
HFI_EP	MPP 模式下，从 EP 插入事务型 HUGE 表数据
HFLKUP	根据 ROWID 检索非事务型 HUGE 表数据
HFLKUP2	根据 ROWID 检索事务型 HUGE 表数据
HFLKUP_EP	MPP 模式下，从 EP 根据 ROWID 检索非事务型 HUGE 表数据
HFLKUP2_EP	MPP 模式下，从 EP 根据 ROWID 检索事务型 HUGE 表数据
HFSCN	非事务型 HUGE 表的逐行扫描

（续表）

操作符名称	说　明
HFSCN2	事务型 HUGE 表的逐行扫描
HFSEK	根据 KEY 检索非事务型 HUGE 表数据
HFSEK2	根据 KEY 检索事务型 HUGE 表数据
HFU	更新事务型 HUGE 表数据
HFUPD	更新非事务型 HUGE 表数据
HFUPD_EP	MPP 模式下，从 EP 更新非事务型 HUGE 表数据
HFU_EP	MPP 模式下，从 EP 更新事务型 HUGE 表数据
HIERARCHICAL QUERY	层次查询
HPM	水平分区表归并排序
INDEX JOIN LEFT JOIN2	索引左连接
INDEX JOIN SEMI JOIN2	索引半连接
INSERT	插入记录
INSERT3	MPP 模式下，查询插入优化处理
INSERT_LIST	堆表插入
INSERT_REMOTE	DBLINK 插入操作
INTERSECT	集合的交运算，且取交集后删除重复项
INTERSECT ALL	集合的交运算，且取交集后不删除重复项
LOCAL BROADCAST	本地并行模式下，消息广播到各线程，包含必要的聚集函数合并计算
LOCAL COLLECT	本地并行模式下，数据收集处理，代替 LOCAL GATHER
LOCAL DISTRIBUTE	本地并行模式下，消息各线程的相互重分发
LOCAL GATHER	本地并行模式下，消息收集到主线程
LOCAL SCATTER	本地并行模式下，主线程向各从线程广播消息
LOCK TID	上锁
LSET	DBLINK 查询结果集
MERGE INNER JOIN3	归并内连接
MERGE SEMI JOIN3	归并半连接
MPP BROADCAST	MPP 模式下，消息广播到各站点，包含必要的聚集函数合并计算
MPP COLLECT	用于替换顶层 MPP GATHER，除了收集数据到主节点，还增加主从节点间的同步执行功能，防止从节点不断发送数据到主节点从而造成邮件堆积
MPP DISTRIBUTE	MPP 模式下，消息各站点的相互重分发
MPP GATHER	MPP 模式下，消息收集到主站点
MPP SCATTER	MPP 模式下，主站点向各从站点广播消息
MSYNC	MPP 模式下，数据同步处理
MVCC CHECK	多版本检查
NCUR2	游标操作
NEST LOOP FULL JOIN2	嵌套循环全外连接
NEST LOOP INDEX JOIN2	索引内连接
NEST LOOP INNER JOIN2	嵌套循环内连接
NEST LOOP LEFT JOIN2	嵌套循环左外连接
NEST LOOP SEMI JOIN2	嵌套循环半连接
NTTS2	临时表，临时存放数据
NSET2	结果集（RESULT SET）收集，一般是查询计划的顶层节点

（续表）

操作符名称	说　明
PARALLEL	控制水平分区子表的扫描
PIPE2	管道；先执行右孩子节点，然后执行左孩子节点，并把左孩子节点的数据向上传递，直到左孩子节点不再有数据
PRJT2	关系的“投影”（PROJECT）运算，用于选择表达式项的计算
PSCN	将批量参数当作表来扫描
REMOTE SCAN	DBLINK 远程表扫描
RN	实现 ROWNUM 查询
RNSK	ROWNUM 作为过滤条件时的计算处理
SAGR2	若输入流是有序的，则使用流分组，并计算聚集函数
SELECT INTO2	查询插入
SET TRANSACTION	事务操作（START 除外）
SLCT2	关系的“选择”（SELECT）运算，用于查询条件的过滤
SORT3	排序
SPL2	临时表；和 NTTS2 不同的是，它的数据集不向父亲节点传送，而是被编号，用编号和 KEY 来定位访问；而 NTTS2 的数据则主动传递给父亲节点
SSCN	直接使用二级索引进行扫描
SSEK2	二级索引数据定位
START TRANSACTION	启动会话
STAT	统计信息计算
TOPN2	取前 *N* 条记录
UFLT	处理 UPDATE FROM 子句
UNION	UNION 计算
SPL2	临时表；和 NTTS2 不同的是，它的数据集不向父亲节点传送，而是被编号，用编号和 KEY 来定位访问；而 NTTS2 的数据则主动传递给父亲节点
UNION ALL	UNION ALL 运算
UNION ALL(MERGE)	UNION ALL 运算（使用归并）
UNION FOR OR2	OR 过滤的 UNION 计算
UPDATE	更新数据
UPDATE_REMOTE	DBLINK 更新操作

附录E

达梦数据库技术支持

如果您在安装或使用达梦数据库系统及其相应产品时出现了问题，请首先访问达梦数据库官网。在此网站我们收集整理了安装使用过程中一些常见问题的解决办法，相信会对您有所帮助。

您也可以通过以下途径与武汉达梦数据库股份有限公司联系，武汉达梦数据库股份有限公司技术支持工程师会为您提供服务。

武汉达梦数据库股份有限公司
地址：武汉市东湖新技术开发区高新大道999号未来科技大厦C3栋16～19层
电话：（+86）027-87588000
传真：（+86）027-87588810

北京达梦数据库技术有限公司
地址：北京市海淀区中关村南大街2号数码大厦B座1003
电话：（+86）010-51727900
传真：（+86）010-51727983

上海达梦数据技术有限公司
地址：上海市静安区江场三路76、78号103室
电话：（+86）021-33932716
传真：（+86）021-33932718

武汉达梦数据技术有限公司
地址：武汉市东湖新技术开发区高新大道 999 号未来科技大厦 C3 栋 16 层
电话：（+86）027-87588000
传真：（+86）027-87588810

武汉达梦数据库股份有限公司广州分公司
地址：广州市越秀区东风东路 836 号东峻广场 4 座 604
电话：（+86）020-38844641

四川蜀天梦图数据科技有限公司
地址：成都市天府新区湖畔西路 99 号 B7 栋（天府英才中心）6 层
电话：（+86）028-64787496
传真：（+86）028-64787496

达梦数据技术（江苏）有限公司
地址：江苏省苏州市吴中经济开发区越溪街道吴中大道 1421 号越旺智慧谷 B 区 B2 栋 16 楼
电话：（+86）0512-65285955
传真：（+86）0512-65286955

技术服务：
电话：**400-991-6599**
邮箱：**dmtech@dameng.com**